“十四五”职业教育河南省规划教材

# 计算机组装与维护项目教程

胡彦军 主 编

崔 翔 王晓东 副主编

電子工業出版社

Publishing House of Electronics Industry

北京·BEIJING

## 内 容 简 介

《计算机组装与维护项目教程》主要内容包括微机系统硬件认识、计算机硬件组装、计算机系统安装、计算机系统的维护、计算机的选购五个项目共 20 个任务。本书添加了笔记本电脑的拆卸，这是一般同类教材所没有的。本书加入 15 个实训项目，方便读者的实训而无须自行准备实训材料。

本书是普通高等院校和高职高专计算机专业“计算机组装与维护”课程的教材，也是学习计算机组装的实用参考书，可作为院校师生和各行各业 PC 管理人员、电脑维护人员充实和更新知识储备的参考读物。



**图书在版编目（CIP）数据**

计算机组装与维护项目教程 / 胡彦军主编. —北京：电子工业出版社，2020.2

ISBN 978-7-121-35944-6

Ⅰ. ①计… Ⅱ. ①胡… Ⅲ. ①电子计算机－组装－高等学校－教材②计算机维护－高等学校－教材
Ⅳ.①TP30

中国版本图书馆 CIP 数据核字（2019）第 011659 号

责任编辑：杨　波　　文字编辑：郑小燕
印　　刷：北京虎彩文化传播有限公司
装　　订：北京虎彩文化传播有限公司
出版发行：电子工业出版社
　　　　　北京市海淀区万寿路 173 信箱　邮编　100036
开　　本：787×1 092　1/16　印张：11.5　字数：294.4 千字
版　　次：2020 年 2 月第 1 版
印　　次：2024 年 8 月第 10 次印刷
定　　价：35.00 元

凡所购买电子工业出版社图书有缺损问题，请向购买书店调换。若书店售缺，请与本社发行部联系，联系及邮购电话：（010）88254888，88258888。

质量投诉请发邮件至 zlts@phei.com.cn，盗版侵权举报请发邮件至 dbqq@phei.com.cn。

本书咨询联系方式：（010）88254617，luomn@phei.com.cn。

# 前言 | PREFACE

本书以党的二十大精神为统领，全面贯彻党的教育方针，落实立德树人根本任务，践行社会主义核心价值观，铸魂育人，坚定理想信念，坚定“四个自信”，为中国式现代化全面推进中华民族伟大复兴而培育技能型人才。

“计算机组装与维护”作为计算机专业的基础课程，具有教学内容更新快、理论与实践并重的特点。本书作者作为从事计算机组装与维护教学 10 余年的教师，深感找到一本合适教材的不易，于是终于下定决心编写一本适合高职院校学生学习的教材。经过几年的准备，在同事崔翔老师的帮助下终于完成了本教程。本教程采用了精讲理论、突出操作、注重岗位和维修实践等策略，目的在于让用户了解计算机的组成，并将重点放在动手操作环节。

本教程主要通过五个项目 20 个任务将计算机的各个部件及性能、硬件的集成与拆装、BIOS 设置、USB 启动盘制作、磁盘分区格式化、操作系统的安装、系统的维护和故障的排除、计算机选购等知识有机地串联起来，以图文并茂的形式呈现在读者面前。通过本教程的学习，可使用户具有计算机组装与维护的基本技能，并及时了解计算机软、硬件的最新技术，以适应相应行业岗位的需求。

本教程具有以下特色：

（1）紧跟时代，适应学情。本教程所采用的硬件设备均为近几年主流设备，BIOS 部分以 2018 年华硕主板为蓝本讲解。为适应高职学生学情降低了理论知识份额，将理论尽可能使用通俗的语言进行阐述，使学生易于理解和接受。

（2）精讲理论，突出操作。本教程结合高职教学实际，理论以“必需、够用”为原则，突出操作应用，重在培养动手实践能力，紧密联系生活和学习，突出了与实际应用的一致性，大大降低了理论难度。使用户上手容易，从而节省了时间，提高了效率。

（3）图文并茂，简明易懂。本教程语言叙述通俗易懂，努力做到用简单的语言来描述概念。对计算机各部件均附有实物图片，对操作中的各个主要界面提供了插图，有利于用户的学习和使用。

胡彦军作为本教程主编负责项目一、二、四、五的编写，崔翔、王晓东作为副主编负责项目三的编写，胡彦军负责最后统稿。本教材得到郑州电力职业技术学院领导和同事的大力支持，对此表示衷心的感谢。

由于本人能力有限，教材中难免出现不足之处，恳请各位读者批评指正。

编　者

CONTENTS | 目录

# 项目一

# 微机系统硬件认识

## 任务一　认识 CPU

### 任务描述

熟悉主流 CPU 性能指标及 CPU 常用接口，熟悉 Intel CPU 系列、AMD CPU 系列。

### 任务知识

#### 1.1.1　CPU 的性能指标

CPU，即中央处理器。CPU 从雏形出现到发展壮大的今天，由于制造技术越来越先进，其集成度越来越高，内部的晶体管数达到几百万个。虽然从最初的 CPU 发展到现在其晶体管数增加了几十倍，但是 CPU 的内部结构仍然可分为控制单元、逻辑单元和存储单元三大部分。CPU 的性能大致上反映了它所配置的那部微机的性能，因此 CPU 的性能指标十分重要。CPU 性能主要取决于其主频和工作效率。如图 1-1-1 所示为 AMD Ryzen CPU。

图 1-1-1

1．主频

主频是 CPU 的时钟频率，简单地说，就是 CPU 的工作频率。一般来说，一个时钟周期完成的指令数是固定的，所以主频越高，CPU 的速度也就越快。不过由于各种 CPU 的内部结构不尽相同，所以并不能完全用主频来概括 CPU 的性能。外频就是系统总线的工作频率；倍频则是指 CPU 外频与主频相差的倍数。用公式表示：主频=外频×倍频。通常说的赛扬 433、PIII 550 都是指 CPU 的主频。如图 1-1-2 所示为 Intel 公司的 i7-6700CPU。

图 1-1-2

### 2．总线速度

内存总线的速度对整个系统性能来说很重要，由于内存速度的发展滞后于 CPU 的发展速度，为了缓解内存带来的瓶颈，所以出现了二级缓存，来协调两者之间的差异。内存总线速度是指 CPU 与二级（L2）高速缓存和内存之间的工作频率。总线速度，一般等同于 CPU 的外频。

### 3．工作电压

工作电压是指 CPU 正常工作所需的电压。

早期 CPU（386、486）由于工艺落后，它们的工作电压一般为 5V，发展到奔腾 586 时，已经是 3.5V/3.3V/2.8V 了，随着 CPU 的制造工艺与主频的提高，CPU 的工作电压有逐步下降的趋势，Intel 最新出品的 Coppermine 已经采用了 1.6V 的工作电压。第一，低电压能让可移动便携式笔记本、平板的电池续航时间提升；第二，低电压能使 CPU 工作时的温度降低，温度低才能让 CPU 工作在一个非常稳定的状态；第三，低电压能使 CPU 在超频技术方面得到更大的发展。

### 4．协处理器

在 486 以前的 CPU 里面是没有内置协处理器的。

由于协处理器主要的功能就是负责浮点运算，因此 386、286、8088 等微机 CPU 的浮点运算性能都相当落后。自从 486 以后，CPU 一般都内置了协处理器，协处理器的功能也不再局限于增强浮点运算。现在 CPU 的浮点单元（协处理器）往往对多媒体指令进行了优化。比如 Intel 的 MMX 技术，MMX 是“多媒体扩展指令集”的缩写。MMX 是 Intel 公司在 1996 年为增强 Pentium CPU 在音像、图形和通信应用方面而采取的新技术。为 CPU 新增加 57 条 MMX 指令，把处理多媒体的能力提高了 60%左右。

### 5．流水技术

流水线（pipeline）是 Intel 首次在 486 芯片中开始使用。

流水线的工作方式就像工业生产上的装配流水线。在 CPU 中由 5～6 个不同功能的电路单元组成一条指令处理流水线，然后将一条 X86 指令分成 5～6 步后再由这些电路单元分别执行，这样就能实现在一个 CPU 时钟周期完成一条指令，因此提高了 CPU 的运算速度。超流水线是指某型 CPU 内部的流水线超过通常的 5～6 步，例如 Pentium pro 的流水线就长达 14 步。将流水线设计的步（级）数越多，其完成一条指令的速度越快，才能适应工作主频更高的 CPU。超标量是指在一个时钟周期内 CPU 可以执行一条以上的指令。这在 486 或者以前的 CPU 上很难想象，只有 Pentium 级以上 CPU 才具有这种超标量结构。这是因为现代的 CPU 越来越多地采用了 RISC 技术，所以才会具有超标量的 CPU。

6. 超线程

可以同时执行多重线程，能够让 CPU 发挥更大效率，就是超线程（Hyper-Threading）技术。超线程技术减少了系统资源的浪费，可以把一颗 CPU 模拟成两颗 CPU 使用，在一定时间内更有效地利用资源来提高性能。图 1-1-3 列出了至强 CPU 的线程等性能指标。

图 1-1-3

7. 制程技术

制程越小发热量越小，这样就可以集成更多的晶体管，CPU 效率也就更高。

乱序执行和分枝预测：乱序执行是指 CPU 采用了允许将多条指令不按程序规定的顺序分开发送给各相应电路单元处理的技术。分枝是指程序运行时需要改变的节点。分枝有无条件分枝和有条件分枝。其中，无条件分枝只需要 CPU 按指令顺序执行，而有条件分枝则必须根据处理结果再决定程序运行方向是否改变，因此需要“分枝预测”技术处理的是有条件分枝。

8. 缓存

缓存有三种：

L1 Cache（一级缓存）是 CPU 第一层高速缓存，分为数据缓存和指令缓存内置的 L1 高速缓存的容量和结构对 CPU 的性能影响较大，不过高速缓冲存储器均由静态 RAM 组成，结构较复杂，在 CPU 管芯面积不能太大的情况下，L1 级高速缓存的容量不可能做得太大。一般服务器 CPU 的 L1 缓存的容量通常在 32～256KB。

L2 Cache（二级缓存）是 CPU 的第二层高速缓存，分内部和外部两种芯片。内部的芯片二级缓存运行速度与主频相同，而外部的二级缓存运行速度则只有主频的一半。L2 高速缓存容量也会影响 CPU 的性能，原则是越大越好。以前家庭用 CPU 容量最大的是 512KB，现在笔记本电脑中也可以达到 2MB，而服务器和工作站上用 CPU 的 L2 高速缓存更大，可以达到 8MB 以上。

L3 Cache（三级缓存），分为两种。早期的是外置，现在的都是内置。L3 缓存的应用可以进一步降低内存延迟，同时提升大数据量计算时处理器的性能。降低内存延迟和提升大数据量计算能力对三维图形图像渲染都很有帮助。而在服务器领域增加 L3 缓存在性能方面仍然有显著的提升。比如，具有较大 L3 缓存的配置利用物理内存会更有效，故它比较慢的磁盘 I/O 子系统可以处理更多的数据请求；具有较大 L3 缓存的处理器提供更有效的文件系统缓存行为及较短消息和处理器队列长度。

9．制造工艺

Pentium CPU 的制造工艺是 0.35μm，PII 和赛扬可以达到 0.25μm，最新的 CPU 制造工艺可以达到 0.18μm，并且将采用铜配线技术，可以极大地提高 CPU 的集成度和工作频率。现在很多笔记本的 CPU 已经采用了 65nm 的生产工艺，在不久的将来，45nm、32nm，甚至更小尺寸的 CPU 规格将陆续上市。

## 1.1.2 CPU 的接口

CPU 需要通过某个接口与主板连接的才能进行工作。CPU 经过这么多年的发展，采用的接口方式有引脚式、卡式、触点式、针脚式等。而目前 CPU 的接口都是针脚式接口，对应到主板上就有相应的插槽类型。CPU 接口类型不同，在插孔数、体积、形状都有变化，所以不能互相接插。如图 1-1-4 所示为 LGA 2011CPU 插槽。

图 1-1-4

1．LGA2011

LGA2011，又称 Socket R，是英特尔（Intel）Sandy Bridge-EX 微架构 CPU 所使用的 CPU 接口。LGA2011 接口将取代 LGA1366 接口，成为 Intel 最新的旗舰产品。LGA2011 接口有 2011 个触点，将包含以下新特性：

（1）处理器最高可达八核。

（2）支持四通道 DDR3 内存。

（3）支持 PCI-E 3.0 规范。

（4）芯片组使用单芯片设计，支持两个 SATA 3Gbps 和多达 10 个 SATA/SAS 6Gbps 接口。

2．CPU 接口 LGA1156

LGA1156 接口与之前的 LGA775/1366 如出一辙，同样是将处理器的针脚转移到主板插座上，共拥有 1156 个针脚/触点。不同的是，LGA1156 接口底座的卡锁方式发生了一些变化，由原来的拉杆式卡锁变成了现在的牟钉式卡锁，但总体来讲，本质上并没有发生变化。

由于在针脚数量上发生了明显变化，LGA1156 接口与 LGA775 接口处理器已经不能兼容，因此消费者不得不在升级的时候进行额外的开销。相对于老的 LGA775 接口升级 BIOS 即可升级，LGA1156 稍显不足。当然全新的双芯片设计即使不更换接口也需要更换主板才能够升级。

LGA1156 接口可以视作未来处理器发展的方向。虽然接口本身并没有什么可圈可点之处，但从LGA1156接口开始，整合技术（北桥以及IGP）、超线程技术、睿频（智能超频）技术、虚拟化技术以及未来的32nm工艺都被集成在一起，不能不说LGA1156开创了一个新时代。

### 3. CPU接口LGA1366

随着Intel的tick-tock战略的施行，新一代Nehalem架构处理器进入了用户的视线。从这一架构开始，Intel放弃了已经使用10年之久的FSB概念，转为使用更为先进的带宽更高的QPI总线，并且正式将属于北桥功能的内存控制器整合进了CPU当中，可支持三通道DDR3内存。为了能够支持QPI总线所带来的超高带宽，LGA775接口被放弃，新的LGA1366接口诞生了。

新推出的LGA1366接口与QPI总线的搭配带来了当前最为极致的性能，即使采用了这一接口的最低端型号，与同价位的产品相比都拥有绝对优势。这主要是与新的QPI总线的引入以及整合内存控制器的架构设计有关。

与以往的升级芯片组而不升级接口的做法不同，Intel本次不仅将芯片组进行了全新设计，连接口也进行了更换。像965P这样的老芯片组通过刷新BIOS来支持新处理器的做法已经彻底终结。

LGA1366接口带来强大的性能不言而喻，但是它的出现并没有对LGA775接口构成直接的威胁，毕竟这是一款面向高端人士的产品。不过LGA1366接口可以支持6核32nm处理器的能力确实比较前卫。

### 4. CPU接口Socket AM3

AMD于2009年2月发布了首批共五款采用Socket AM3接口（如图1-1-5所示）的Phenom II X4/X3系列处理器，包括Phenom II X4 910、Phenom II X4 810/805三款四核心和Phenom II X3 720 BE/710两款三核心。CPU针脚数由原来AM2的940根改为938根。

图1-1-5

### 5. CPU接口Socket AM2

Socket AM2是2006年5月底发布的支持DDR2内存的AMD64位桌面CPU的接口标准，具有940根CPU针脚，支持双通道DDR2内存。虽然同样都具有940根CPU针脚，但Socket AM2与原有的Socket 940在针脚定义以及针脚排列方面都不相同，并不能互相兼容。目前采用Socket AM2接口的有低端的Sempron、中端的Athlon 64、高端的Athlon 64 X2以及顶级的Athlon 64 FX等全系列AMD桌面CPU，支持200MHz外频和1000MHz的HyperTransport总线频率，支持双通道DDR2内存，其中Athlon 64 X2以及Athlon 64 FX最高支持DDR2 800，Sempron和Athlon 64最高支持DDR2 667。按照AMD的规划，Socket AM2接口将逐渐取代原有的Socket 754接口和Socket 939接口，从而实现桌面平台CPU

接口的统一。

### 1.1.3 CPU的选购

#### 1. CPU选购误区一：过度迷信某品牌

经过多年的竞争，在计算机市场的CPU品牌只剩下Intel和AMD。以公司规模来说，Intel比AMD大得多，也常常看到Intel的创意广告，所以即使不了解计算机，大部分人也都知道Intel以及它旗下的酷睿系列处理器，导致他们非Intel产品不选。Intel与AMD标志如图1-1-6所示。

图1-1-6

AMD名气虽然小一些，但能与Intel竞争这么多年，产品性能必然有其过人之处，同价位CPU性价比更高是AMD主打的策略，也给很多用户留下了深刻印象。长期下来，一些有资历的用户也难免会认为AMD大多数CPU性价比就是比Intel的高，最常见的例子：×××元以上买Intel，×××元以下买AMD。总体来说，AMD处理器中低端产品具有较高的性价比，而Intel处理器主要是中高端产品性能不俗，近来随着两大处理器巨头不断推出新品，未来局势或许也将发生微妙的变化，同学们可以拭目以待。

总体来说：定价相近的Intel/AMD CPU必然有各自的优点，关键靠自己查找资料挖掘，购买时应认准自己的应用需求（比如数据处理或编程），查询相关资料，看看哪个更适合自己。不要迷信某个品牌，要坚持够用原则.迷信品牌买到的产品不一定是最适合自己的。

#### 2. CPU选购误区二：认为笔记本电脑与台式同型号处理器性能相当

随着笔记本电脑的普及，Intel和AMD两大CPU厂商都非常重视笔记本市场，为了简化CPU品牌，让消费者容易记忆，于是笔记本电脑和台式机的CPU采用了相同的品牌。比如说，Intel Core i3、AMD A8 APU只是在型号后面加一个M加以区分，导致很多初级用户以为台式机和笔记本电脑所采用的CPU是一样的，性能也相近。其实这是非常错误的观点，很多时候两者差距很大，先来看一组笔记本电脑与台式机同型号处理器性能对比如图1-1-7所示。

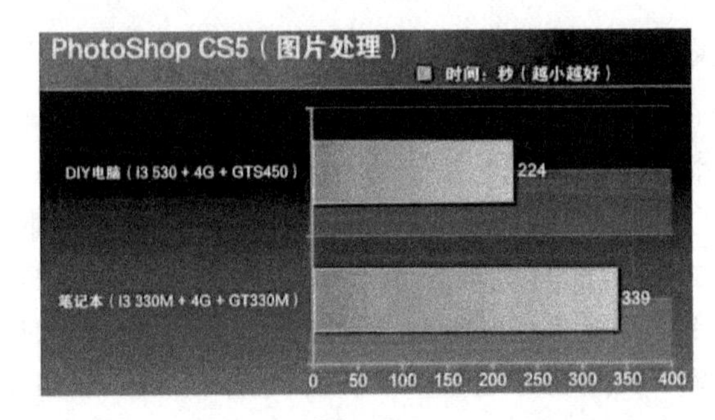


图1-1-7

由同型号笔记本电脑与台式机处理器性能测试对比结果可知，笔记本电脑处理器与台式机处理器是有着很大的区别，即使系列相同（比如都是 Core i5），但笔记本和台式机的 CPU 实际性能并不相同，笔记本的 Core i7 综合性能也只是比台式机的 Core i3 稍强而已。笔记本的优势就是移动方便，而台式机强调性能与体验，如果很少移动，建议购买台式机。

所以在考虑是选择笔记本电脑还是台式机时，应该考虑的是预算、性能、携带性等综合因素。如果电脑不需要经常携带，预算又不是很多，那么用户首选 DIY 组装电脑。简言之，笔记本电脑相对 DIY 电脑最大的优势只有携带方便性，性能与性价比方面明显落后。

### 3. CPU 选购误区三：选配件不看整体，只注重某些硬件

游戏玩家都知道，要在最强特效下畅玩主流的 3D 游戏，一款高性能显卡是必须的。尽管游戏都提供特效设置，但同一款游戏的高特效和中低特效差别较大，就像“两个游戏”，而要获得最好的游戏体验，唯一途径就是采用高性能显卡。所以一直以来玩游戏时显卡都很重要。不过由于以讹传讹、加上一些厂商的夸张宣传，使得很多玩家认为，对所有游戏来说显卡都是最重要的，CPU 不重要。其实这种观点是非常错误的，以一款目前比较热门的《星际争霸 2》游戏为例：游戏中处理器与显卡同样重要，测评结果如图 1-1-8 所示。

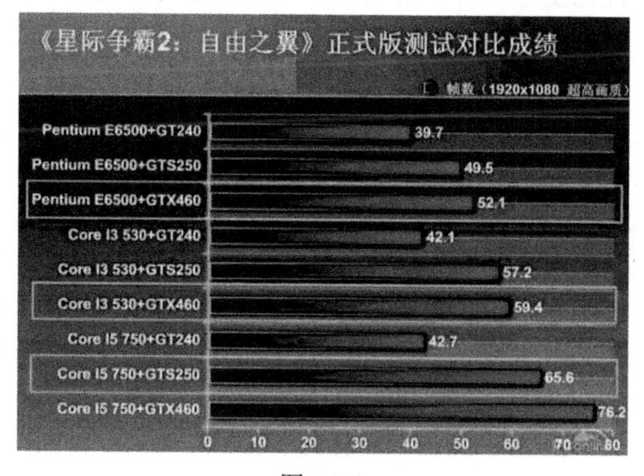


图 1-1-8

玩游戏显卡固然很重要，但不代表 CPU 不重要。例如《星际争霸 2》，Core i3 530 + GTX460 的组合还不如 Core i5 760 + GTS250 的组合，要知道就显卡 3D 性能而言，GTX460 性能是 GTS250 的 1.5 倍以上。所以要追求最佳体验感，CPU 和显卡合理搭配才是王道。

另外，电脑是一个整体，每个硬件都非常重要，所以同学们所说的高性价比配置都是建立在均衡搭配上的，在 DIY 组装电脑时应整体把控各硬件性能。

很多对 DIY 不太了解的同学攒机时，一个硬件选择不当就会引起整机的木桶效应。比如，处理器与主板搭配不恰当（主板供电不足），处理器会表现出温度偏高、不稳定、效能低等；一个入门级显卡搭配一个上千的处理器，结果导致整机性能还是维持在入门级性能，处理器性能发挥不完全。

### 4. CPU 选购误区四：选处理器只看核心数

在 2004 年，由于提高频率遇到了瓶颈，于是 Intel/AMD 只能另辟蹊径来提升 CPU 性能，双核、多核 CPU 便应运而生。在当今多核 CPU 时代，核心数也就成为判断 CPU 性能高低的重要标准。自然有一些初级消费者会认为购买 CPU 只看核心数就行，核心数越多越好。其实这种观点是错误的，要看的东西还有很多，比如线程数量、制作工艺等，下面给

出一组当前热门多核心处理器性能测试结果给大家参考，如图 1-1-9 所示。

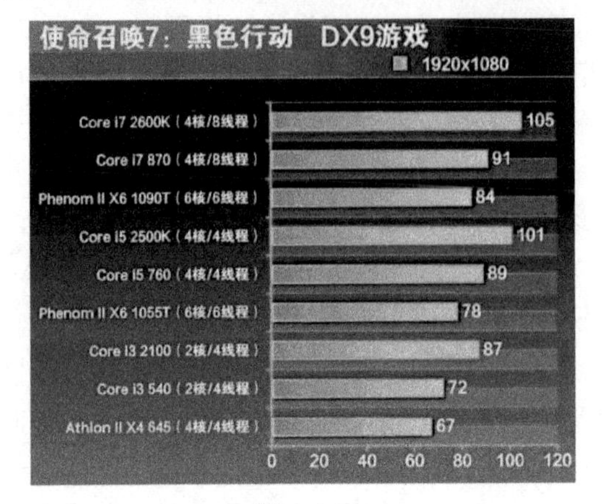


图 1-1-9

核心数是判断 CPU 性能的重要标准，但不是唯一标准。CPU 微架构、频率、缓存大小、技术以及软件的优化度等均会影响性能，所以出现四核比六核性能强并不奇怪。只有在相同品牌以及 CPU 参数相近的情况下，比较核心数才有意义。普通用户选购 CPU，还是要看自己的具体应用需求，查找相关资料选购合适的产品。

**5．CPU 选购误区五：买 CPU 只看频率**

曾几何时，频率可以看成决定 CPU 性能的最重要指标，虽然 CPU 已进入多核心时代，影响 CPU 性能的参数变得多样，频率的重要性不如以前，但很多用户依然只关注 CPU 核心数和频率两个参数。

与 CPU 核心数一样，频率同样不是衡量 CPU 性能的唯一标准。核心数多、主频高不见得 CPU 性能就更强，因为上面提到 CPU 微架构、缓存大小、技术以及软件的优化度等均会影响 CPU 性能。所以普通用户还是要看自己的具体应用，查找相关资料选购合适的产品。

**6．CPU 选购误区六：TDP 热设计功耗等于实际功耗**

TDP 是“Thermal Design Power”的简称，即“热设计功耗”。如图 1-1-10 所示为 CPU 的 TDP 热设计功耗，它指的是 CPU 达到负荷最大时释放的热量，单位是瓦特（W），它主要是给散热器厂商的参考标准。高性能 CPU 同时也带来了高发热量，比如 Core i7 980X，其 TDP 达到了 130W，而主流级的 Core i3 2100 只有 65W，两者对散热器的要求显然不同。由于厂商只宣传 TDP，造成很多人以为 TDP 就是实际功耗或最大功耗。

图 1-1-10

CPU 的 TDP 并不是 CPU 的实际功耗，CPU 的实际功耗计算公式为：功率（$P$，单位

W）＝电流（$I$，单位 A）×电压（$U$，单位 V）。不要把 TDP 看成 CPU 的实际功耗，CPU 的实际功耗必然小于 TDP，只有这样才是安全的设计。

**7．误区七：商家包超频、包开核的一定稳定**

如何免费提升 CPU 性能？最常见的方法是“超频”，AMD 产品除了超频的还有“开核”，这都是 DIY 用户耳熟能详的能够免费提升 CPU 性能的词汇。当然，由于 CPU 个体差异，无论超频还是开核，都要看运气，于是很多厂商打出包开核、包超频的字样来吸引用户，价格也比普通的贵几十元，但开核或者超频真的稳定吗？建议新手最好不要去选择开核或超频，因为两者都可能在一定程度上影响硬件使用寿命，操作不当很容易造成系统不稳定。

商家包超频、包开核的 CPU，虽然都是商家经过测试，但都只是简单跑一下烤机软件。资深的 DIY 玩家都知道，通过烤机软件的测试并不代表超频、开核稳定，若要确定其性能稳定还需要各种日常应用验证；而过不了烤机软件，就一定不稳定。所以商家只是通过了第一步验证而已，并不能保证 100%稳定，用户购买时应和商家协商好。

**8．CPU 选购误区八：CPU 集成的显卡不好用**

CPU 内置 GPU 已经成为 CPU 的发展趋势，无论是 Intel 的二代 Core i 系列还是 AMD 的 APU，都能看到这样的趋势。早在一年前还有很多人抗拒 CPU 内置 GPU，直到现在还有不少用户有这样的观点，认为这样做增加了成本，消费者要买单；性能也很弱，仍需要购买独立显卡。

CPU 集成 GPU 已是不可逆转的趋势，其实 CPU 集成 GPU 是降低了用户的购机成本，毕竟对于不玩大型 3D 游戏的用户而言（实际上这部分用户量非常庞大），无须购买独立显卡，CPU 内置的高清高性能显卡即可满足多数要求。玩大型游戏的话，购买一张独立显卡即可。价格方面，CPU 并没有因集成 GPU 而贵多少，相信今后 GPU 成为免费附送的部件。就如同之前很多人嘲笑集成声卡性能差一样，但到如今谁购买电脑会买独立声卡呢？随着处理器技术的发展，今后处理器集成的显卡性能将有比较大的改进。

总结：正所谓“小块头有大智慧”，CPU 汇聚了人类无数的智慧，并非简单地凭借一两个参数就可以判断它的性能优劣，因此 CPU 的选购对于很多入门用户来说，也是一门值得研究的学问。从自己的预算和用途出发，当两款 CPU 价格相近时查找相关资料，弄清优缺点，这样才能买到最适合自己、性价比最高的 CPU。

## 实训一　CPU 调查

### 调查当前主流 CPU 性能指标

要求：Intel、AMD 每个品牌调查高中低三款 CPU 产品，完成调查表 1-1-1 到调查表 1-1-6。

调查表 1-1-1　Intel 高端 CPU

| CPU 型号 | | 支持最大内存 | |
|---|---|---|---|
| 适用类型 | | 内存类型 | |
| 制作工艺 | | 集成显卡 | |
| 插槽类型 | | 睿频加速技术 | |
| CPU 主频 | | 虚拟化技术 | |
| 核心数量/线程数量 | | 缓存 | |
| 热设计功耗（TDP） | | 其他 | |

调查表 1-1-2　Intel 中端 CPU

| CPU 型号 | | 支持最大内存 | |
|---|---|---|---|
| 适用类型 | | 内存类型 | |
| 制作工艺 | | 集成显卡 | |
| 插槽类型 | | 睿频加速技术 | |
| CPU 主频 | | 虚拟化技术 | |
| 核心数量/线程数量 | | 缓存 | |
| 热设计功耗（TDP） | | 其他 | |

调查表 1-1-3　Intel 低端 CPU

| CPU 型号 | | 支持最大内存 | |
|---|---|---|---|
| 适用类型 | | 内存类型 | |
| 制作工艺 | | 集成显卡 | |
| 插槽类型 | | 睿频加速技术 | |
| CPU 主频 | | 虚拟化技术 | |
| 核心数量/线程数量 | | 缓存 | |
| 热设计功耗（TDP） | | 其他 | |

调查表 1-1-4　AMD 高端 CPU

| CPU 型号 | | 支持最大内存 | |
|---|---|---|---|
| 适用类型 | | 内存类型 | |
| 制作工艺 | | 集成显卡 | |
| 插槽类型 | | 动态加速频率 | |
| CPU 主频 | | 虚拟化技术 | |
| 核心数量/线程数量 | | 缓存 | |
| 热设计功耗（TDP） | | 其他 | |

调查表 1-1-5　AMD 中端 CPU

| CPU 型号 | | 支持最大内存 | |
|---|---|---|---|
| 适用类型 | | 内存类型 | |
| 制作工艺 | | 集成显卡 | |
| 插槽类型 | | 动态加速频率 | |
| CPU 主频 | | 虚拟化技术 | |
| 核心数量/线程数量 | | 缓存 | |
| 热设计功耗（TDP） | | 其他 | |

调查表 1-1-6　AMD 低端 CPU

| CPU 型号 | | 支持最大内存 | |
|---|---|---|---|
| 适用类型 | | 内存类型 | |
| 制作工艺 | | 集成显卡 | |
| 插槽类型 | | 动态加速频率 | |
| CPU 主频 | | 虚拟化技术 | |
| 核心数量/线程数量 | | 缓存 | |
| 热设计功耗（TDP） | | 其他 | |

## 习　题

### 一、填空题

1．微型计算机 CPU 主要生产厂家有________和________。
2．CPU 内部结构可分为________、________和________三大部分。
3．现在市场上还可以看到 Intel CPU 的两种接口分别是________和________。
4．倍数系数是指 CPU 的________与________之间的相对比例关系。
5．Intel 酷睿系列 CPU 可分为________________几种。
6．AMD 的 CPU 可以分为________________几种。

### 二、选择题

1．CPU 由（　　）组成。
　A．运算器　　B．存储器　　C．控制器　　D．输入设备
2．CPU 的主要参数有（　　）等。
　A．字长　　B．工作频率　　C．高速缓存　　D．工作电压
3．QPI 总线的传输速率是 FSB 总线的（　　）倍左右。
　A．20　　B．2　　C．5　　D．10
4．以下接口类型哪些属于 Core i7 系列 CPU 所具有？（　　）
　A．Socket 478　　B．LGA 1366　　C．LGA 775　　D．Socket 940

### 三、简答题

1．CPU 的性能指标主要有哪些？
2．CPU 的常用接口有哪些？

# 任务二　认识主板

## 任务描述

主板又叫主机板（mainboard）、系统板（systemboard）或母板（motherboard），它安装在机箱内，是电脑最基本的也是最重要的部件之一。如果说 CPU 是电脑的心脏，那么主板就是血管和神经，有了主板，电脑的 CPU 才能控制硬盘、显卡等周边设备。

## 任务知识

### 1.2.1　主板的历史

1995 年，扩展 AT 主板板型标准（AT Extended，ATX）应运而生，英特尔联合多家举足轻重的主板厂商将这一新的标准推上了被 Baby AT 搞得混乱不堪的板型舞台。如今，时间已经充分证明，ATX 是迄今为止最成功、应用范围最广、最受用户欢迎、设计相对最完善的板型标准。如图 1-2-1 所示为 ATX 板型主板。

图 1-2-1

Micro ATX（又名 Mini ATX）是“ATX 简化版”。“小”和“少”是 Micro ATX 的最大特征：PCB 尺寸小（窄版约 24.5cm×21.0cm，宽版约 24.5cm×24.4cm），电源供应器小，I/O 扩展槽少（减至 3～4 个），内存插槽少（原始版本 2～3 个）……降低成本的同时也使其背上了缩水版的“恶名”。Micro ATX 板型主板如图 1-2-2 所示。

图 1-2-2

ITX（又名 Mini ITX）是由威盛科技（VIA）提出的新一代主板板型标准自推出之日起，就应用于客厅 HTPC、低成本下载机，甚至汽车、机顶盒市场，很好地切入了 ATX 与 Micro ATX 留下的市场空隙，在不与主流产品发生冲突的同时，开拓了一片新天地。

ITX 主板非常小，尺寸仅为 17cm×17cm（6.75 英寸×6.75 英寸），许多 ITX 主板如图 1-2-3 所示，都直接焊接了超低功耗的 X86 CPU，并使用静音被动散热模块，使整个平台的功耗普遍小于 100W。由于 GPU、音频芯片和网络芯片也都集成在主板上，用户只需插接内存、硬盘、电源，并搭配合适的机箱就可以组装一台廉价的微型 HTPC，非常方便。

BTX（Balanced Technology Extended）方案同样由英特尔提出，是一个意在代替 ATX 的次时代板型标准。它相对于 ATX 最明显的，也是革命性的改变在于，能够在不缩减性能和功能的前提下显著缩小主板体积，并保持良好的向下兼容性，接 ATX 的班似乎只是时间问题。

图 1-2-3

综合来看，BTX 具有以下重要特点：第一，支持 Low-Profile（窄板设计），缩减体积，减少占用空间；第二，改善散热问题，对主板布线进行了优化设计，简化安装过程，加强机械性能；第三，超强的兼容性。不论是标准版 BTX（325.12mm），Micro BTX（264.16mm），Low-Profile Pico BTX（203.20mm）还是面向服务器市场的 Extended BTX，都可以完美支持目前流行的总线规范和接口规格（如 PCI Express，SATA）。BTX 板型主板如图 1-2-4 所示。

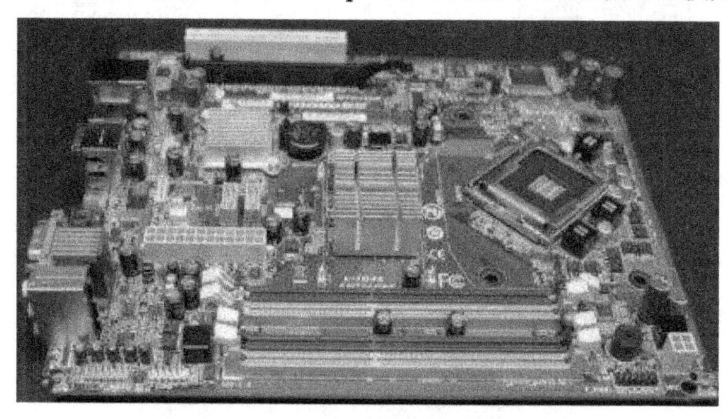

图 1-2-4

## 1.2.2 主板的接口

### 1. 主板主要插槽

（1）内存插槽

内存规范也在不断升级，从早期的 SDRAM 到 DDR SDRAM，发展到现在的 DDR2 与 DDR3，每次升级接口都会有所改变，但这种改变在外型上不容易发现，其区别主要是防呆接口的位置，很明显，DDR2 与 DDR3 是不能兼容的，因为根本就插不进。内存槽有不同的颜色区分，如果要组建双通道，必须使用同样颜色的内存插槽。DDR2 内存插槽如图 1-2-5 所示。

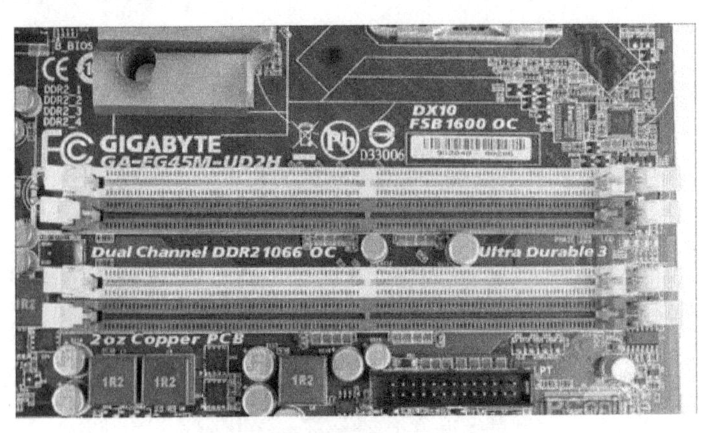


图 1-2-5

目前，DDR4 正在逐渐替代 DDR3 的主流地位，在这新旧接替的时候，有一些主板厂商也推出了 Combo 主板，兼有 DDR4 和 DDR3 插槽。DDR3 内存插槽如图 1-2-6 所示。

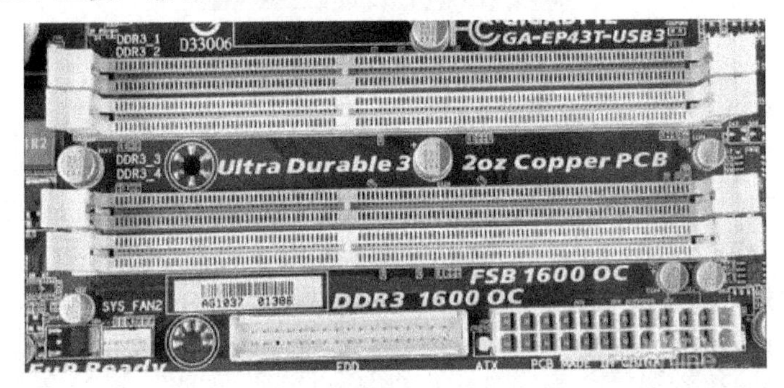


图 1-2-6

（2）PCI-E 插槽

主板的扩展接口，如图 1-2-7 所示蓝色的为 PCI-E X16 接口，目前主流的显卡都使用该接口。白色长槽为传统的 PCI 接口，也是一个非常经典的接口了，拥有 10 多年的历史，接如电视卡之类的各种各样的设备。最短的接口为 PCI-E X1 接口，对于普通用户来说，基于该接口的设备还不多，常见的有外置声卡。

图 1-2-7

（3）SATA 与 IDE 接口

SATA 与 IDE 是存储器接口，也就是传统的硬盘与光驱的接口。现在主流的 Intel 主板都不提供原生的 IDE 接口支持，但主板厂商为照顾老用户，通过第三方芯片提供支持。新装机的用户不必考虑 IDE 设备了，硬盘与光驱都有 SATA 版本，能提供更高的性能。蓝色 L 型为 SATA 接口，如图 1-2-8 所示。

图 1-2-8

SATA 已经成为主流的接口，取代了如图 1-2-9 所示的传统 IDE 接口，目前主流的规范还是 SATA 3.0Gb/s，但已有很多高端主板开始提供最新的 SATA3 接口，速度达到 6.0Gb/s。SATA3 接口用白色与 SATA2 接口区分。

图 1-2-9

### 2．主板各接口图解（插槽跳线）

（1）主板供电接口图解

在主板上，同学们可以看到一个长方形的白色插槽，这个白色插槽就是电源为主板供电的插槽。目前主板供电的接口主要有 24Pin（见图 1-2-11）与 20Pin（见图 1-2-10）两种，在中高端的主板上，一般都采用 24 Pin，低端的产品一般为 20 Pin。

图 1-2-10

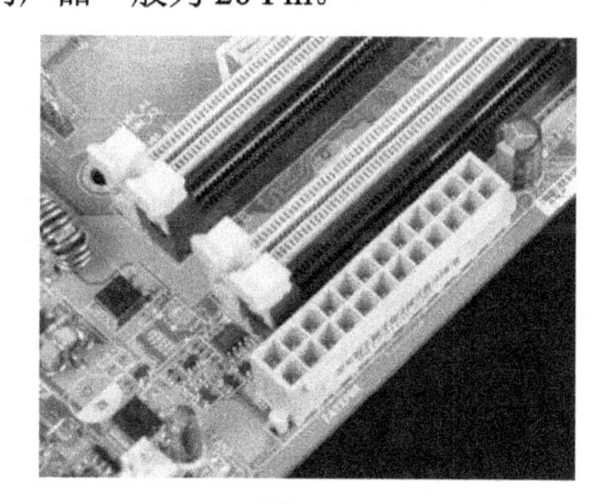

图 1-2-11

为主板供电的插槽采用了防呆式的设计如图 1-2-12 所示，只有按正确的方法才能够插入。这样设计的好处可以防止用户反插，也可以使两个接口更加牢固地安装在一起。

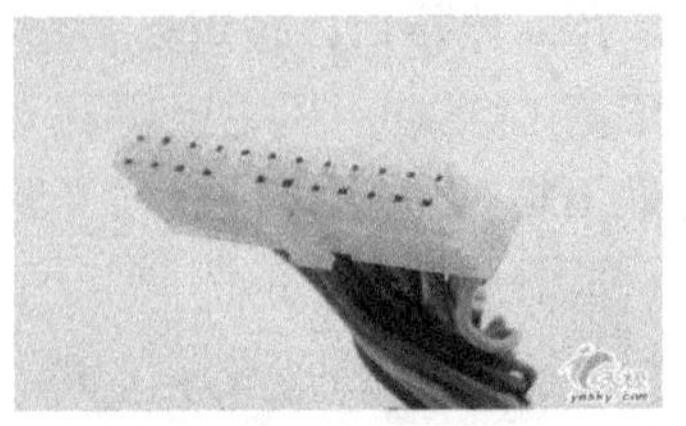

图 1-2-12

（2）CPU 供电接口图解

为了给 CPU 提供更强更稳定的电压，目前主板上均提供一个给 CPU 单独供电的插座（有 4Pin、6Pin 和 8Pin 三种），主板上提供给 CPU 单独供电的 12V 4Pin 供电插座如图 1-2-13 所示。

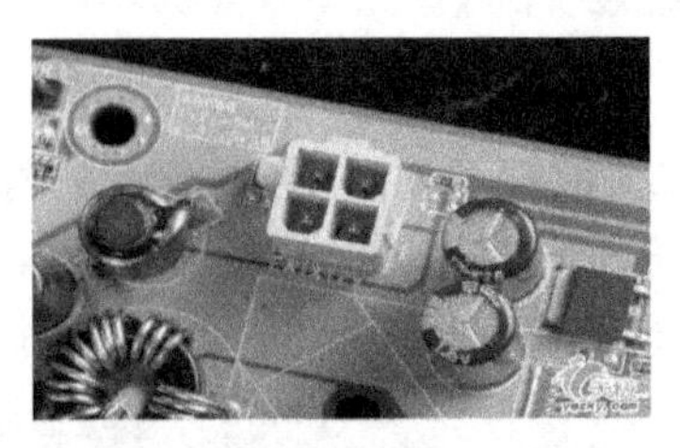

图 1-2-13

与给主板供电的插槽相同，CPU 供电接口也采用了防呆式的设计，电源上提供给 CPU 供电的 4Pin、6Pin 与 8Pin 的接口有一卡子，安装起来得心应手，可防止插错，如图 1-2-14 所示。

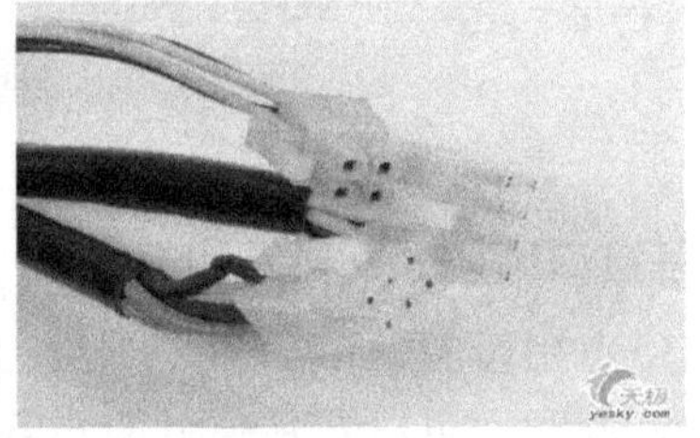

图 1-2-14

（3）SATA 串口设备的安装图解

SATA 串口由于具备更高的传输速度渐渐替代 PATA 并口成为当前的主流接口，目前大部分的硬盘都采用了串口设计。主板上的 SATA 接口如图 1-2-15 所示。

图 1-2-15

图 1-2-15 都是主板上提供的 SATA 接口，但是“模样”不太相同。如图 1-2-16 所示的

SATA 接口四周设计了一圈保护层，这样对接口起到了很好的保护作用，现在一些大品牌的主板上一般会采用这样的设计。

SATA 接口的安装也相当简单，接口采用防呆式的设计如图 1-2-16 所示，方向反了根本无法插入。另外需要说明的是，SATA 硬盘的供电接口也与普通的四针梯形供电接口（见图 1-2-17）有所不同，请自行对比。

图 1-2-16

图 1-2-17

（4）PATA（IDE）并口设备的安装图解

目前 PATA 并口在主板上基本上消失，一些老旧的主板还能见到这种接口。主板上的两条 PATA 接口如图 1-2-18 所示。

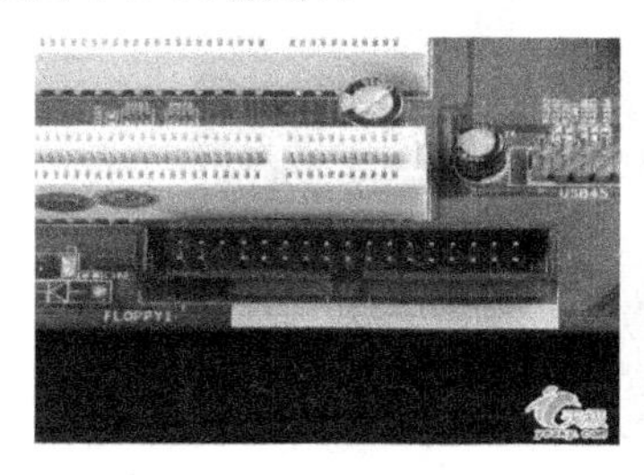

图 1-2-18

同样是防呆式的设计，主板上 PATA 接口外侧中部的一个缺口，而在 PATA 数据线上一侧的中部有一个凸出来的部分，这两部分正确结合后才能顺利插入，方向反了也无法安装。

在一些早期主板上还会看到一个上图中那样的插槽，样子与并口 PATA 插槽相似，但略短，这便是软驱插槽。虽然目前软驱已很少有人使用了，但在一些主板上依旧能够见到。

（5）主板上的扩展前置 USB 接口图解

目前，USB 成为日常使用范围最广的接口，大部分主板提供了多达 8 个 USB 接口，但一般在背部的面板中仅提供四个，剩余的四个需要同学们安装到机箱前置的 USB 接口上，以方便使用。目前主板上均提供前置的 USB 接口。

以图 1-2-19 为例，这里共有两组 USB 接口，每一组可以外接两个 USB 接口，分别是 USB4、5 与 USB6、7 接口，共可以在机箱的前面板上扩展四个 USB 接口（当然需要机箱的支持，一般情况下机箱仅供接两组前置的 USB 接口）。

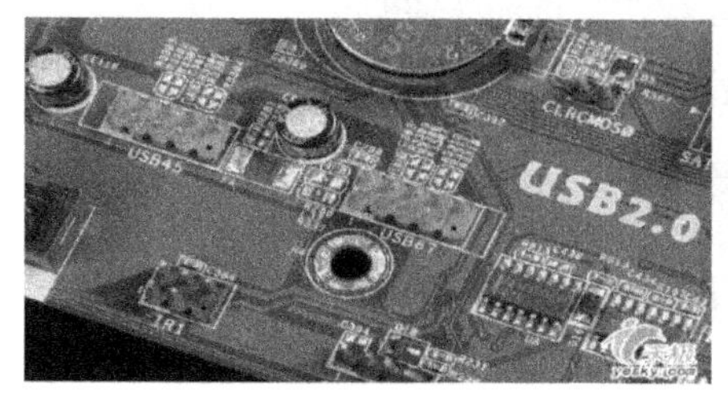


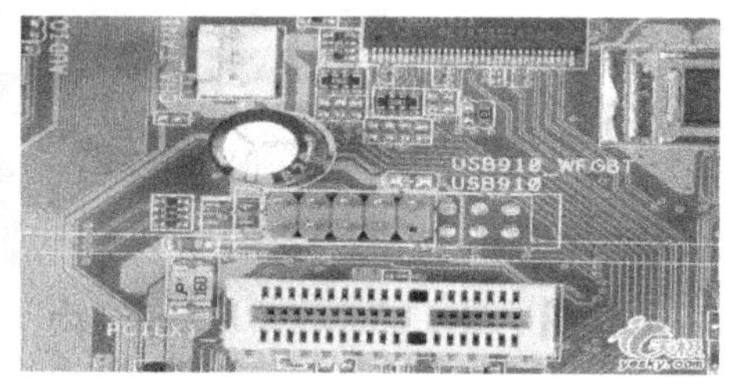


图 1-2-19

图 1-2-19 是机箱前面板前置 USB 的连接线，其中 VCC 用来供电，USB2-与 USB2+分别是 USB 的负极、正极接口，GND 为接地线。在连接 USB 接口时大家一定要参阅主板的说明书，仔细对照，如果连接不当，很容易烧毁主板。主板与 USB 接口的详细连接方法如图 1-2-20 所示。

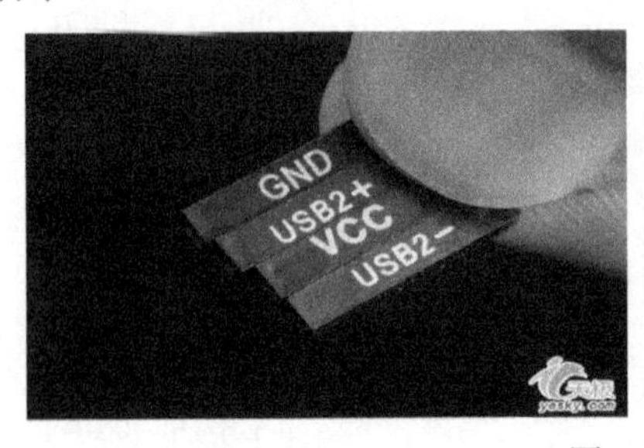

图 1-2-20

为了方便用户的安装，很多主板的 USB 接口设置相当人性化，如图 1-2-21 所示。

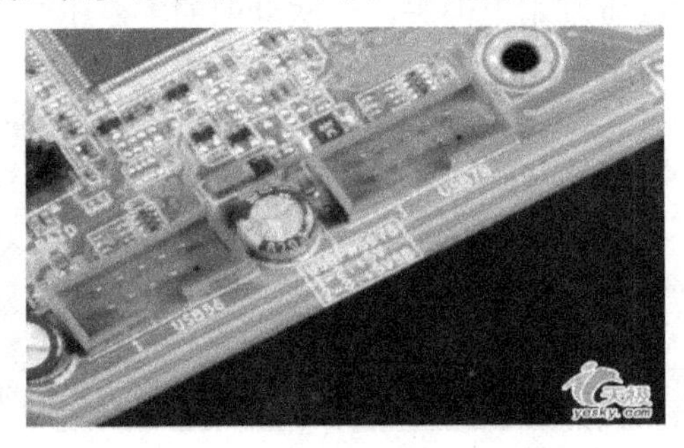

图 1-2-21

可以看到，如图 1-2-21 所示的 USB 接口有些类似于 PATA 接口的设计，采用了防呆式的设计方法，大家只有以正确的方向才能够插入 USB 接口，方向不正确是无法插入的。大大提高了工作效率，同时也避免因接法不正确而烧毁主板的现象。

（6）主板上的扩展前置音频接口图解

目前大部分机箱除了具备前置的 USB 接口，音频接口也被移植到了机箱的前面板上，为使机箱前面板的耳机和话筒能够正常使用，还应该将前置的音频线与主板正确连接。

图 1-2-22 中便是扩展的音频接口。其中，AAFP 为符合 AC97 音效的前置音频接口，ADH 为符合 ADA 音效的扩展音频接口，SPDIF_OUT 是同轴音频接口，前置音频的安装方法如图 1-2-23 所示。

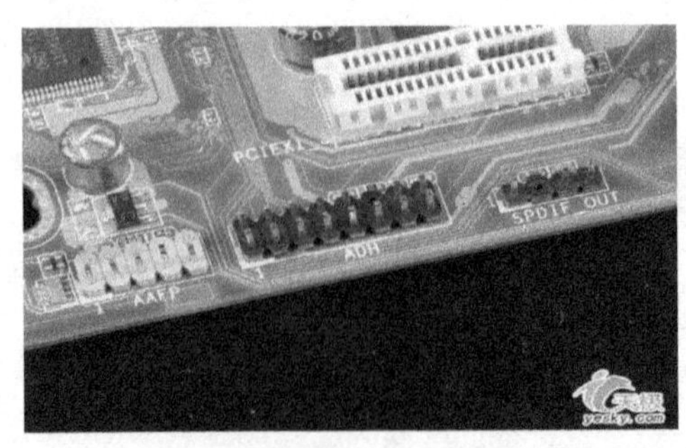


图 1-2-22

机箱前置音频插孔与主板相连接的扩展插口，其中，MIC 为前置的话筒接口，对应主板上的 MIC，HPOUT-L 为左声道输出，对应主板上的 HP-L 或 Line out-L（若采用的音频规范不同，如采用的是 ADA 音效规范则接 HP-L，下同），HPOUT-R 为右声道输出，对应主板上的 HP-R 或 Line out-R，分别按照对应的接口依次接入即可，如图 1-2-23 所示。

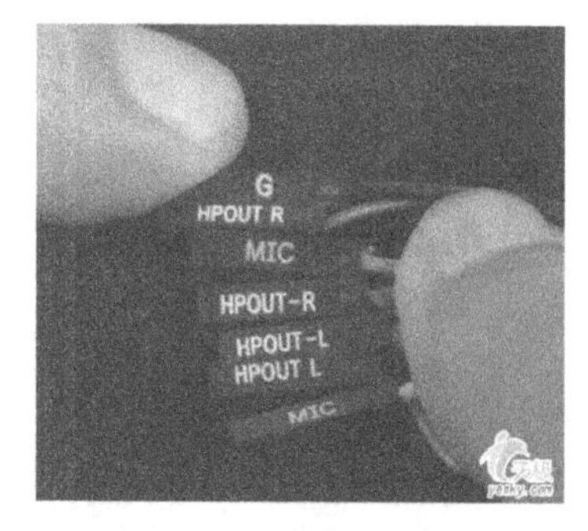


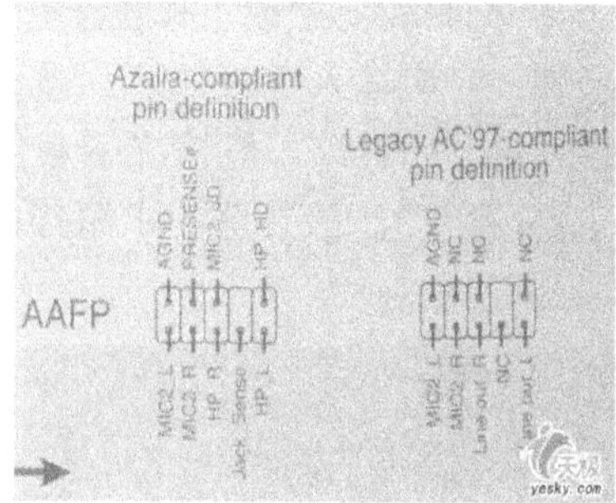


图 1-2-23

（7）主板上机箱电源、重启按钮安装图解

两款不同主板上的机箱电源、重启等按钮的接线插槽如图 1-2-24 所示。

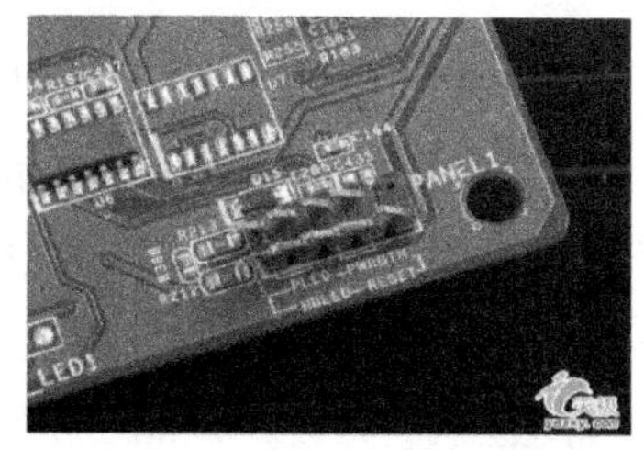

图 1-2-24

机箱中电源、重启、硬盘指示灯和机箱前置报警喇叭的接口如图 1-2-25 所示。

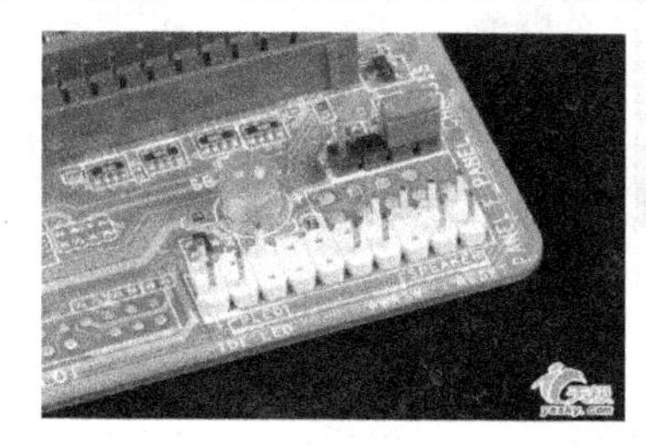

图 1-2-25

机箱与主板电源的连接示意图如图 1-2-26 所示。

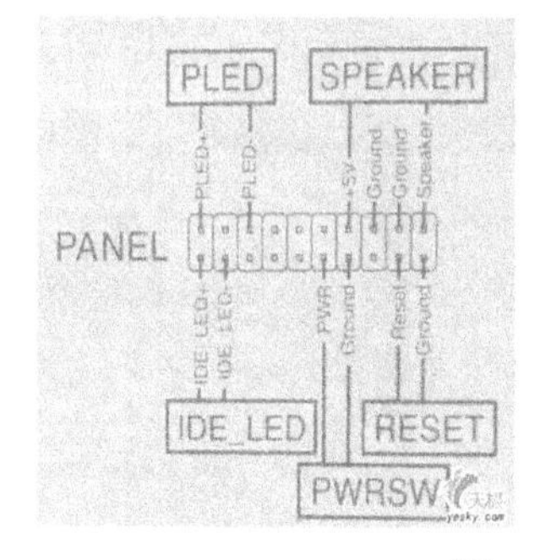

图 1-2-26

其中，PWRSW 是电源接口，对应主板上的 PWRSW 接口；RESET 为重启键的接口，对应主板上的 RESET 插孔；上面的 SPEAKER 为机箱的前置报警喇叭接口，是四针的结构，其中红线的那条线为+5V 供电线，与主板上的+5V 接口相对应，其他的三针也就很容易插入。IDE_LED 为机箱面板上硬盘工作指示灯，对应主板上的 IDE_LED，剩下的 PLED 为电脑工作的指示灯，对应插入主板即可。需要注意的是，硬盘工作指示灯与电源指示灯分正负极，在安装时需要注意，一般情况下彩色代表正极。

（8）CPU_FAN 是 CPU 散热器的电源接口，主板上的散热器接口及详细安装图解，如图 1-2-27 所示。

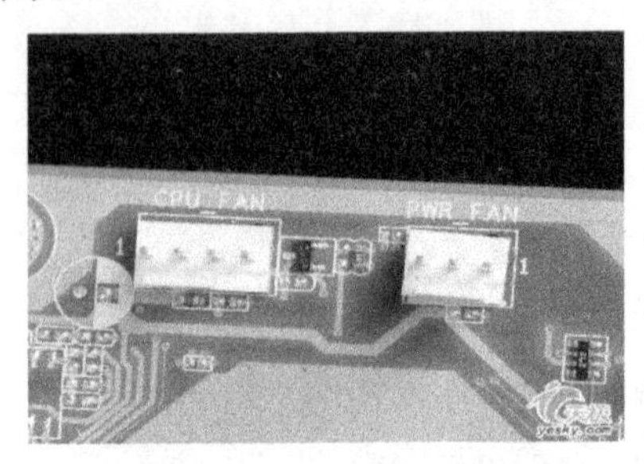

图 1-2-27

图 1-2-27 可以清楚地看到，目前 CPU 的散热器接口采用了四针设计，与其他散热器相比明显多出一针，如图 1-2-28 所示，这是因为主板提供了 CPU 温度监测功能，风扇可以根据 CPU 的温度自动调整转速。

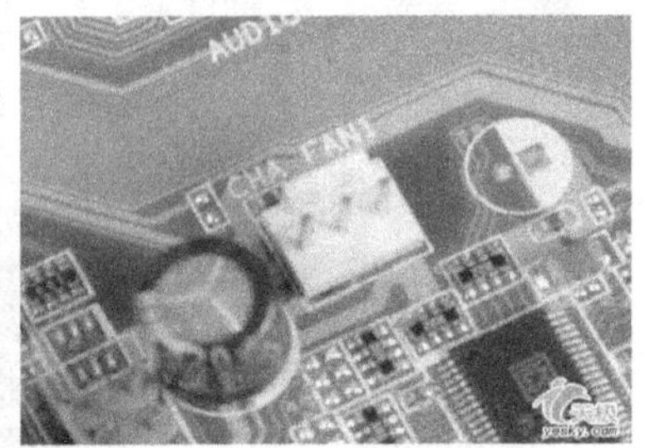


图 1-2-28

另外，主板上还有一些 CHA_FAN 的插座，这些都是用来给散热器供电的，用户如果添加了散热器，可以通过这些接口来为风扇供电。还可以看到，这些接口均采用了防呆式设计方法，反方向无法插入，用户在安装时可以仔细观察，非常简单。

（9）其他接口安装方法简单介绍

黑色的为 PCI-E 插槽如图 1-2-29 所示，用来安装如图 1-2-30 所示 PCI-E 接口的显卡。

图 1-2-29

图 1-2-30

在较早芯片组的主板上，由于不支持 PCI-E，因此还是传统的 AGP 8X 显卡接口，如图 1-2-31 所示的棕色插槽。其余的白色为 PCI 插槽，用来扩展 PCI 设备。

新的主板芯片组背部不提供 COM 接口，因此在主板上内建了 COM 插槽，可以通过扩展支持对 COM 支持，方便老用户使用，如图 1-2-32 所示。

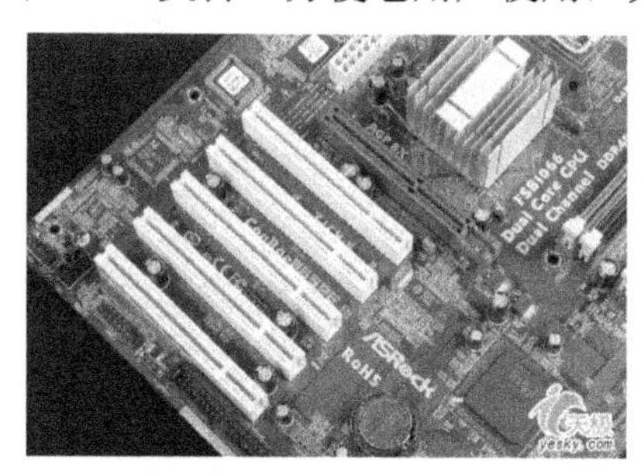


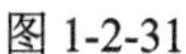
图 1-2-31

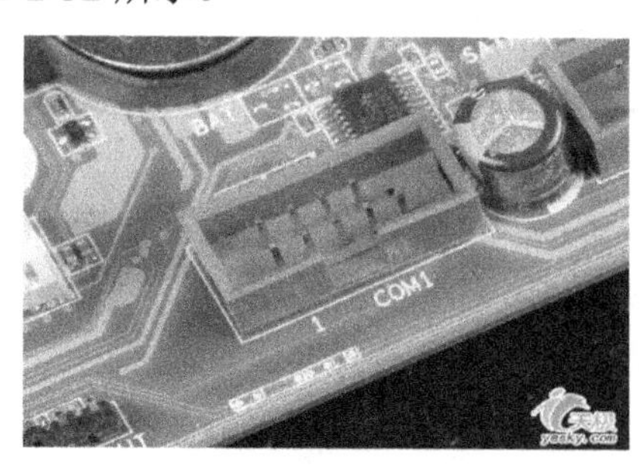


图 1-2-32

（10）主板背部接口

主板背部的 PS2 鼠标键盘、同轴音频、E-SATA、USB 和 8 声道的音频输出接口如图 1-2-33 所示。

PS2 接口：功能比较单一，仅能用于连接键盘和鼠标。一般情况下，鼠标的接口为绿色，键盘的接口为紫色，曾经是应用最为广泛的接口之一。鼠标和键盘目前采用 USB 接口，因此在有些主板上仅有一个紫色的键盘接口或者键盘和鼠标合二为一的接口。PS2 接口如图 1-2-33 所示。

USB 接口：现在最为流行的接口。最大可以支持 127 个外设，并且可以独立供电，其应用非常广泛。USB 接口可以从主板上获得 500mA 的电流，支持热拔插，真正做到了即插即用。一个 USB 接口可同时支持高速和低速 USB 外设的访问，由一条四芯电缆连接，其中两条是正负电源，另外两条是数据传输线。USB1.0 低速外设的传输速率可达 480Mbit/s（60MB/s），USB3.0 超高速接口理论上的最高速率是 5.0Gbit/s（625MB/s），实际传输速率大约是 3.2Gbit/s（400MB/s）。

RJ-45 接口：通常用于数据传输，最常见的应用为网卡接口即双绞线插头插口（又称水晶头接口），共由八芯做成，广泛应用于局域网和 ADSL 宽带上网用户的网络设备间的连接。

音频接口：一般有三个音频接口，分别是蓝色、绿色和粉色。蓝色接口为音频输入端口，可将 MP3、录音机、音响等音频输出端通过双头 3.5mm 的音频线连接到计算机，通过计算机再进行处理或录制。蓝色接口在四声道/六声道音效设置下，还可以连接后置环绕喇叭。绿色接口为音频输出端口，用于连接耳机或者 2.0、2.1 音箱。粉色接口为麦克风端口，用于连接麦克风。目前八声道输出接口也很常见，它有 6 个插孔。

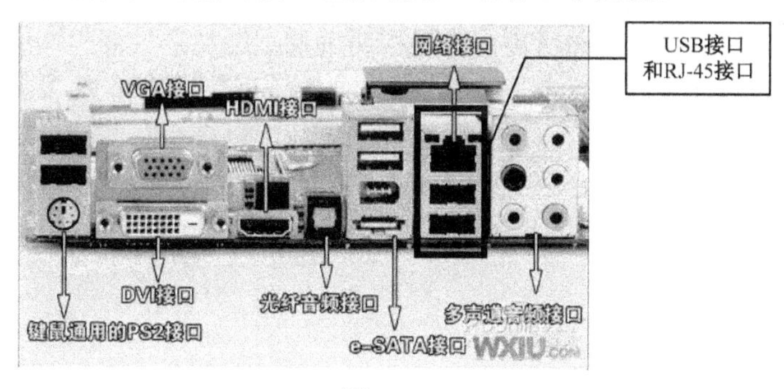


图 1-2-33

### 1.2.3 主板的选购

在用户选购主板之前，应该确定什么样的主板对用户来讲是合适的，以下是一些选购原则。

#### 1．应用环境

应用环境对于选择主板尺寸、支持 CPU 性能等级及类型、需要的附加功能都会有一些影响。比如，如果工作环境比较紧凑，那么就要考虑 Baby AT、Micro ATX 或最新的 Flex ATX 板型；如果构建多媒体环境，那么选择能够匹配主频高、浮点运算能力强和缓存空间大的 CPU 主板会使系统更快速、稳定；而如果需要电脑开机省时、方便且省电，支持 str 等节能功能的新型主板大有裨益。

#### 2．品牌

主板是一种将高科技、高工艺融为一体的集成产品，因此作为选购者来说，应首先考虑"品牌"。品牌决定产品的品质，一个有品牌的产品有一个有实力的厂商做后盾支持；一个有实力的主板厂商，为了推出自己品牌的主板，从产品的设计、选料筛选、工艺控制、品管测试，到包装运送都要经过十分严格地把关。这样一个有品牌做保证的主板，则对其电脑系统的稳定运行提供了保障。

#### 3．服务

目前在国内市场上有二三十种品牌的主板，有时用户也不清楚购买的主板是否有良好的售后服务。有的品牌的主板甚至连公司网址都没有标明，购买后，连最起码的 BIOS 的更新服务都没有。虽说这些主板的价格很低，但一旦出了问题，用户往往只能自认倒霉。所以，无论选择何种档次的主板，在购买前都要认真考虑厂商的售后服务。如厂商能否提供完善的质保服务，包括产品售出时的质保卡，承诺产品保换时间的长短，产品的本地化工作如何（包括提供详细的中文说明书），配件提供是否完整等。

#### 4．对系统性能的考察

对于性能指标的考察是选择主板的关键。主板对 CPU 电压、外频、倍频的支持范围，在运行大量高级程序或不同超频状态下的稳定性等，都与整台电脑的性能休憩相关。至于如何做出判断，用户可以通过权威专业媒体的评测数据、相关著名网站的评测推荐，以及朋友们的使用感受等方面来了解相关情况，也可以通过观察主板的做工、用料、板面布局做出大致判断。

#### 5．经济性

用户在追求最佳购买经济性时，应分两个层面实施。一是明确应用要求，经济性不等同于价格低，首先要做到所选即所需；二是在明确购买档次之后捕捉购买时机和争取最经济的价格。如果要做升级，就应选择扩展性好、性能出众的主板；如果只是要求够用、好用就行，那么可以考虑选择性价比出众的整合型主板，以减小总体开支；而如果对速度、稳定、系统安全要求近乎苛刻，那就不要因为主板的硬件缺憾影响系统完美表现，高性能主板才是最经济无悔的选择。对于同一档次的产品，主板品牌、芯片组品牌与级别、功能集成度是影响价格的主要因素。

#### 6．稳定和可靠

一般来说，稳定性和可靠性与不同厂商的设计水平、制作工艺、选用的元器件质量等有非常大的关系，但是它很难精确测定，常用的测试方法有 3 种。第 1 种，负荷测试：是指在主机板上尽可能多地加入外部设备，例如插满内存，使用可用频率最高的 CPU 等。在重负荷情况下，主机板功率消耗和发热量均增大，主机板稳定性和可靠性方面的问题比较容易暴露。第 2 种，烧机测试：是让主机板长时间运行，看看系统是否能持续稳定运行。第 3 种，物理环境下的测试：可以改变环境变量，包括温度、湿度、振动等考察主板在不同环境下的表现。

### 7. 兼容性

对兼容性的考察有其特殊性，因为它很可能并不是主板的品质问题。例如，有时主板不能使用某个功能卡或者外设，可能是卡或者外设的本身设计有缺陷。不过从另一方面看，兼容性问题基本上是简单的有和没有，而且一般通过更换其他硬件也可以解决。对于自己动手装电脑的用户来说，兼容性是必须考虑的因素，如果用户请装机商组装就会避免该问题。

### 8. 升级和扩充

购买主板的时候或多或少都需要考虑电脑和主板将来升级扩展的能力，尤其扩充内存和增加扩展卡最为常见，还有升级 CPU，一般主板插槽越多，扩展能力就越好，不过价格也更贵。

### 9. 价格

价格是用户最关心的因素之一。不同产品的价格和该产品的市场定位有密切的关系，大厂商的产品往往性能好一些，价格也就贵些。有的产品用料差一些，成本和价格也就可以更低一些。用户应该按照自己的需要考察最好的性价比，完全抛开价格因素而比较不同产品的性能、质量或者功能是不合理的。

### 10. 主板的散热要良好

主板的布局结构要合理，这样有利于散热。由于 BX 芯片组是为在 100MHz 外频下工作而设计的，超频时它会工作在更高的外频下，发热量会大幅增加，因此在芯片上应该有散热片，以增强系统的稳定性——毕竟散热是超频中非常重要的一环。如果主板上还能提供风扇用的 3Pin 插座、温度监测及环境监控装置更好。

### 11. 主板的做工要精湛

如前所述，超频往往和电压是密切相关的。实际上，在超频后系统变得不稳定时，如果不增大 CPU 的工作电压而是加大 MOS 管对 CPU 的供电电流也能起到相同的效果。不过，无论是增加电压还是增强电流对主板布线的要求都很高，供电线一定要足够粗，否则有烧坏主板的危险，因此主板的做工一定要精湛，这样可以依靠主板本身良好的电路设计来实现超频的稳定性。

## 实训二 主板调查

### 调查当前主流主板性能指标

要求：Intel、AMD 每个品牌调查三款主板产品，完成调查表 1-2-1 到表 1-2-6。

调查表 1-2-1　Intel H81

| CPU 型号 | | 支持最大内存 | |
|---|---|---|---|
| 适用类型 | | 内存类型 | |
| 制作工艺 | | 集成显卡 | |
| 插槽类型 | | 睿频加速技术 | |
| CPU 主频 | | 虚拟化技术 | |
| 核心数量/线程数量 | | 缓存 | |
| 热设计功耗（TDP） | | 其他 | |

调查表 1-2-2　Intel B250

| CPU 型号 | | 支持最大内存 | |
|---|---|---|---|
| 适用类型 | | 内存类型 | |
| 制作工艺 | | 集成显卡 | |
| 插槽类型 | | 睿频加速技术 | |
| CPU 主频 | | 虚拟化技术 | |
| 核心数量/线程数量 | | 缓存 | |
| 热设计功耗（TDP） | | 其他 | |

调查表 1-2-3　Intel X99

| CPU 型号 | | 支持最大内存 | |
|---|---|---|---|
| 适用类型 | | 内存类型 | |
| 制作工艺 | | 集成显卡 | |
| 插槽类型 | | 睿频加速技术 | |
| CPU 主频 | | 虚拟化技术 | |
| 核心数量/线程数量 | | 缓存 | |
| 热设计功耗（TDP） | | 其他 | |

调查表 1-2-4　AMD A68H

| CPU 型号 | | 支持最大内存 | |
|---|---|---|---|
| 适用类型 | | 内存类型 | |
| 制作工艺 | | 集成显卡 | |
| 插槽类型 | | 动态加速频率 | |
| CPU 主频 | | 虚拟化技术 | |
| 核心数量/线程数量 | | 缓存 | |
| 热设计功耗（TDP） | | 其他 | |

调查表 1-2-5　AMD 990FX

| CPU 型号 | | 支持最大内存 | |
|---|---|---|---|
| 适用类型 | | 内存类型 | |
| 制作工艺 | | 集成显卡 | |
| 插槽类型 | | 动态加速频率 | |
| CPU 主频 | | 虚拟化技术 | |
| 核心数量/线程数量 | | 缓存 | |
| 热设计功耗(TDP) | | 其他 | |

调查表 1-2-6　AMD B350

| CPU 类型/插槽 | | 支持最大内存 | |
|---|---|---|---|
| 内存插槽 | | 内存类型 | |
| 音频芯片 | | 存储接口 | |
| 网卡芯片 | | USB 接口 | |
| PCI-E 插槽 | | HDMI 接口 | |
| 主板板型 | | PCI-E 标准 | |
| 显示芯片 | | 其他 | |

# 习　题

## 一、填空题

1．主板在结构上包括________和________。

2．________为计算机提供最底层、最直接的硬件控制。计算机的原始操作都是依照固化在________里的内容来完成的，它是 CPU 与外部设备联系纽带。

3．PCI Express 属于________总线，总线中的每个设备独享带宽，并且具备双向传输的能力。

4. 芯片组中________是控制 CPU、显卡、内存等三大设备的“神经中枢”，而________片则是 PCI 插卡、输入输出设备、硬盘、光驱等设备的“命令指挥部”。

5．主板上 24 针白色长方形插座是________。还有一个白色的________针________伏电源接口，增加系统的供电能力，可满足高频处理器对供电系统的苛刻要求。

## 二、选择题

1．通常在电池旁边都有一个清除 BIOS 用户设置参数的（　　），这样可使用户在错误设置 BIOS 参数后，通过放电来恢复出厂默认设置。

A．芯片　　B．指示灯
C．跳线或 DIP 开关　　D．插座

2．IDE 接口可以接（　　）设备。

A．硬盘　　B．软驱　　C．光驱　　D．打印机

3．SATA 接口的特点有（　　）。

A．接口体积小　　B．串行传输　　C．高电压　　D．7 引脚

4．PCI 插槽的数据宽度为（　　）。

A．8　　B．16　　C．32　　D．64

5．PCI Express*16 接口的带宽达到了（　　）。

A．250Mbps　　B．8Gbps　　C．2.1Gbps　　D．400Mbps

6．（　　）可以作为鼠标的接口。

A．USB　　B．LPT　　C．PS2　　D．COM

# 任务三　认识内存

## 任务描述

内存实质上是一组具备数据输入/输出和数据存储功能的集成电路。按内存在计算机中的用途分为主存和辅存。平常所说的内存容量指的就是主存容量，下面按不同的分类方法介绍内存。

## 任务知识

### 1.3.1　内存的分类

#### 1．按内存的工作原理分类

按内存的工作原理分为只读存储器（ROM）和随机存储器（RAM）。

在制造 ROM 时，信息（数据或程序）就被存入并永久保存。这些信息只能读出，一般不能写入，即使机器停电，这些数据也不会丢失。ROM 一般用于存放计算机的基本程序和数据，如 BIOS ROM 其物理外形一般是双列直插式（DIP）的集成块。

RAM 既可以从中读取数据，也可以写入数据。当机器电源关闭时，存于其中的数据就会丢失。通常购买或升级的内存条就是用作电脑的内存，内存条就是将 RAM 集成块集中在一起的一小块电路板，它插在计算机中的内存插槽上，以减少 RAM 集成块占用的空间。目前市场上常见的内存条容量有 4GB 和 8GB 等。

#### 2．按内存条的技术标准分类

内存的技术标准是由 JEDEC（固态技术协会）组织生产厂商制定的国际性协议，按此协议，内存的发展经历了 EDO DRAM、SDRAM、DDR1、DDR2、DDR3 和 DDR4 六个时代。

- EDO DRAM 内存：这是 1991—1995 年盛行的内存条，它取消了扩展数据输出内存与传输内存两个存储周期之间的时间间隔。在把数据发送给 CPU 的同时访问下一个页面，提高了工作效率。工作电压一般为 5V，带宽 32 bit，速度在 40nb/s 以上，但是必须两条同时插在主板上才能工作，其主要应用在当时的 486 及 Pentium 电脑上，目前已淘汰。
- SDRAM 内存：自从 Intel Celeron 系列和 AMD K6 处理器以及相关的主板芯片组推出后，EDO DRAM 内存性能再也无法满足用户需要，为了满足新一代 CPU 架构的需求，人们研发了 SDRAM 内存。SDRAM 内存经历了 PC66、PC100 和 PC133 规范。PC133 内存带宽提高到了 1 GB/s 以上。由于 SDRAM 的带宽为 64 bit，正好对应 CPU

的 64 bit 数据总线宽度，因此它只需要一条内存便可工作，便捷性进一步提高。在性能方面，由于其输入/输出信号保持与系统外频同步，速度明显超越 EDO 内存，但是由于带宽不足，仍不能摆脱被淘汰的命运。

- DDR1 内存：DDR SDRAM（Double Data Rate SDRAM，简称 DDR）既“双倍速率 SDRAM”。DDR 在时钟信号上升沿与下降沿各传输一次数据，这使得 DDR 的数据传输速率为传统 SDRAM 的两倍。由于仅多采用了下降沿信号，因此不会造成能耗增加。DDR 内存作为一种在性能与成本之间折中的解决方案，其目的是迅速建立起牢固的市场空间，继而一步步在频率上高歌猛进，最终弥补内存带宽上的不足。第一代 DDR200 规范并没有得到普及。第二代 PC266 DDR SRAM（带宽为 133MHz 时钟×2 倍数据传输=266MHz）是由 PC133 SDRAM 内存所衍生出的，它将 DDR 内存带向了第一个高潮，目前还有不少赛扬和 AMD K7 处理器在采用 DDR266 规格的内存，其后来的 DDR333 内存也属于一种过渡，而 DDR400 内存成为曾经的主流平台选配，双通道 DDR400 内存已经成为 800FSB 处理器搭配的基本标准，随后的 DDR533 规范则成为很多用户的选择对象。
- DDR2 内存：随着 CPU 性能的不断提高，人们对内存性能的要求也逐步升级；不可否认，仅仅依靠频率提升带宽的 DDR 是不够的，因此 JEDEC 组织很早就开始酝酿 DDR2 标准，加上 LGA 775 接口的 915/925 以及最新的 945 等平台开始支持 DDR2 内存，所以 DDR2 内存逐渐将 DDR 内存带向第二个高潮。DDR2 能够在 100 MHz 的发信频率基础上提供每插脚最小 400MB/s 的带宽，而且其接口将运行于 1.8V 电压上，从而进一步降低发热量，以便提高频率。此外，DDR2 将融入 CAS、OCD、ODT 等新性能指标和中断指令，提升内存带宽的利用率。从 JEDEC 组织者阐述的 DDR2 标准来看，针对 PC 等市场的 DDR2 内存将拥有 400 MHz、533 MHz、667 MHz 等不同的时钟频率。高端的 DDR2 内存将拥有 800 MHz、1000 MHz 两种频率。
- DDR3 内存：DDR3 内存相比起 DDR2 内存有更低的工作电压，从 1.8V 降到了 1.5V，更为省电且性能更好；从 DDR2 的 4bit 预读升级为 8bit 预读。DDR3 目前最高能够达到 2000MHz 的频率。
- DDR4 内存：内存厂商在 2012 年推出 DDR4 内存条，其电压降至 1.2V，而频率提高至 2133 MHz，2013 年其电压进一步降至 1.0V，频率则提高至 2667MHz。新一代的 DDR4 内存将采用两种不同的技术，即传统 SE 信号技术和差分信号技术。因此，在 DDR4 内存时代会看到两个互不兼容的内存产品。

内存的发展线路如图 1-3-1 所示。

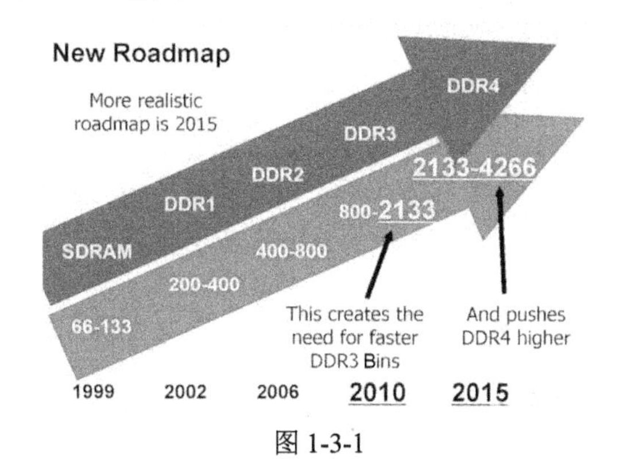


图 1-3-1

SDRAM 内存，采用 TSOP 封装模式，双面共用金手指 168 个，有两个缺口用于辨别安装方向；DDR1 内存采用 TSOPII 封装模式，内存单面金手指针脚数量为 92 个（双面 184 个），缺口左边为 52 个针脚，缺口右边为 40 个针脚；DDR2 内存采用 BGA 封装模式，内存单面金手指 120 个（双面 240 个），缺口左边为 64 个针脚，缺口右边为 56 个针脚；DDR3 内存单面金手指也是 120 个（双面 240 个），缺口左边为 72 个针脚，缺口右边为 48 个针脚。

DDR1、DDR2 与 DDR3 内存尺寸存在差别（如图 1-3-1 所示），因此 DDR 的三种内存互不兼容。

采用 BGA 封装技术的内存产品在相同容量下，体积只有 TSOP 封装的 1/3。另外，与传统 TSOP 封装方式相比，BGA 封装方式具有更加快速和有效的散热途径。两种封装模式对比，如图 1-3-2 所示。

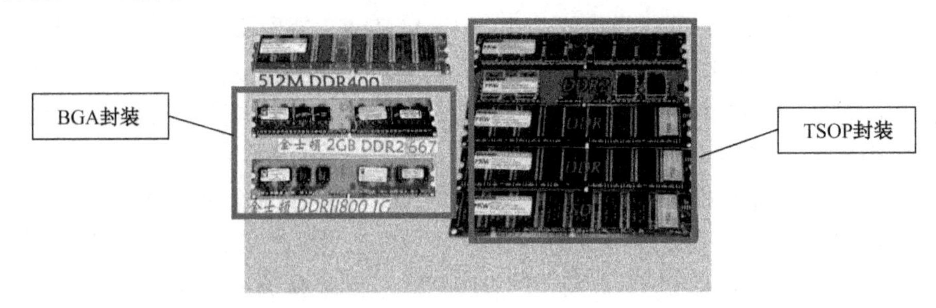


图 1-3-2

## 1.3.2 内存的性能参数

### 1. 存储速度

内存的存储速度用存取一次数据的时间来表示，单位为纳秒，记为 ns，$1ns=10^{-9}s$，值越小，表示存取时间越短，速度越快。目前，DDR 内存存取时间一般为 6ns，而更快的存储器多用在显卡的显存上，比如 5ns、4ns、3.6ns、3.3ns、2.8ns 等。

### 2. 存储容量

2011 年前后，电脑内存的配置越来越高，容量越来越大，一般在 2GB 以上，更有 4GB、8GB 内存的电脑。内存作为计算机中重要的配件之一，其容量的大小直接关系到整个系统的性能。在其他配置相同的条件下，内存越大，计算机性能越高。因此，内存容量已经越来越受消费者关注。

### 3. 内存带宽

又叫“内存速度”。内存的容量决定“仓库”的大小，而内存的带宽决定“桥梁”的宽窄，两者缺一不可，这就是常常说道的“内存容量”与“内存速度”。内存带宽计算公式：带宽=内存时钟频率×内存总线位数×倍增系数/8。以 DDR400 内存为例，它的运行频率为 200MHz，数据总线位数为 64bit，由于上升沿和下降沿都传输数据，因此倍增系数为 2，此时带宽为：200×64×2/8=3.2GB/s（如果是两条内存组成的双通道，那么带宽则为 6.4 GB/s）。在现有技术条件下，运行频率很难成倍提升，此时数据总线位数与倍增系数是技术突破点。

## 1.3.3 内存品牌

生产内存的厂商很多，为了更好地了解市场上有哪些内存可供选用，下面以厂商为例进行概括介绍。

### 1．金士顿（Kingston）

金士顿作为世界上第一大内存生产厂商，其内存产品在进入中国市场以来，仅凭借优秀的产品质量和一流的售后服务，就受到众多中国消费者的青睐。然而金士顿品牌的内存产品不仅使用自己的内存颗粒，更多的则是使用现代（Hynix）、三星（Samsung）、南亚（Nanya）、华邦（Winbond）、英飞凌（In-finoen）、美光（Micron）等厂商的内存颗粒。

### 2．胜创（Kingmax）

胜创科技有限公司成立于1989年，是一家位列中国台湾省前200强的生产企业，同时也是内存模组的引领生产厂商。通过严格的质量控制和完善的研发实力，胜创科技获得了ISO9001证书，同时和IT行业中最优秀的企业建立了合作伙伴关系。公司以不断创新的设计工艺和追求完美的信念生产出高性能的尖端科技产品，不断向移动领域提供价廉物美的、出色的内存模组。

### 3．海盗船（Corsair）

海盗船是一家较有特点的内存品牌公司，其内存产品都包裹着一层黑色金属外壳，这层金属壳紧贴在内存颗粒上，可以屏蔽其他电磁干扰。其代表产品如Corsair Twin PC3200（CMX510-3200XL）内存，在DDR400下，可以稳定运行在CL2-2-2-5-T1下，将潜伏期和寻址时间缩短为原来的一半。这款内存并不比一些DDR500产品差，而且Corsair为这种内存提供终身保修。

### 4．宇瞻（Apacer）

在内存市场，宇瞻一直以来都有着较好的声誉，其SDRAM时代的WBGA封装响彻一时，在DDR内存上也树立了良好形象。宇瞻科技隶属于宏基集团，实力非常雄厚。初期专注于内存模组行销，并已经成为全球四大内存模组供应商之一。据权威人士透露，在国际上，宇瞻的品牌知名度以及产品销量与目前在国内排名第一的品牌持平甚至更高，之所以目前在国内没有坐到龙头位置，是因为宇瞻对于品牌宣传一直比较低调，而把更多的精力投入到产品研发生产当中。

### 5．金邦（Geil）

金邦科技股份有限公司是专业的内存模块制造商之一，是全球第一家也是唯一一家以汉字注册的内存品牌，其以中文命名的产品“金邦金条”“千禧条GL2000”迅速进入国内市场，在极短的时间内达到行业销量遥遥领先。第一支“量身订做，终身保固”内存模组的内存品牌，首推“量身订做”系列产品，使计算机进入最优化状态。在JEDEC尚未通过DDR400标准的情况下，率先推出第一支“DDR400”，并成功在美国上市。金邦高性能、高品质和高可靠性的内存产品，引起了业界和传媒的广泛关注。在过去几年中，金邦内存多次荣获国内权威杂志评选的读者首选品牌和编辑选择奖，稳夺国内内存市场占有率的三强。

### 6．现代（Hynix）

原厂现代和三星内存是目前兼容性和稳定性最好的内存。此外，现代的D43等颗粒也是目前很多高频内存所普遍采用的内存芯片。

### 1.3.4 内存的选购

内存条是连接 CPU 和其他设备的通道，起到缓冲和数据交换的作用。当 CPU 工作时，需要从硬盘等外部存储器上读取数据，但由于硬盘这个“仓库”太大，加上离 CPU 也很“远”，运输“原料”数据的速度就比较慢，导致 CPU 的生产效率较低，为了解决这个问题，人们便在 CPU 与外部存储器之间，建了一个“小仓库”——内存。

**1．内存颗粒最重要**

内存颗粒是内存条重要的组成部分，内存颗粒将直接关系到内存容量的大小和内存体制的好坏。因此，一个好的内存必须有良好的内存颗粒作保证。

首先，颗粒本身品质的好坏对内存模组质量的影响是举足轻重的。虽然使用名牌大厂的内存颗粒并不一定代表内存模组就是优秀，但采用不知名品牌的内存颗粒显然是不会有出色的表现。目前知名的内存颗粒品牌有 HY（现代）、Samsung（三星）、Winbond（华邦）、Infineon（英飞凌）、Micron（美光）等。

在名牌大厂的 FAB 里，在严苛的条件（恒温、恒湿，不得断水、断电）下，经过长达数个月的物理、化学反应后，一块合格的晶圆硅片才得以顺利诞生。然后经过严谨细密的高分子切割，只保留效能质量最好的中间精华部分。接着对这些优中选精的精华进行封装。接下来原厂会对封装好的颗粒进行严格的测试。在原厂测试中，测试设备按程序需进行完整的测试流程，耗时 600～800 秒，测试温度为-10～+85 摄氏度。这段测试流程可以很好地保证颗粒的兼容性（颗粒兼容性决定了内存的兼容性）和耐用性（颗粒耐用性决定了内存的超频能力和使用寿命）。

由于芯片级测试设备是非常昂贵的，并且其寿命根据工作时间来计算，通常都以秒为单位。所以测试流程对于生产成本有很大影响。直到测试合格，颗粒才被允许打上代表着质量和品质的原厂 Mark。

要保证颗粒的标志和所代表的品质一致。一些不法商家常常将所谓 OEM 内存颗粒（来源于上文提到晶元硅片的边角料以及没有通过原厂测试的次级品颗粒）改换原厂标志冒充大厂产品。可以通过仔细观察颗粒上原厂标志是否清晰、是否有磨过的痕迹来辨别真伪。

其次，优质的配件也是优秀内存模组得以炼成的不可缺少的一个条件。优质的 PCB 板对于内存颗粒的影响，就类同于稳定可靠的主板相对于 CPU 的作用。

**2．挑选优质 PCB**

（1）什么是金手指？

金手指（Connecting Finger）是内存条上与内存插槽之间的连接部件，所有的信号都是通过金手指进行传送的。金手指由众多金黄色的导电触片组成，因其表面镀金而且导电触片排列如手指状，所以称为“金手指”。现在，所有 DIY 配件与主板插槽连接部位均可以称之为金手指。

金手指实际上是在覆铜板上通过特殊工艺再覆上一层金，因为金的抗氧化性极强，而且传导性也很强。因为金的价格昂贵，目前较多的内存都采用镀锡来代替，从 20 世纪 90 年代开始锡材料就开始普及，目前主板、内存和显卡等设备的金手指几乎都是采用锡材料，只有部分高性能服务器/工作站的配件接触点才会继续采用镀金的方法，价格自然不菲。

（2）注意金手指光泽程度

要保证稳定的超频工作，金手指也是一个不可忽视的地方。看似一个普通的“信号传输接口”但也是为内存提供稳定特性的一个重点。质量好的金手指从外观看上去会富有光泽，由于镀层的关系直接给消费者呈现的将会是一个“漂亮的接口”，而忽视这方面的厂家的金手指产品则暗淡无光。

（3）什么是 PCB 电路板？

PCB 就是 Printed Circuit Board 的英文缩写，其中文名称为印刷电路板。PCB 是所有电子元器件的重要组成部分，就像人体的骨架一样。PCB 的生产过程非常复杂，对设计者的技术要求非常高。良好的 PCB 设计可以节省一定的成本。

不过需要说明的是，目前 DDR/DDR2 内存模组的设计已经非常成熟，模组的性能更多地取决于所使用的内存芯片质量，PCB 不可能弥补芯片的固有不足。所以，如果选择能超频的内存模组，首先要考虑内存芯片的品质。一些 PCB 做工并不是很好的模组的超频能力并不弱，而一些做工很好的模组反而不行，这就体现出芯片超频方面的重要性。但是它并不像是主板用料一样，可以让普通消费者看得懂。比如普通的电解电容上都会写有品牌，性能指标，但是内存这种全部采用贴片电容的产品，其品牌、指标属于隐性的，非业内人士无法识别出来他的质量。好的品牌质量自然没的说，而兼容内存则通常喜欢在这些元件中打小算盘。

（4）用料也是关键：电容/电阻

一般情况下，在 PCB 金手指上方和芯片上方都会有很小的陶瓷电容。这些细小的环节往往被人们所忽视。一般来说，电阻和电容越多，对于信号传输的稳定性越好，尤其是位于芯片旁边的效验电容和第一根金手指引脚上的滤波电容。在模组的整体质量都在提高的情况下内存的颗粒才是至关重要的。因此，对于目前的 DDR2 内存来说，电容和电阻的数量已经不能用来衡量内存的好与坏了。

（5）不能遗忘的 SPD 隐藏信息

SPD 信息有时非常重要，它能够直观反映出内存的性能及体制，它里面存放着内存可以稳定工作的指标信息以及产品的生产厂家等信息。不过，正是每个厂商都能对 SPD 进行随意修改，因此很多杂牌内存厂商都将 SPD 参数进行修改，更有甚者根本就没有 SPD 这颗元件，或者有些兼容内存生产商直接抄袭名牌产品的 SPD，不过一旦上机使用就原形毕露。因此，对于大厂内存来说 SPD 参数是非常重要的，但是对于杂牌内存来说，SPD 的信息并不值得完全相信。

### 3．品质源于优异的工艺

焊接质量是内存制造很重要的一个因素。廉价的焊料和不合理的焊接工艺会产生大量的虚焊，在经过一段时间的使用之后，逐渐氧化的虚焊焊点就可能产生随机的故障。并且这种故障较难确认，这种情况多在山寨厂生产线产出的内存上出现。Kingston（金士顿）、Apacer（宇瞻）、Transcend（创建）等知名第三方内存模组原厂（即本身并不生产内存颗粒，只进行后段封装测试的内存产商）都是采用百万美元级别的高速 SMT 机台，在计算机程序的控制下，高效科学地打造内存模组，可以有效地保持内存模组高品质的一贯性。此外第三方内存模组原厂推出的零售产品，都会有防静电的独立包装以及完整的售后服务，消费者在选购这些产品的时候，可以少花一些精力，多一份放心。

总之，在现场不能测试的情况下，只能看 PCB 板材质的好坏；看电阻电容等元件的排列是否整齐，用量是否足够；看 PCB 板布线是否工整，焊接工艺是否良好等。应用到内存上，还可以看金手指的做工，电镀还是化学镀等。

了解怎么选内存以后，那就按需求来购买适合自己的内存，对于小内存用户来说，最先考虑的就是增加容量。建议 512MB×2 是最低配置；如果经常进行 3D 游戏和多任务应用等高负荷运算，1GB 以上的内存则是比较理想的。同时双通道内存很重要。

另外，不同品牌、不同规格的内存之间可能会存在一些兼容性的问题。同时，某些主板与某些内存之间也可能有不兼容的现象，因此升级后如果出现系统不稳定的情况，首先应该检查是否存在着兼容性问题。笔者强烈建议升级内存的用户尽量要购买与以前相同品牌、同型号的内存；如果还是因为批次差异而存在问题，不妨考虑舍弃原有内存条，重新购买一对新产品。

## 实训三　内存调查

### 调查当前主流内存性能指标

要求：当前主流品牌主流型号内存产品，完成调查表 1-3-1 到调查表 1-3-4。

调查表 1-3-1　DDR4 台式机 8GB 内存

| 内存型号 |  | 内存容量 |  |
|---|---|---|---|
| 适用类型 |  | 内存类型 |  |
| 内存主频 |  | 集成显卡 |  |
| 插槽类型 |  | 针脚数 |  |
| CL 延迟 |  | 工作电压 |  |
| 散热片 |  | 插槽类型 |  |
| 其他 |  | 价格 |  |

调查表 1-3-2　DDR4 笔记本 8GB 内存

| 内存型号 |  | 内存容量 |  |
|---|---|---|---|
| 适用类型 |  | 内存类型 |  |
| 内存主频 |  | 集成显卡 |  |
| 插槽类型 |  | 针脚数 |  |
| CL 延迟 |  | 工作电压 |  |
| 散热片 |  | 插槽类型 |  |
| 其他 |  | 价格 |  |

调查表 1-3-3　DDR3 台式机 4GB 内存

| 内存型号 |  | 内存容量 |  |
|---|---|---|---|
| 适用类型 |  | 内存类型 |  |
| 内存主频 |  | 集成显卡 |  |
| 插槽类型 |  | 针脚数 |  |
| CL 延迟 |  | 工作电压 |  |
| 散热片 |  | 插槽类型 |  |
| 其他 |  | 价格 |  |

调查表 1-3-4　DDR3 笔记本 4GB 内存

| 内存型号 | | 内存容量 | |
|---|---|---|---|
| 适用类型 | | 内存类型 | |
| 内存主频 | | 集成显卡 | |
| 插槽类型 | | 针脚数 | |
| CL 延迟 | | 工作电压 | |
| 散热片 | | 插槽类型 | |
| 其他 | | 价格 | |

# 习　题

## 一、填空题

1．内存条主要由________、________、________、触点等组成。

2．目前计算机中所用的内存主要有________、________、________、________四种类型组成。内存的主要性能指标有：________、________、________、________、和________。

3．内存又称为________、________；外存称为________。

4．内存的数据带宽的计算公式是：数据带宽=________×________。

5．内存在广义上的概念泛指计算机系统中存放数据与指令的半导体存储单元，它主要表现为三种形式：________、________和________。

6．只读存储器（Read Only Memory）的重要特点是只能________，不能________。其刷新原理与 SRAM 类似，但消耗能量，所以通常关闭计算机电源之后，其中数据还被保留。

7．内存的工作频率表示的是内存的传输数据的频率，一般使________为计量单位。

8．台式机主板上对应的插槽主要有三种类型接口：________（早期的 30 线、72 线的内存使用）、________（168 线、184 线的内存使用）、________（RDRAM 内存条使用）。

9．奇偶校验方法只能从一定程度上检测出内存错误，但________，而且不能________。

10．内存针脚数和须与主板上内存插槽口的针数相匹配，一般槽口有________针、________针________针 3 种。

11．RAM 一般又可分为两大类型：________和________。

12．________是计算机系统的记忆部件，是构成计算机硬件系统必不可少的一个部件。通常根据存储器的位置和所起的作用不同，可以将存储器分为两大类：________和________。

13．计算机的内存是由________、________和________三个部分构成。

## 二、选择题

1．计算机上的内存包括随机存储器和（　　），内存条通常指的是（　　）。

A．ROM　　B．DRAM　　C．SDRAM

2．DDR SDRAM 内存的金手指位置有（　　）个引脚。

A．184　　B．168　　C．220　　D．240

3．一条标有 PC2700 的 DDR 内存，其属于下列的（　　）规范。

A．DDR200MHz（100×2）　　B．DDR266MHz（133×2）

C．DDR333MHz（166×2）　　D．DDR400MHz（200×2）

4．现在市场上流行的内存条是（　　）线。

A．30　　B．72　　C．168　　D．240

5．通常衡量内存速度的单位是（　　）。

A．纳秒　　B．秒　　C．1/10 秒　　D．1/100 秒

6．目前使用的内存主要是（　　）。

A．SDRAM　　B．DDR SDRAM　　C．DDRII SDRAM　　D．Super SDRAM

7．将存储器分为主存储器、高速缓冲存储器和 BIOS 存储器，这是按（　　）标准来划分的。

A．工作原理　　B．封装形式　　C．功能　　D．结构

**三、判断题**

1．DRAM（Dynamic RAM）即动态 RAM，集成度高，价格低，只可读不可写。（　　）

2．SDRAM 内存的传输速率比 EDO DRAM 慢。（　　）

3．不同规格的 DDR 内存使用的传输标准也不尽相同。（　　）

4．内存储器也就是主存储器。（　　）

5．内存条通过金手指与主板相连，正反两面都有金手指，这两面的金手指可以传输不同的信号，也可传输相同的信号。（　　）

6．ROM 是一种随机存储器，它可以分为静态存储器和动态存储器两种。（　　）

7．PC133 标准规范是 Intel 公司提出的一套针对 SDRAM 的规范。（　　）

8．工作电压是指内存正常工作所需要的电压值，不同类型的内存电压相同。（　　）

9．选购内存时，内存的容量、速度、插槽等都是要考虑的因素。（　　）

# 任务四　认识硬盘

## 任务描述

硬盘驱动器简称硬盘，是用于储存各类软件和文件的媒介。硬盘是计算机储存和记录数据的最重要的储存设备，是计算机组成的核心部件之一。它由一个或者多个刚性碟片组成，这些碟片外覆盖有磁性材料。绝大多数硬盘都是固定硬盘，被永久性地密封在硬盘驱动器中。硬盘就像一座无形的资料库，空间可以不断扩充。硬盘在计算机上的物理分区通常是 C 盘、D 盘最多至 Z 盘，一般默认 C 盘为启动盘和主盘。随着设计技术的不断更新，硬盘逐步向容量更大、体积更小、速度更快、性能更稳定、价格更便宜的方向发展。

## 任务知识

### 1.4.1　硬盘的分类

根据硬盘的发展以及使用环境的不同，硬盘有很多不同的类型。目前，计算机的硬盘可以按盘片的尺寸、接口的类型和储存技术分类。

### 1. 按盘片的尺寸分类

目前的硬盘按照内部盘片的直径尺寸可分为3.5in、2.5in、1.8in、1.3in、1.0in和0.85in等几种。各种尺寸对比如图1-4-1所示。

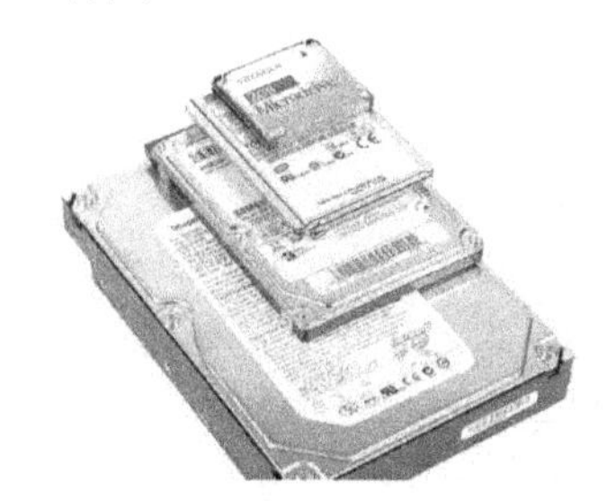

图1-4-1

其中，3.5in 硬盘广泛用于各种台式机。目前常见产品的容量多为 160GB、250GB、320GB、500GB、1TB和2TB等；2.5in硬盘，广泛用于笔记本电脑，桌面一体机，移动硬盘及便携式硬盘播放器。目前常见产品的容量多为160GB、250GB、320GB、500GB、640GB、和1TB等；1.8in微型硬盘广泛用于超薄笔记本电脑、移动硬盘及苹果播放器，目前常见产品的容量多为30GB、40GB、80GB、160GB和250GB等；1.5in微型硬盘的产品单一，是三星独有技术，仅用于三星移动硬盘；1.0in 微型硬盘最早由 IBM 公司开发，MicroDrive微硬盘（简称MD），因其符合CFII标准，所以广泛用于单反数码相机；0.85in微型硬盘的产品单一，是日立独有技术，用于日立的一款硬盘手机，前Rio公司的几款MP3播放器也采用了这种硬盘。

### 2. 按接口类型分类

从整体的角度上分，硬盘接口分为IDE、SATA、SCSI和光纤通道四种，IDE接口硬盘多用于家用产品中，部分用于服务器，SCSI接口的硬盘则主要应用于服务器市场，而光纤通道只用在高端服务器上，价格昂贵。SATA 是目前比较流行的硬盘接口，在目前市场上最常用。在 IDE 和 SCSI 的大类别下，又可以分出多种具体的接口类型，又各自拥有不同的技术规范。具备不同的传输速度，比如ATA100和SATA；Ultra160 SCSI和Ultra320 SCSI都代表着一种具体的硬盘接口，各自的速度差异也较大。

IDE接口硬盘：IDE（Integrated Drive Electronics，集成驱动器）接口是一个集成储存设备的接口，通过它控制器可被集成在硬盘驱动器中。由于采用ATA规范，因此也称IDE硬盘为ATA硬盘。Western Digital公司对IDE接口进行了改进，推出了EIDE接口，由于它采用并行技术，所以也称为PATA接口。IDE接口与EIDE接口外观一样，都有非对称的39根针脚，IDE硬盘和对应数据线如图1-4-2所示。

图1-4-2

SATA接口硬盘：SATA（Serial ATA）接口的硬盘又叫串口硬盘，如图1-4-3所示。是目前硬盘的主流产品。2001年，由Intel、APT、Dell、IBM、希捷、迈拓这几大厂商组成的 Serial ATA 委员会正式确立了 Serial ATA 1.0 规范，其传输速度为 150MB/s。2002 年，虽然串行 ATA 的相关设备还未正式上市，但 Serial ATA 委员会已抢先确立了 SATA 2.0 规范，其传输速度为 300MB/s。目前已经推出 SATA 3.0 规范，其最大传输速度为 750MB/s（6Gbit/s）。SATA 采用点对点传输模式，保证了每块硬盘独享通道带宽，取消了主从限制，数据线更细、更长，可长达 1m。另外，SATA 硬盘具备了更强的纠错能力，在很大程度上提高了数据传输的可靠性。串行接口还具有结构简单、支持热插拔的优点。

图 1-4-3

SCSI 接口硬盘如图 1-4-4 所示。SCSI（Small Computer System Interface，小型机系统接口）经历了从最原始的版本 SCSI-1，到目前 SCSI-6 的多代发展，并有光纤（Fibre Channel）接口，接口界面采用了 Ultra 320 SCSI 规范。SCSI 硬盘转速快，可达 15000r/min。SCSI 接口具有应用范围广、任务多、带宽大、CPU 占用率低以及热插拔等优点，但它较高的价格使其很难普及，因此 SCSI 硬盘主要应用于中、高端服务器和高档工作站中。

图 1-4-4

在系统中应用 SCSI 必须有专门的 SCSI 控制器才能支持 SCSI 设备，这与 IDE 和 SATA 硬盘不同。

SAS 接口硬盘如图 1-4-5 所示。SAS（Serial Attached SCSI，串行连接 SCSI）是新一代的 SCSI 技术，和现在流行的 SATA 硬盘相同，都是采用串行技术以获得更高的传输速度，并通过缩短连接线来改善内部空间等。SAS 是并行 SCSI 接口之后开发的全新接口。此接口的设计是为了改善存储系统的效能、可用性和扩充性，并且提供了与 SATA 硬盘的兼容性。

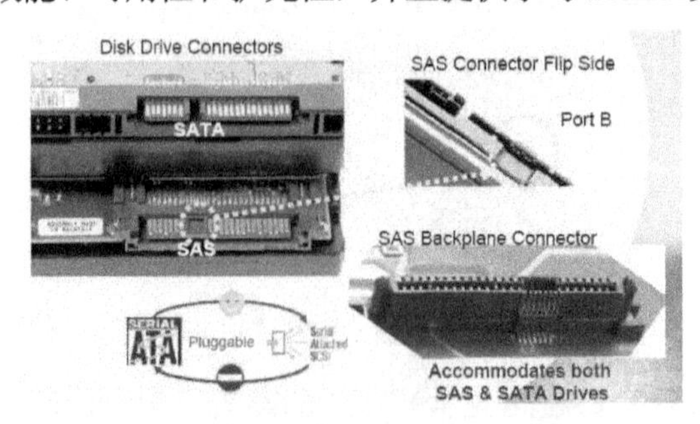


图 1-4-5

### 3．按存储技术分类

硬盘按照存储技术可分为盘片式温彻斯特硬盘和固态硬盘。

传统的硬盘采用盘片式磁介质存储，即 IBM 的温彻斯特（Winchester）技术，而新型的硬盘采用半导体存储技术，即固态硬盘（Solid-State Disk，SSD），它由控制单元和存储单元（Flash 芯片）组成，简单地说，就是用固态电子存储芯片阵列而制成的硬盘，目前常见的容量为 32GB、64GB、128GB、192GB 等，最大容量也达到 1TB 以上。固态硬盘的接口（IDE 和 SATA）规范和定义、功能以使用方法与普通硬盘完全相同，在产品外形和尺寸上也完全与普通硬盘一致。虽然目前成本较高，但也逐渐普及到 DIY 市场。

固态硬盘与普通硬盘对比见表 1-4-1。固态硬盘的优点：启动快，读取延迟小，碎片不影响读取时间，无噪声，发热量较低，不会发生机械故障，工作温度范围更大，体积小，重量轻，抗震动。缺点：成本高，容量低，易受磁场、静电等外界因素影响，写入寿命有限，数据难以恢复，能耗较高等。

表 1-4-1

| 项　目 | 固态硬盘 | 传统硬盘 |
|---|---|---|
| 容量 | 较小 | 大 |
| 价格 | 高 | 低 |
| 随机存取 | 极快 | 一般 |
| 写入次数 | 1～10 万 | 无限制 |
| 盘内阵列 | 可以 | 极难 |
| 工作噪声 | 无 | 有 |
| 工作温度 | 极低 | 较明显 |
| 防震 | 很好 | 较差 |
| 数据恢复 | 难 | 可以 |
| 重量 | 轻 | 重 |

## 1.4.2　硬盘的性能指标

### 1．机械硬盘的性能指标

（1）主轴转速：硬盘的主轴转速是决定硬盘内部数据传输率的因素之一，它在很大程度上决定了硬盘的速度，同时也是区别硬盘档次的重要标志。

（2）寻道时间：该指标是指硬盘磁头移动到数据所在磁道而所用的时间，单位为毫秒（ms）。

（3）硬盘表面温度：该指标表示硬盘工作时产生的温度使硬盘密封壳温度上升的情况。

（4）道至道时间：该指标表示磁头从一个磁道转移至另一磁道的时间，单位为毫秒（ms）。

（5）高速缓存：该指标指在硬盘内部的高速存储器。目前硬盘的高速缓存一般为 512KB～32MB，SCSI 硬盘的缓存更大。购买时应尽量选取缓存为 32MB 的硬盘。

（6）全程访问时间：该指标指磁头从开始移动到最后找到所需要的数据块所用的全部时间，单位为毫秒（ms）。

（7）最大内部数据传输率：该指标名称也叫持续数据传输率（Sustained Transfer

Rate），单位为 MB/s。它是指磁头至硬盘缓存间的最大数据传输率，一般取决于硬盘的盘片转速和盘片线密度（指同一磁道上的数据容量）。

（8）连续无故障时间（MTBF）：该指标是指硬盘从开始运行到出现故障的最长时间，单位是小时。一般硬盘的 MTBF 至少在 30000 小时以上。这项指标在一般的产品广告或常见的技术特性表中并不提供，需要时可专门上网到具体生产该款硬盘的公司网址中查询。

（9）外部数据传输率：该指标也称为突发数据传输率，它是指从硬盘缓冲区读取数据的速率。在广告或硬盘特性表中常以数据接口速率代替，单位为 MB/s。目前主流的硬盘已经全部采用 UDMA/100 技术，外部数据传输率可达 100MB/s。

**2．固态硬盘的性能指标**

（1）颗粒

决定 SSD 长寿短命的基因。目前闪存颗粒可分为 SLC、MLC 和 TLC 三种。其中 SLC 最好，价格最高，多见于企业级产品；TLC 最差，价格也最便宜；MLC 居中，是消费级 SSD 中最常用的类型。闪存颗粒的好坏对普通用户来说，主要取决于其使用寿命（即能够达到的可完全擦写的次数，单位为 P/E）。

（2）主控

决定 SSD 性能的大脑。主控是一颗处理器，主要基于 ARM 结构，它在 SSD 的地位就相当于计算机中的 CPU，主控的好坏直接决定了 SSD 的性能。一个好的主控可以帮助颗粒发挥最大的性能，尽可能地延长其寿命；同时一个差的主控也会毁掉好的颗粒。换而言之，性能高低不一的主控是划分 SSD 档次的主要方法之一。

（3）缓存

缓存是位于固态硬盘里的内存，和机械硬盘的缓存不同，固态硬盘的缓存并不是为优化读写性能而生，而是闪存天生“缺陷”的一种弥补机制。越大越好，当然价格也就越贵。

### 1.4.3 硬盘品牌

**1．固态硬盘的品牌**

（1）拥有晶圆生产能力的品牌，在整体的稳定性上具有优势，全球具有闪存研发实力且出货量较大的仅有三星、英特尔、美光和东芝四家，但由于品牌的影响力，售价一般都比较高。

（2）目前在固态硬盘市场中，上述几家有实力的研发大厂，不仅将闪存用在自家产品上，还会出售晶圆或原片给第三方品牌。而能稳定获得的原厂闪存资源的厂商，他们位列在固态硬盘的第二阵营，高性价比更容易被大众消费者所接受，常见的品牌也比较多。

闪迪与东芝有共建晶圆厂，闪存资源自然比较可靠，加上多年存储卡的口碑，闪迪固态硬盘的发展水到渠成，高端性能不错，低端性价比高。不过被西数收购之后，闪迪的发展似乎受到限制。入门级产品不断更新，但在 NVMe 领域却毫无进展，今后发展取决于西数了。

金士顿，在颗粒品质上也较有保障，闪存资源来自东芝与美光。NAND 上多是自行切割与封装，所以在闪存上都打着金士顿的 LOGO。凭借多年存储经验，金士顿品质还是可以的，不过市面上金士顿假货泛滥，购买时必须辨清真伪。

台电，存储出身耕耘多年的品牌，凭着与英特尔的官方合作关系，结合不俗的整体品牌品控，迅速地占领了市场。颗粒方面均采用英特尔原装颗粒，在固态硬盘的核心部件有最必要的保障，在销量方面，通过第三方媒体及博板堂的数据，台电可谓是国内数一数二的固态硬盘品牌。

（3）组装方案品牌，如金胜维、浦科特、影驰、威刚等品牌。

### 2．磁盘品牌

（1）希捷（Seagate）。希捷科技是全球主要的硬盘厂商之一，于 1979 年在美国加州成立。希捷的主要产品包括桌面硬盘、企业用硬盘、笔记本硬盘和微型硬盘。在专门研发硬盘的厂商中，希捷的历史最悠久。它的第一个硬盘产品，容量是 5MB。在 2006 年 5 月，希捷科技收购了另一家硬盘厂商——迈拓公司。

（2）西部数据（Western Digital）。市场占有率仅次于希捷。以桌面产品为主。其桌面产品分为侧重高 I/O 性能的 Black 系列（俗称黑盘），普通的 Blue 系列（俗称蓝盘）以及侧重低功耗、低噪声的环保 Green 系列（俗称绿盘）。西部数据同时也提供面向企业近线存储的 Raid Edition 系列，简称 RE 系列。同时也有 SATA 接口的 10000r/min 的猛禽（Raptor）系列和迅猛龙（VelociRaptor）系列。

（3）日立（Hitachi）。世界第三大硬盘厂商。主要由收购 IBM 硬盘的原因发展而来。日立制作所（日立：株式会社日立制作所；英文：Hitachi，Ltd）简称日立，总部位于日本东京，致力于家用电器、计算机、半导体、产业机械等产品，是日本最大的综合电机生产商。

（4）三星（Samsung）。三星电子是世界上最大的电子工业公司，三星集团的子公司之一。1938 年 3 月成立于韩国。生产的硬盘用于台式计算机、移动设备和消费电子。

（5）迈拓（Maxtor）。迈拓是一家成立于 1982 年的美国硬盘厂商，在 2006 年被希捷公司收购。在被收购前，迈拓公司是世界第三大硬盘生产商。现在作为希捷公司的一家子公司经营桌面与服务市场，相对于速度，迈拓更关注硬盘容量。

## 实训四　硬盘调查

### 调查当前主流硬盘性能指标

要求：当前主要品牌、主流型号硬盘产品，完成调查表 1-4-1 到调查表 1-4-5。

调查表 1-4-1　希捷 3.5 英寸 1TB________（型号）

| 适用类型 | |
|---|---|
| 硬盘尺寸 | |
| 硬盘容量 | |
| 盘片数量 | |
| 单碟容量 | |
| 缓存 | |
| 转速 | |
| 接口类型 | |
| 接口速率 | |
| 内部传输速率 | |

调查表 1-4-2　希捷 2.5 英寸 1TB________（型号）

| | |
|---|---|
| 适用类型 | |
| 硬盘尺寸 | |
| 硬盘容量 | |
| 盘片数量 | |
| 单碟容量 | |
| 缓存 | |
| 转速 | |
| 接口类型 | |
| 接口速率 | |
| 内部传输速率 | |

调查表 1-4-3　西数 3.5 英寸紫盘________（型号）

| | |
|---|---|
| 适用类型 | |
| 硬盘尺寸 | |
| 硬盘容量 | |
| 盘片数量 | |
| 单碟容量 | |
| 缓存 | |
| 转速 | |
| 接口类型 | |
| 接口速率 | |
| 内部传输速率 | |

调查表 1-4-4　闪迪 SSD 固态盘________（型号）

| | |
|---|---|
| 存储容量 | |
| 硬盘尺寸 | |
| 硬盘容量 | |
| 接口类型 | |
| 闪存架构 | |
| 主控芯片 | |
| 读取速度 | |
| 写入速度 | |
| 平均无故障时间 | |
| 工作温度 | |

调查表 1-4-5　金士顿 SSD 固态盘________（型号）

| | |
|---|---|
| 存储容量 | |
| 硬盘尺寸 | |
| 硬盘容量 | |
| 接口类型 | |
| 闪存架构 | |
| 主控芯片 | |

续表

| 读取速度 | |
| --- | --- |
| 写入速度 | |
| 平均无故障时间 | |
| 工作温度 | |

## 习　题

### 一、填空题

1．现在常用的硬盘基本都采用________或________的接口方式。

2．硬盘的跳线根据需要可以设置成________、________和________三种方式。

3．SATA 接口硬盘的数据接口 SATA3.0 速度为________。

4．一般硬盘厂商定义的单位 1GB=________MB，而系统定义的 1GB=________MB，所以会出现硬盘上的标准值大于格式化容量的情况。

5．某硬盘标签，其中的编号 ST31000528 AS，可将其分为 ST-3-1000-5-2-8-AS 七部分来解决。其中“ST”即为________品牌，所有的该品牌硬盘编号都是以此开头的。“3”则代表这是一款________英寸硬盘。“1000”即为________GB 容量。“5”代表硬盘缓存为________MB，“2”表示该硬盘为________碟设计。“8”为保留位在系统中也可能被识别为“0”，不必在意。在 7200.11 系列中这位数字都是“0”。“AS”表示________接口设计。

6．西部数据以标签颜色来区分不同性能的产品，分为 Caviar Black 黑版（桌面高性能产品）、Caviar Blue l 蓝版（民用高性价比、主流型号）和 Caviar Green 绿版（主打低功耗、低噪声等环保特性）等三个系列，如图 1-4-6 所示。

图 1-4-6

该硬盘的品牌是________，容量是________，绿色表示________，缓存是________，接口的类型为________。

7．硬盘目前常见的接口有________、________、________三种。

### 二、判断题

1．硬盘的转速一般有 5400 rpm 和 7200 rpm，7200 rmp 硬盘比 5400 rpm 硬盘速度快。（　　）

2．DVD-ROM 盘容量比 CD-ROM 盘容量小。（　　）

3．以前市场上的 DVD 刻录机的格式主要有 DVD-R/RW、DVD+R/RW 两种。（　　）

4．在刻录机刻盘时，尽量采用最高的速度以节省时间；尽量将盘刻满以节省空间。（　　）

# 任务五　认识显卡

## 任务描述

显卡（Video card，Graphics card）全称为显示接口卡，又称显示适配器，是计算机的最基本配置。显卡作为电脑主机里的一个重要组成部分，是电脑进行数模信号转换的设备，承担输出显示图形的任务。显卡接在电脑主板上，它将电脑的数字信号转换成模拟信号通过显示器显示出来，同时显卡还具有图像处理能力，可协助 CPU 工作，提高整体的运行速度。

## 任务知识

### 1.5.1　显卡分类

#### 1．核芯显卡

核芯显卡是 Intel 产品新一代图形处理核心，和以往的显卡设计不同，Intel 凭借其在处理器制程上的先进工艺以及新的架构设计，将图形核心与处理核心整合在同一块基板上，构成一颗完整的处理器。智能处理器架构这种设计上的整合大大缩减了处理核心、图形核心、内存及内存控制器间的数据周转时间，有效提升处理效能并大幅降低芯片组整体功耗，有助于缩小核心组件的尺寸，为笔记本、一体机等产品的设计提供了更大选择空间。

核芯显卡和传统意义上的集成显卡并不相同。笔记本平台采用的图形解决方案主要有“独立”和“集成”两种，前者拥有单独的图形核心和独立的显存，能够满足复杂庞大的图形处理需求，并提供高效的视频编码应用；集成显卡则将图形核心以单独芯片的方式集成在主板上，并且动态共享部分系统内存作为显存使用，因此能够提供简单的图形处理能力以及较为流畅的编码应用。相对前两者，核芯显卡则将图形核心整合在处理器当中，进一步加强了图形处理的效率，并把集成显卡中的“处理器+南桥+北桥（图形核心+内存控制+显示输出）”三芯片解决方案精简为“处理器（处理核心+图形核心+内存控制）+主板芯片（显示输出）”的双芯片模式，有效降低了核心组件的整体功耗，更利于延长笔记本的续航时间。

核芯显卡的优点：（1）低功耗是最主要优势，由于新的精简架构及整合设计，核芯显卡对整体功耗的控制更加优异，高效的处理性能大幅缩短了运算时间，进一步缩减了系统平台的功耗。（2）高性能也是它的主要优势，核芯显卡拥有诸多优势技术，可以带来充足的图形处理能力，相较前一代产品其性能的进步十分明显。核芯显卡可支持 DX10/DX11、SM4.0、OpenGL2.0 以及全高清 Full HD MPEG2/H.264/VC-1 格式解码等技术，即将加入的性能动态调节更可大幅提升核芯显卡的处理能力，令其完全满足普通用户的需求。

核芯显卡的缺点：配置核芯显卡的 CPU 通常价格不高，同时低端核显难以胜任大型游戏。

#### 2．集成显卡

集成显卡是将显示芯片、显存及其相关电路都集成在主板上，与其融为一体的元件；集成显卡的显示芯片有单独的，但大部分都集成在主板的北桥芯片中；一些主板集成的显卡也在主板上单独安装了显存，但其容量较小，集成显卡的显示效果与处理性能相对较弱，不能对显卡进行硬件升级，但可以通过 CMOS 调节频率或刷入新 BIOS 文件实现软件升级来挖掘显示芯片的潜能。

集成显卡的优点：功耗低、发热量小，部分集成显卡的性能已经可以媲美入门级的独立显卡，所以不用花费额外的资金购买独立显卡。

集成显卡的缺点：性能相对略低，且固化在主板或 CPU 上，本身无法更换，如果必须换，就只能换主板。

### 3. 独立显卡

独立显卡是指将显示芯片、显存及其相关电路单独做在一块电路板上，自成一体而作为一块独立的板卡存在，它需占用主板的扩展插槽（ISA、PCI、AGP 或 PCI-E）。

独立显卡的优点：单独安装有显存，一般不占用系统内存，在技术上也较集成显卡先进得多，且性能肯定高于集成显卡，容易进行显卡的硬件升级。

独立显卡的缺点：系统功耗有所加大，发热量也较大，需额外花费购买显卡的资金，同时占用更多空间。

由于显卡性能的不同而对于显卡要求也不一样，独立显卡实际分为两类，一类专门为游戏设计的娱乐显卡（如图 1-5-1 所示），一类则是用于绘图和 3D 渲染的专业显卡。

图 1-5-1

### 4. 按接口分类

（1）PCI 接口显卡

PCI（Peripheral Component Interconnect）接口由英特尔（Intel）公司 1991 年推出的用于定义局部总线的标准。此标准允许在计算机内安装多达 10 个遵从 PCI 标准的扩展卡。最早提出的 PCI 总线工作在 33MHz 频率之下，传输带宽达到 133MB/s（33MHz * 32bit/s），基本上满足了当时处理器的发展需要。随着对更高性能的要求，1993 年又提出了 64bit 的 PCI 总线，后来又提出把 PCI 总线的频率提升到 66MHz。PCI 接口的速率最高只有 266MB/s，1998 年之后便被 AGP 接口代替。不过仍然有新的 PCI 接口的显卡推出，因为有些服务器主板并没有提供 AGP 或者 PCI-E 接口，或者需要组建多屏输出，选购 PCI 显卡仍然是最实惠的方式。

（2）AGP 接口显卡

AGP（Accelerate Graphical Port，加速图像处理端口）接口是 Intel 公司开发的一个视频接口技术标准，是为了解决 PCI 总线的低带宽而开发的接口技术。它通过将图形卡与系统主内存连接起来，在 CPU 和图形处理器之间直接开辟了更快的总线。其发展经历了 AGP1.0（AGP1X/2X）、AGP2.0（AGP4X）、AGP3.0（AGP8X）。最新的 AGP8X 其理论带宽为 2.1Gbit/s。到 2009 年，已经被 PCI-E 接口基本取代。

（3）PCI-E 接口显卡

PCI Express（简称 PCI-E）是新一代的总线接口，而采用此类接口的显卡产品，已经在 2004 年正式面世。在 2001 年春，英特尔公司提出要用新一代的技术取代 PCI 总线和多种芯片的内部连接，并称之为第三代 I/O 总线技术。2001 年底，包括 Intel、AMD、DELL、IBM 在内的 20 多家业界主导公司开始起草新技术规范，并在 2002 年完成，正式命名为 PCI Express。

## 1.5.2 工作原理

数据（data）一旦离开 CPU，必须通过 4 个步骤，最后才会到达显示屏：

（1）从总线（Bus）进入 GPU（Graphics Processing Unit，图形处理器）：将 CPU 送来的数据送到北桥（主桥）再送到 GPU（图形处理器）里面进行处理。

（2）从 Video Chipset（显卡芯片组）进入 Video RAM（显存）：将芯片处理完的数据送到显存。

（3）从显存进入 Digital Analog Converter（= RAM DAC，随机读写存储数—模转换器）：从显存读取出数据再送到 RAM DAC 进行数据转换的工作（数字信号转模拟信号）。但是如果是 DVI 接口类型的显卡，则不需要经过数字信号转模拟信号。而直接输出数字信号。

（4）从 DAC 进入显示器（Monitor）：将转换完的模拟信号送到显示屏。

显示效能是系统效能的一部分，其效能的高低由以上四步所决定，它与显示卡的效能（Video Performance）不太一样，如要严格区分，显示卡的效能应该受中间两步所决定，因为这两步的资料传输都在显示卡的内部。第一步是由 CPU（运算器和控制器一起组成的计算机的核心，称为微处理器或中央处理器）进入显示卡里面，最后一步是由显示卡直接送资料到显示屏上。

## 1.5.3 主要参数

显示芯片（芯片厂商、芯片型号、制造工艺、核心代号、核心频率、SP 单元、渲染管线、版本级别）、显卡内存（显存类型、显存容量、显存带宽（显存频率×显存位宽÷8）、显存速度、显存颗粒、最高分辨率、显存时钟周期、显存封装）、技术支持（像素填充率、顶点着色引擎、3D API、RAMDAC 频率）、显卡 PCB 板（PCB 层数、显卡接口、输出接口、散热装置）。

### 1. 显示芯片

又称图型处理器—GPU（如图 1-5-2 所示）。常见的生产显示芯片的厂商：Intel、AMD、NVIDIA、VIA（S3）、SIS、Matrox、3DLabs。Intel、VIA（S3）、SIS 主要生产集成芯片。ATI、NVIDIA 以独立芯片为主，是市场上的主流。Matrox、3D Labs 则主要面向专业图形市场。

图 1-5-2

### 2. 型号

ATI 公司的主要品牌 Radeon（镭龙）系列，其型号由 7000、8000、9000、X 系列和 HD2000、3000 系列，再到 Radeon HD 4000、5000、6000、7000 系列。

NVIDIA 公司的主要品牌 GeForce（精视）系列，其型号由早期的 GeForce 256、GeForce2、GeForce3、GeForce4、GeForceFX，到 GeForce6 系列、GeForce7 系列、GeForce8 系列、GeForce9 系列，再到 GT200、GT300、GT400、GT500、GT600 系列。

### 3. 版本级别

除了上述标准版本之外，还有些特殊版，特殊版一般会在标准版的型号后面加个后缀，从强到弱依次为 XTX>XT>XL/GTO>Pro/GT>SE，常见的有：

ATI 公司：

SE（Simplify Edition 简化版）通常只有 64bit 内存界面，或者是像素流水线数量减少。Radeon 9250 SE RadeonX300 SE

Pro（Professional Edition 专业版）高频版，一般比标准版在管线数量/顶点数量还有频率这些方面都要稍微高一点。Radeon 9700Pro

XT（eXTreme 高端版）是 ATi 系列中高端的，而 NVIDIA 用作低端型号。Radeon 9800XT Radeon 2900XT

XT PE（eXTreme Premium Edition XT 白金版）高端的型号。

XL（eXTreme Limited 高端系列中的较低端型号）ATI 最新推出的 R430 中的高频版。Radeon X800XL Radeon X1800 XL

XTX（XT eXTreme 高端版）X1000 系列发布之后的新的命名规则。1800XTX 1900XTX

CE（Crossfire Edition 交叉火力版）交叉火力。

VIVO（VIDEO IN and VIDEO OUT）指显卡同时具备视频输入与视频捕捉两大功能。

HM（Hyper Memory）可以占用内存的显卡。Radeon X1300 HM

NVIDIA 公司：

自 G200 系列之后，NVIDIA 重新命名显卡后缀版本，使产品线更加整齐了。

ZT 在 XT 基础上再次降频以降低价格。

XT 降频版，而在 ATi 中表示最高。

GT 640M LE GeForce 6200 LE　GeForce 6600 LE

SE 和 LE 相似，基本是 GS 的简化版最低端的几个型号。

MX 平价版，大众类。

GT 520MX

GS 普通版或 GT 的简化版。

6800 GS

GE 也是简化版，不过略微强于 GS 一点点，影驰显卡用来表示“骨灰玩家版”的东西。

GT 常见的游戏芯片。比 GS 高一个档次，因为 GT 没有缩减管线和顶点单元。属于入门产品线。

GT120 GT130 GT140 GT200 GT220 GT240 GeForce 7300GT 等。

GTS 介于 GT 和 GTX 之间的版本，GT 的加强版，属于主流产品线。

GTS450 GTS250（9800GTX+）8800 GTS 等。

GTX（GT eXTreme）代表着最强的版本，简化后成为 GT，属于高端/性能级显卡。

GTX690 GTX680 GTX590 GTX580 GTX480 GTX295 GTX470 GTX285 GTX280 GTX460 GTX275 GTX260+ GTX260 等。

Ultra 在 GF8 系列之前代表着最高端，但 9 系列最高端的命名就改为 GTX。

8800 Ultra 6800 Ultra GeForce2 Ultra

GT2 eXTreme 双 GPU 显卡。指两块显卡以 SLI 并组的方式整合为一块显卡，不同于 SLI 的是只有一个接口。

9800GX2 7950GX2

TI（Titanium 钛）以前的用法一般是代表 NVidia 的高端版本。

GTX 560 Ti GeForce4 Ti GTX 550 Ti GeForce3 Ti 500

Go 用于移动平台。

Go 7900 GS Go 7950 GTX Go 7700 Go 7200 Go 6100

TC（Turbo Cache）可以占用内存的显卡。

G 低端入门产品。

G100 G110 G210 G310（9300GS 9400GT）G102M 等。

M 手提电脑显卡后缀版本（AMD 和 NVIDIA）。

Radeon HD 6990M GTX 580M HD 6970M HD 6870M HD 6490M GT 230M GT 555M GT630M GT540M 等。

### 4．开发代号

所谓开发代号就是显示芯片制造商为了便于显示芯片在设计、生产、销售方面的管理和驱动架构的统一而对一个系列的显示芯片给出的相应基本代号。开发代号的作用是降低显示芯片制造商的成本、丰富产品线以及实现驱动程序的统一。一般来说，显示芯片制造商可以利用一个基本开发代号在通过控制渲染管线数量、顶点着色单元数量、显存类型、显存位宽、核心和显存频率、所支持的技术特性等方面来衍生出一系列的显示芯片从而满足不同的性能、价格、市场等不同的定位，还可以把制造过程中具有部分瑕疵的高端显示芯片产品通过屏蔽管线等方法处理成为完全合格的相应低端的显示芯片产品出售，从而大幅度降低设计和制造的难度和成本，丰富自己的产品线。同一种开发代号的显示芯片可以使用相同的驱动程序，这为显示芯片制造商编写驱动程序以及消费者使用显卡都提供了方便。

同一种开发代号的显示芯片的渲染架构以及所支持的技术特性是基本相同的，而且所采用的制程也相同，所以开发代号是判断显卡性能和档次的重要参数。同一类型号的不同版本可以是一个代号，例如：GeForce（GTX260、GTX280、GTX295）代号都是 GT200；而 Radeon（HD4850、HD4870）代号都是 RV770 等，但也有其他情况，如：GeForce（9800GTX、9800GT）代号是 G92；而 GeForce（9600GT、9600GSO）代号都是 G94 等。

### 5．制造工艺

制造工艺指的是在生产 GPU 的过程中，要进行加工各种电路和电子元件，制造导线连接各个元器件。通常其生产的精度以 nm（纳米）来表示（1mm=1000000nm），精度越高，生产工艺越先进。在同样的材料中可以制造更多的电子元件，连接线也越细，提高芯片的集成度，芯片的功耗也越小。

制造工艺的微米是指 IC（Integrated Circuit 集成电路）内电路与电路之间的距离。制造工艺的趋势是向密集度越高的方向发展。密度越高的 IC 电路设计，意味着在同样大小面积的 IC 中，可以拥有密度更高、功能更复杂的电路设计。微电子技术的发展与进步，主要是靠工艺技术的不断改进，使得器件的特征尺寸不断缩小，从而集成度不断提高，功耗降低，器件性能得到提高。芯片制造工艺在 1995 年以后，从 0.5μm、0.35μm、0.25μm、0.18μm、0.15μm、0.13μm、0.09μm，再到主流的 65nm、55nm、40nm。

### 6. 核心频率

显卡的核心频率是指显示核心的工作频率，其工作频率在一定程度上可以反映出显示核心的性能，但显卡的性能是由核心频率、流处理器单元、显存频率、显存位宽等多方面的情况所决定的，因此在显示核心不同的情况下，核心频率高并不代表此显卡性能强。比如 GTS250 的核心频率达到了 750MHz，要比 GTX260+的 576MHz 高，但在性能上 GTX260+绝对要强于 GTS250。在同样级别的芯片中，核心频率高的则性能要强一些，提高核心频率就是显卡超频的方法之一。显示芯片主流的只有 ATI 和 NVIDIA 两家，两家都提供显示核心给第三方的厂商，在同样的显示核心下，部分厂商会适当提高其产品的显示核心频率，使其工作在高于显示核心固定的频率上以达到更高的性能。

### 7. 显存

显存就是显卡上用来存储图形图像的内存，越大越好。

显卡上采用的显存类型主要有 SDR、DDR SDRAM、DDR SGRAM、DDR2、GDDR2、DDR3、GDDR3、GDDR4、GDDR5。

DDR SDRAM 是 Double Data Rate SDRAM 的缩写（双倍数据速率），它能提供较高的工作频率，带来优异的数据处理性能。

DDR SGRAM 是显卡厂商特别针对绘图者需求，为了加强图形的存取处理以及绘图控制效率，从同步动态随机存取内存（SDRAM）所改良而得的产品。SGRAM 允许以块（Blocks）为单位个别修改或者存取内存中的资料，它能够与中央处理器（CPU）同步工作，可以减少内存读取次数，增加绘图控制器的效率，尽管它稳定性不错，而且性能表现也很好，但是它的超频性能很差。

主流是 GDDR3 和 GDDR5。

XDR2 DRAM：XDR2 的系统架构源于 XDR，而不像 XDR 相对于 RDRAM 那样有着巨大的差异，这从它们之间的系统架构比较中就可以体现出来。XDR2 与 XDR 系统整体在架构上的差别并不大，主要的不同体现在相关总线的速度设计上。首先，XDR2 将系统时钟的频率从 XDR 的 400MHz 提高到 500MHz；其次，在用于传输寻址与控制命令的 RQ 总线上，传输频率从 800MHz 提升至 2GHz，即 XDR2 系统时钟的 4 倍；最后，数据传输频率由 XDR 的 3.2GHz 提高到 8GHz，即 XDR2 系统时钟频率的 16 倍，而 XDR 则为 8 倍，因此，Rambus 将 XDR2 的数据传输技术称为 16 位数据速率（Hex Data Rate，HDR）。Rambus 表示，XDR2 内存芯片的标准设计位宽为 16bit（它可以像 XDR 那样动态调整位宽），按每个数据引脚的传输率为 8GHz，即 8Gbps 计算，一枚 XDR2 芯片的数据带宽就将达到 16GB/s，与之相比，目前速度最快的 GDDR3-800 的芯片位宽为 32bit，数据传输率为 1.6Gbps，单芯片传输带宽为 6.4GB/s，只是 XDR2 的 40%，差距十分明显。

### 8. 带宽

显存位宽是显存在一个时钟周期内所能传送数据的位数，位数越大在相同频率下所能传输的数据量就越大。2010 年，市场上的显卡显存位宽主要有 128 位、192 位、256 位。而显存带宽=显存频率×显存位宽/8，它代表显存的数据传输速度。在显存频率相当的情况下，显存位宽将决定显存带宽的大小。例如：同样显存频率为500MHz的128位和256位显存，它们的显存带宽分别为：128位= 500MHz*128/8 = 8GB/s；而256位 = 500MHz*256/8 = 16GB/s，是128位的2倍。显卡的显存由一块块的显存芯片构成，显存总位宽同样也是由显存颗粒的位宽组成。显存位宽=显存颗粒位宽×显存颗粒数。显存颗粒上都带有相关厂家的内存编号，可以去网上查找其编号，就能了解其位宽，再乘以显存颗粒数，就能得到显卡的位宽。其他规格相同的显卡，位宽越大性能越好。

**9．容量**

在其他参数相同的情况下，显存容量越大显卡越好，但比较显卡时不能只注意到显存（很多js会以低性能核心配大显存作为卖点）。比如说384MB的9600GT就远强于512MB的9600GSO，因为核心和显存带宽上有差距。选择显卡时显存容量只是参考之一，核心和带宽等因素更为重要，这些决定显卡的性能优先于显存容量。但必要容量的显存是必须的，因为在高分辨率高抗锯齿的情况下，可能会出现显存不足的情况。目前市面显卡显存容量从256MB到4GB不等。

**10．封装类型**

TSOP（Thin Small Out－Line Package）薄型小尺寸封装。

QFP（Quad Flat Package）小型方块平面封装。

MicroBGA（Micro Ball Grid Array）微型球闸阵列封装，又称FBGA（Fine-pitch Ball Grid Array）

2004年前的主流显卡基本上是用TSOP和MBGA封装，TSOP封装居多。但是由于NVIDIA的gf3.4系的出现，MBGA成为主流，MBGA封装可以达到更快的显存速度，远超TSOP的极限400MHz。

**11．速度**

显存速度一般以ns（纳秒）为单位。常见的显存速度有1.2ns、1.0ns、0.8ns等，越小表示速度越快、越好。显存的理论工作频率计算公式是：等效工作频率（MHz）=1000×n/显存速度（n因显存类型不同而不同，如果是GDDR3显存则n=2；GDDR5显存则n=4）。

**12．频率**

显存频率一定程度上反应着该显存的速度，以MHz（兆赫兹）为单位。显存频率的高低和显存类型有非常大的关系：

SDRAM显存一般都工作在较低的频率上，此种频率早已无法满足显卡的需求。

DDR SDRAM显存则能提供较高的显存频率，所以显卡基本都采用DDR SDRAM，其所能提供的显存频率差异很大。已经发展到GDDR5，默认等效工作频率最高已经达到4800MHz，而且提高的潜力还非常大。

显存频率与显存时钟周期是相关的，二者成倒数关系，也就是显存频率（MHz）=1/显存时钟周期（ns）×1000。如果是SDRAM显存，其时钟周期为6ns，那么它的显存频率就为1/6ns = 166 MHz；但这是DDR SDRAM的实际频率，而不是平时所说的DDR显存频率。因为DDR在时钟上升期和下降期都进行数据传输，一个周期传输两次数据，相当于SDRAM频率的2倍。习惯上称呼的DDR频率是其等效频率，是在其实际工作频率上乘以2的等效频率。因此6ns的DDR显存频率为1/6ns×2 = 333 MHz。但制造显卡时，厂商设定了显存实际工作频率，而实际工作频率不一定等于显存最大频率，此类情况较为常见。不过也有显存无法在标注的最大工作频率下稳定工作的情况。

### 13．分辨率

指的是在屏幕上所显现出来的像素数目，由两部分来计算，分别是水平行的点数和垂直行的点数。比例：分辨率为 800×600，那就是说这幅图像由 800 个水平点和 600 个垂直点组成。

### 14．流处理器单元

在 DX10 显卡出来以前，并没有“流处理器”这个说法。GPU 内部由“管线”构成，分为像素管线和顶点管线，它们的数目是固定的。简单地说，顶点管线主要负责 3D 建模，像素管线负责 3D 渲染。由于它们的数量是固定的，当某个游戏场景需要大量的 3D 建模而不需要太多的像素处理，就会造成顶点管线资源紧张而像素管线大量闲置，当然也有截然相反的另一种情况。这都会造成某些资源的不够和另一些资源的闲置浪费。

在这种情况下，人们在 DX10 时代首次提出了“统一渲染架构”，显卡取消了传统的“像素管线”和“顶点管线”，统一改为流处理器单元，它既可以进行顶点运算，也可以进行像素运算，这样在不同的场景中，显卡就可以动态地分配进行顶点运算和像素运算的流处理器数量，达到资源的充分利用。

流处理器的数量的多少已经成了决定显卡性能高低的一个很重要的指标，NVIDIA 和 AMD-ATI 也在不断地增加显卡的流处理器数量，使显卡的性能达到跳跃式增长，例如 AMD-ATI 的显卡 HD3870 拥有 320 个流处理器，HD4870 达到 800 个流处理器，HD5870 更是达到 1600 个流处理器！

值得一提的是，N 卡和 A 卡 GPU 架构并不一样，对于流处理器数的分配也不一样。双方没有可比性。N 卡每个流处理器单元只包含 1 个流处理器，而 A 卡相当于每个流处理器单元里面含有 5 个流处理器，（A 卡流处理器/5）例如 HD4850 虽然是 800 个流处理器，其实只相当于 160 个流处理器单元，另外 A 卡流处理器频率与核心频率一致，这是为什么 9800GTX+只有 128 个流处理器，性能却与 HD4850 相当（N 卡流处理器频率约是核心频率的 2.16 倍）。

### 15．3D API

API（Application Programming Interface）即应用程序接口，而 3D API 则是指显卡与应用程序直接的接口。

3D API 能让编程人员所设计的 3D 软件只要调用其 API 内的程序，从而让 API 自动和硬件的驱动程序沟通，启动 3D 芯片内强大的 3D 图形处理功能，从而大幅度地提高了 3D 程序的设计效率。如果没有 3D API，在开发程序时，程序员必须了解全部的显卡特性才能编写出与显卡完全匹配的程序，发挥出全部的显卡性能。而有了 3D API 这个显卡与软件直接的接口，程序员只需要编写符合接口的程序代码，就可以充分发挥显卡的性能，不必再了解硬件的具体性能和参数，这样就大大提高开发程序的效率。同样，显示芯片厂商根据标准来设计自己的硬件产品，以达到在 API 调用硬件资源时最优化，获得更好的性能。有了 3D API，便可实现不同厂家硬件、软件的最大范围兼容。比如在最能体现 3D API 的游戏方面，游戏设计人员设计时，不必考虑具体某款显卡的特性，而只是按照 3D API 的接口标准来开发游戏，当游戏运行时则直接通过 3D API 来调用显卡的硬件资源。

个人电脑中主要应用的 3D API 有：DirectX 和 OpenGL。

### 16. RAMDAC 频率

RAMDAC 是 Random Access Memory Digital/Analog Convertor 的缩写，即随机存取内存数字——模拟转换器。

RAMDAC 作用是将显存中的数字信号转换为显示器能够显示出来的模拟信号，其转换速率以 MHz 表示。计算机处理数据的过程其实就是将事物数字化的过程，所有的事物将被处理成 0 和 1 两个数，而后不断进行累加计算。图形加速卡也是靠这些 0 和 1 对每一个像素进行颜色、深度、亮度等各种处理。显卡生成的信号都是以数字来表示，但是所有的 CRT 显示器都是以模拟方式进行工作的，数字信号无法被识别，这就必须有相应的设备将数字信号转换为模拟信号。而 RAMDAC 就是显卡中将数字信号转换为模拟信号的设备。RAMDAC 的转换速率以 MHz 表示，它决定了刷新频率的高低（与显示器的“带宽”意义近似）。其工作速度越高，频带越宽，高分辨率时的画面质量越好。该数值决定了在足够的显存下，显卡最高支持的分辨率和刷新率。如果要在 1024×768 的分辨率下达到 85Hz 的刷新率，RAMDAC 的速率至少是 1024×768×85×1.344（折算系数）≈90MHz。2009 年主流的显卡 RAMDAC 都能达到 350MHz 和 400MHz，市面上大多显卡都是 400MHz，已足以满足和超过大多数显示器所能提供的分辨率和刷新率。

### 17. 散热设备

显卡所需要的电力与 150 瓦特灯具所需要的电力相同，由于运作集成电路需要相当多的电力，因此内部电流所产生的温度也相对的提高，所以，假如这些温度不能适时的被降低，那么上述所提到的硬设备就很可能遭受损害，而冷却系统就是在确保这些设备能稳定、适时的运转，没有散热器或散热片，GPU 或内存会过热，就会进而损害计算机或造成宕机，或甚至完全不能使用。这些冷却设备由导热材质所制成，它们有些被视为被动组件，默默安静地进行散热的动作，有些则很难不发出噪声，如风扇。

散热片通常被视为被动散热，但不论所安装的区块是导热区，或是内部其他区块，散热片都能发挥它的效能，进而帮助其他装置降低温度。散热片通常与风扇一同被安装至 GPU 或内存上，有时小型风扇甚至会直接安装在显卡温度最高的地方。

散热片的表面积越大，散热效能就越高（通常必须与风扇一起运作），但有时却因空间的限制，大型散热片无法安装于需要散热的装置上；有时又因为装置的体积太小，以致体积大的散热片无法与这些装置连结而进行散热。因此，热管就必须在这个时候将热能从散热处传送至散热片中进行散热。一般而言，GPU 外壳由高热能的传导金属所制成，热管会直接连结至由金属制成的芯片上，这样热能就能被轻松的传导至另一端的散热片。

市面上有许多处理器的冷却装置都附有热管，由此可知，许多热管已被研发成可灵活运用于显卡冷却系统中的设备了。

大部分的散热器只是由散热片跟风扇组合而成，在散热片的表面由风扇吹散热能，由于 GPU 是显卡上温度最高的部分，因此显卡散热器通常可以运用于 GPU 上，同时，市面上有许多零售的配件可供消费者进行更换或升级，其中最常见的就是 VGA 散热器。

## 1.5.4 常见品牌

常见的显卡品牌有：蓝宝石、华硕、迪兰恒进、丽台、索泰、讯景、技嘉、映众、微星、映泰、耕升、旌宇、影驰、铭瑄、翔升、盈通、北影、七彩虹、斯巴达克、昂达、小影霸。

蓝宝石只做 A 卡，华硕的 A 卡和 N 卡都是核心合作伙伴，相对于七彩虹这类的通路品牌来说，拥有自主研发的厂商在做工方面和特色技术上会更出色一些，而其他厂商的价格则要便宜一些，每个厂商都有自己的品牌特色，像华硕的“为游戏而生”、七彩虹的“游戏显卡专家”都是大家耳熟能详的。

### 1.5.5 显卡维护

#### 1. 把好显卡质量关

显卡的做工和电气性能直接影响到显卡的工作稳定性，因此显卡的质量非常重要。一块高质量的显卡应具备以下特征：选用的元件和底板质量上乘，元件分布和电路走线合理，具备该级别显卡应有的基本功能，做工质量过硬。劣质的显卡为了节省成本，往往是偷工减料，省去应有的功能，甚至使用劣质的元件，这样的产品往往成为运行不稳定的因素，比如花屏、死机等。

在显卡选购时，一定要选择质量可靠、做工较好的产品，这样用起来会省心一些。

#### 2. 注意显卡散热

随着显示芯片技术的发展，显示芯片内部的晶体管越来越多，集成度也越来越高，这样的结果就造成芯片的发热量变得越来越大，因此散热的问题也日渐突出。

如果显卡散热风扇质量不理想，就需要更换风扇。在购买新的显卡风扇时，最好将显卡带上，购买合适的显卡风扇。

由于风扇大多使用弹簧卡扣或者螺钉固定，因此可以使用螺丝刀和镊子轻易地将其取下，并拔掉其连接的电源接头。更换时先把芯片上原有的导热硅脂清理干净，然后再涂上导热硅脂，把新的风扇装上并按原样固定好，插好电源接头即可。

使用热管散热的显卡，由于其占用的空间比较大，因此安装这类显卡要特别注意。另外显卡的显存也需要散热，可以使用自粘硅脂在内存颗粒上，粘贴固定散热片就可以了。

#### 3. 安装适合的驱动程序

这是很必要的，装了好的显卡没有驱动程序将会大大降低显卡的性能。

#### 4. 过度超频

部分显卡由于使用了技术参数较高的元件，因此具有不俗的超频能力，所以不少的玩家都崇尚超频显卡以获得性能的提升。然而有一利必有一弊，超频也会导致芯片的热量大增，当达到一定程度时，就会发生花屏、死机的问题。正常使用时也会在某些应用场合出现不稳定的现象，因此超频必须适度。

### 1.5.6 双卡技术

SLI 和 CrossFire 分别是 NVIDIA 和 ATI 两家的双卡或多卡互连工作组模式，其本质是差不多的，只是叫法不同。

SLI（Scan Line Interlace 扫描线交错）技术是 3dfx 公司应用于 Voodoo 上的技术，它通过把 2 块 Voodoo 卡用 SLI 线连接起来，工作的时候一块 Voodoo 卡负责渲染屏幕奇数行扫描，另一块负责渲染偶数行扫描，从而达到将两块显卡“连接”在一起获得“双倍”的性能。SLI 中文名速力，到 2009 年 SLI 工作模式与早期 Voodoo 有所不同，改为屏幕分区渲染。

CrossFire，中文名交叉火力，简称交火，是 ATI 的一款多重 GPU 技术，可让多张显示卡同时在一部电脑上并排使用如图 1-5-3 所示，增加运算效能，与 NVIDIA 的 SLI 技术竞争。CrossFire 技术于 2005 年 6 月 1 日，在 Computex Taipei 2005 正式发布，比 SLI 迟一年。从首度公开截至 2009 年，CrossFire 经过了一次修订。

图 1-5-3

### 1．支持条件

组建 SLI 和 CrossFire，需要几个方面。

（1）需要 2 个以上的显卡，必须是 PCI-E，不要求必须是相同核心，混合 SLI 可以用于不同核心显卡。

（2）需要主板支持，SLI 授权已开放，支持 SLI 的主板有 NV 自家的主板和 Intel 的主板，如 570 SLI（AMD）、680i SLI（Intel）。Crossfire 开放授权 INTEL 平台较高芯片组，945.965.P35.P31.P43.P45.X38.X48.。AMD 自家的 770X 790X 790FX 790GX 均可进行并行工作。

（3）系统支持。

（4）驱动支持。

无论是 NVIDIA 还是 ATI，均可用自己最新的集成显卡和独立显卡进行混合并行使用，但是由于驱动原因，NVIDIA 的 MCP78 只能和低端的 8400GS，8500GT 混合 SLI，ATI 的 780G，790GX 只能和低端的 2400PRO/XT，3450 进行混合 CrossFire。

### 2．不同型号显卡之间进行 CrossFire

ATI 部分新产品支持不同型号显卡之间进行交火，比如 HD3870 与 HD3870 组建交火系统，或者 HD4870 与 HD4850 之间组建交火系统。这种交火需要硬件以及驱动的支持，并不是所有型号之间都可以。HD4870 与 HD4850 交火已取得不错的成绩。

## 实训五　显卡调查

### 调查当前主流显卡性能指标

要求：当前主要品牌、主流型号显卡产品，完成调查表 1-5-1 到调查表 1-5-6。

调查表 1-5-1　NVIDIA GTX 1050

| 显卡型号 | | 厂家 | |
|---|---|---|---|
| 显卡芯片 | | 核心频率 | |
| 制作工艺 | | 显存频率 | |
| 显存类型 | | 显存容量 | |
| 显存位宽 | | 最大分辨率 | |
| 接口类型 | | I/O 接口 | |
| 最大功耗 | | 价格 | |

调查表 1-5-2　NVIDIA GTX 1050Ti

| 显卡型号 | | 厂家 | |
|---|---|---|---|
| 显卡芯片 | | 核心频率 | |
| 制作工艺 | | 显存频率 | |
| 显存类型 | | 显存容量 | |
| 显存位宽 | | 最大分辨率 | |
| 接口类型 | | I/O 接口 | |
| 最大功耗 | | 价格 | |

调查表 1-5-3　NVIDIA GTX 1080

| 显卡型号 | | 厂家 | |
|---|---|---|---|
| 显卡芯片 | | 核心频率 | |
| 制作工艺 | | 显存频率 | |
| 显存类型 | | 显存容量 | |
| 显存位宽 | | 最大分辨率 | |
| 接口类型 | | I/O 接口 | |
| 最大功耗 | | 价格 | |

调查表 1-5-4　AMD R7 360

| 显卡型号 | | 厂家 | |
|---|---|---|---|
| 显卡芯片 | | 核心频率 | |
| 制作工艺 | | 显存频率 | |
| 显存类型 | | 显存容量 | |
| 显存位宽 | | 最大分辨率 | |
| 接口类型 | | I/O 接口 | |
| 最大功耗 | | 价格 | |

调查表 1-5-5　AMD RX 460

| 显卡型号 | | 厂家 | |
|---|---|---|---|
| 显卡芯片 | | 核心频率 | |
| 制作工艺 | | 显存频率 | |
| 显存类型 | | 显存容量 | |
| 显存位宽 | | 最大分辨率 | |
| 接口类型 | | I/O 接口 | |
| 最大功耗 | | 价格 | |

调查表 1-5-6　AMD RX 480

| 显卡型号 | | 厂家 | |
|---|---|---|---|
| 显卡芯片 | | 核心频率 | |
| 制作工艺 | | 显存频率 | |
| 显存类型 | | 显存容量 | |
| 显存位宽 | | 最大分辨率 | |
| 接口类型 | | I/O 接口 | |
| 最大功耗 | | 价格 | |

## 习　题

**一、填空题**

1. 通常在显示卡上能见到的最大的芯片就是________。一般的显示卡都采用________设计的显示芯片，高档专业型的显示卡通常采用________组合的方式。

2. 显存的种类主要有________、________、________等几种。

3. 显示卡采用的电容主要有________和________两种类型。电解电容成本低，它们之间唯一的区别是封装形式不同。

4. 显存的速度一般以 ns（纳秒）为单位，常见的参数有 2.0ns、________、1.5ns、1.4ns 的显存。

5. 目前显示卡使用的 PCB 从________层到________层不等，性能和价格随 PCB 厚度的增加而上升。

6. API 又称为________，游戏开发人员和显示卡设计人员可以根据 API 的指导规范来设计产品，让产品的兼容性、通用性更好。

7. NVIDIA 开发的双显示卡互连技术称为________，ATI 的双显示卡互连技术称为________。

8. PCI-E X16 接口的总线带宽可以达到________，AGP8 X 接口的总线带宽为________。

**二、选择题**

1. 目前显示卡常见的接头主要有（　　）数字接口和（　　）针模拟接口。
   A. DVI　　B. D-SUB　　C. AGP　　D. 40

2. 主板集成显示卡的特点是（　　）。
   A. 显示效果突出　　B. 成本低　　C. 速度快　　D. 不占用系统内存

3. 显存为 256MB 的显示卡比显存为 128MB 同级别的显示卡性能提高了（　　）。
   A. 3%　　B. 5%　　C. 8%　　D. 12%

4. 电容在显示卡供电电路中，主要起（　　）作用。
   A. 变压　　B. 保护　　C. 变频　　D. 滤波

# 任务六　认识显示器

## 任务描述

显示器（display）通常也被称为监视器。显示器是属于电脑的 I/O 设备，即输入、输出设备。它是一种将某种电子文件通过特定的传输设备显示到屏幕上再反射到人眼的显示工具。

根据制造材料的不同，可分为：阴极射线管显示器（CRT）、等离子显示器（PDP）、液晶显示器（LCD）等。

## 任务知识

### 1.6.1　工作原理

液晶即液态晶体，是一种很特殊的物质。它既像液体一样能流动，又具有晶体的某些光学性质。液晶于1888年由奥地利植物学家发现，是一种介于固体与液体之间，具有规则性分子排列的有机化合物，液晶分子的排列有一定顺序，且这种顺序对外界条件（如温度、电磁场）的变化十分敏感。在电场的作用下，液晶分子的排列会发生变化，从而影响到它的光学性质，这种现象称为电光效应。

通常在两片玻璃基板上装有配向膜，液晶会沿着沟槽配向，由于玻璃基板配向沟槽偏离90°，液晶中的分子在同一平面内像百叶窗一条一条整齐排列，而分子的向列从一个液面到另一个液面过渡时会逐渐扭转90°，也就是说两层分子排列的相位相差90°。一般最常用的液晶型式为向列液晶，分子形状为细长棒形，长宽约1～10nm（1nm=10Am），在不同电流电场作用下，液晶分子会做规则旋转90°排列，产生透光度的差别，在电源开和关的作用下产生明暗的区别，以此原理控制每个像素，便可构成所需图像。

### 1.6.2 常见种类

从早期的黑白世界到彩色世界，显示器走过了漫长而艰辛的历程，随着显示器技术的不断发展，显示器的分类也越来越细，生产LED显示屏的工厂主要分布在深圳，大概有500多家，其中40%主要是提供加工服务，还有小作坊式生产，也有一批以品质和研发为主的生产企业。

1．CRT显示器

CRT显示器是一种使用阴极射线管（Cathode Ray Tube）的显示器，阴极射线管主要由五部分组成：电子枪（Electron Gun）、偏转线圈（Deflection Coils）、荫罩（Shadow Mask）、荧光粉层（Phosphor）及玻璃外壳。它是应用最广泛的显示器之一，CRT纯平显示器具有可视角度大、无坏点、色彩还原度高、色度均匀、可调节的多分辨率模式、响应时间极短等LCD显示器难以超过的优点。按照不同的标准，CRT显示器可划分为不同的类型。

显像管的尺寸一般指的是显像管的对角线的尺寸，是指显像管的大小，不是它的显示面积，但对于用户来说，关心的还是它的可视面积，即所能够看到的显像管的实际大小尺寸，单位都是指英寸。一般来说，15英寸显示器其可视面积一般为13.8英寸，17英寸的显示器其可视面积一般为16英寸，19英寸的显示器其可视面积一般为18英寸。

关于笔记本电脑与液晶显示器，以往的笔记本电脑中都是采用8英寸固定大小的LCD显示器，基于TFT技术的桌面系统LCD能够支持14～18英寸的显示面板。因为生产厂商是按照实际可视区域的大小来测定LCD的尺寸，而并非像CRT那样由显像管的尺寸大小决定，所以一般情况下，15英寸LCD的大小就相当于传统的17英寸显示器的大小。

CRT显示器的调控方式从早期的模拟调节到数字调节，再到OSD调节走过了一条极其漫长的道路。

模拟调节是在显示器外部设置一排调节按钮，手动调节亮度、对比度等一些技术参数。由于此调节所能达到的功效有限，所以不具备视频模式功能。另外，模拟器件较多，出现故障的概率较大，而且可调节的内容极少，所以已销声匿迹。

数字调节是在显示器内部加入专用微处理器，操作更精确，具有记忆显示模式，而且其使用的多是微触式按钮，寿命长、故障率低，这种调节方式曾红极一时。

OSD调节，严格来说应算是数控方式的一种。它能以量化的方式将调节方式直观地反映到屏幕上，很容易上手。OSD的出现，使显示器的调节方式上升了一个新台阶。市场上的主流产品大多采用此调节方式，同样是OSD调节，有的产品采用单键飞梭，如美格的全系列产品，也有采用静电感应按键来实现调节。

显像管是显示器生产技术变化最大的环节之一，同时也是衡量一款显示器档次高低的重要标准，按照显像管表面平坦度的不同可分为球面管、平面直角管、柱面管、纯平管。

球面管：从最早的绿显、单显到许多 14 英寸显示器，基本上都是球面屏幕的产品，它的缺陷非常明显，在水平和垂直方向上都是弯曲的。边角失真现象严重，随着观察角度的改变，图像会发生倾斜。此外，这种屏幕非常容易引起光线的反射，这样会降低对比度，对人眼的刺激较大，这种显像管肯定会退出市场。

平面直角显像管：这种显像管诞生于 1994 年，由于采用了扩张技术，因此曲率相对于球面显像管较小，从而减小了球面屏幕上特别是四角的失真和反光现象，配合屏幕涂层等新技术的采用，显示器的质量有较大提高。一般情况下，其曲率半径大于 2000mm，四个角都是直角，大部分主流产品仍采用这种显像管。

柱面管：这是刚推出不久的一种显像管，柱面显像管采用栅式荫罩板，在垂直方向上已不存在任何弯曲，在水平方向上还略有一点弧度，但比普通显像管平整了许多，柱面管又可分为单枪三束和三枪三束管。

纯平面显像管：显示器的纯平化无疑是 CRT 彩显今后发展的主题，这种显像管在水平和垂直方向上均实现了真正的平面，使人眼在观看时的聚焦范围增大，失真反光都被减少到了最低限度，因此看起来更加逼真。

#### 2. LCD 显示器

LCD 显示器即液晶显示器，优点是机身薄、占地小、辐射小，给人一种健康产品的形象，但液晶显示屏不一定能保护到眼睛。

LCD 液晶显示器的工作原理：在显示器内部有很多液晶粒子，它们有规律地排列成一定的形状，并且它们每一面的颜色都不同。分为：红色，绿色，蓝色。这三原色能还原成任意的其他颜色，当显示器收到电脑的显示数据的时候会控制每个液晶粒子转动到不同颜色的面，来组合成不同的颜色和图像。也因为这样液晶显示屏的缺点是色彩不够艳，可视角度不高等。

#### 3. LED 显示器

LED 显示屏（LED panel）：LED 就是 Light Emitting Diode，发光二极管的英文缩写，简称 LED。它是一种通过控制半导体发光二极管的显示方式，用来显示文字、图形、图像、动画、行情、视频、录像信号等各种信息的显示屏幕。

LED 的技术进步是扩大市场需求及应用的最大推动力。最初 LED 只是作为微型指示灯，在计算机、音响和录相机等高档设备中应用，随着大规模集成电路和计算机技术的不断进步，LED 显示器正在迅速崛起，逐渐扩展到证券行情股票机、数码相机、PDA 以及手机领域。

LED 显示器集微电子技术、计算机技术、信息处理于一体，以其色彩鲜艳、动态范围广、亮度高、寿命长、工作稳定可靠等优点，成为最具优势的新一代显示媒体。LED 显示器已广泛应用于大型广场、商业广告、体育场馆、信息传播、新闻发布、证券交易等，可以满足不同环境的需要。

LED 结构及分类：通过发光二极管芯片的适当联接，可构成发光显示器的发光段或发光点。由这些发光段或发光点可以组成数码管、符号管、米字管、矩阵管等。通常把数码管、符号管、米字管共称笔画显示器，而把笔画显示器和矩阵管统称为字符显示器。

由于 LED 显示器以 LED 为基础，所以它的光、电特性及极限参数意义大部分与发光二极管相同。但由于 LED 显示器内含多个发光二极管，所以需有如下特殊参数：

（1）发光强度比：由于数码管各段在同样的驱动电压时，各段正向电流不相同，所以各段发光强度不同。所有段的发光强度值中最大值与最小值之比为发光强度比。比值可以在 1.5～2.3 之间，最大不能超过 2.5。

（2）脉冲正向电流：若笔画显示器每段典型正向直流工作电流为 IF，则在脉冲下，正向电流可以远大于 IF。脉冲占空比越小，脉冲正向电流可以越大。

#### 4．3D 显示器

3D 显示器一直被公认为是显示技术发展的终极梦想，多年来有许多企业和研究机构从事这方面的研究。日本、欧美、韩国等发达国家和地区早在 20 世纪 80 年代就纷纷涉足立体显示技术的研发，于 90 年代开始陆续获得不同程度的研究成果，现已开发出需佩戴立体眼镜和不需佩戴立体眼镜的两大立体显示技术体系。传统的 3D 电影在荧幕上有两组图像（来源于在拍摄时的互成角度的两台摄影机），观众必须戴上偏光镜才能消除重影（让一只眼只受一组图像），形成视差，产生立体感。

技术分类：利用自动立体显示（AutoSterocopic）技术，即所谓的“真 3D 技术”。这种技术利用所谓的“视差栅栏”，使两只眼睛分别接受不同的图像，来形成立体效果。平面显示器要形成立体感的影像，必须至少提供两组相位不同的图像。其中，快门式 3D 技术和不闪式 3D 技术是如今显示器中最常使用的两种。

（1）不闪式 3D 技术

不闪式 3D 的画面是由左眼和右眼各读出 540 条线后，两眼的影像在大脑重合，所以大脑所认知的影像是 1080 条线。因此可以确定不闪式为全高清。

通过世界著名认证机构 Intertek（德国）跟中国第三研究所客观认可不闪式 3D 的分辨率，垂直方向可读出 1080（左/右眼各观看到 540 线），在佩戴 3D 眼镜后可以清楚地观看到全高清状态下的 3D。

不闪式优越性：

① 无闪烁，更健康（Flicker Free）。不闪式 3D，画面稳定，无闪烁感，眼睛更舒适，不头晕，不闪式 3D 经国际权威机构检测，闪烁几乎是零。不闪式通过 TüV 的 ISO 9241-307 规格测试，获得了不闪烁 3D（3D Flicker Free）认证。

② 高亮度，更明亮。损失度最小的偏光 3D，色彩更好，电影更多细节、游戏特效更震撼。

③ 无辐射，更舒适的眼镜。不闪式 3D 眼镜不含电子元器件，无辐射。而且结构简单，重量（25g 左右）不足快门式 3D 眼镜（80g 以上）的 1/2，更轻便。

④ 无重影，更逼真。不闪式 3D 技术的色彩损失是最小的，色彩显示更为准确，更接近其原始值。鉴于眼镜的透镜本身几乎没有任何颜色，对用于偏振光系统的节目内容进行色彩纠正也更为容易。尤其是肤色，在一个偏振光系统中，看上去更为真实可信。

⑤ 价格合理，性价比高。不闪式 3D 显示器“等同于”普通显示器，在不用购买及安装昂贵 GPU 的状态下即可进入 3D 世界，性价比高。

（2）快门式 3D 技术

快门式 3D 技术主要是通过提高画面的快速刷新率（至少要达到 120Hz）来实现 3D 效果，属于主动式 3D 技术。当 3D 信号输入显示设备（诸如显示器、投影机等）后，120Hz 的图像便以帧序列的格式实现左右帧交替产生，通过红外发射器将这些帧信号传输出去。

负责接收的3D眼镜在刷新同步实现左右眼观看对应的图像，并且保持与2D视像相同的帧数，观众的两只眼睛看到快速切换的不同画面，并且在大脑中产生错觉（摄像机拍摄不出来效果），便观看到立体影像。

快门式缺点：

① 眼镜的问题，首先眼镜是需要配备电池的，但是眼镜必须要带着才能欣赏电视节目，那么电池产生电流的同时发射出来的电磁波产生辐射，会诱发意料之外的病变。

② 画面闪烁的问题，3D眼镜闪烁的问题，主要体现到主动快门式3D眼镜，3D眼镜左右两侧开闭的频率均为50/60Hz，也就是说两个镜片每秒各开合50/60次，即使是如此快速，用户眼镜仍然是可以感觉到，如果长时间观看，眼球的负担将会增加。

③ 亮度大打折扣，带上这种加入黑膜的3D眼镜以后，每只眼睛实际上只能得到一半的光，因此主动式快门看出去，就好像戴了墨镜看电视一样，并且眼睛很容易疲劳。

### 5. 等离子显示器

PDP（Plasma Display Panel，等离子显示器）是采用了近几年来高速发展的等离子平面屏幕技术的新一代显示设备。

成像原理：等离子显示技术的成像原理是在显示屏上排列上千个密封的小低压气体室，通过电流激发使其发出肉眼看不见的紫外光，然后紫外光碰击后面玻璃上的红、绿、蓝3色荧光体发出肉眼能看到的可见光，以此成像。

等离子显示器的优越性：厚度薄、分辨率高、占用空间少且可作为家中的壁挂电视使用，代表了未来计算机显示器的发展趋势。

等离子显示器的特点：

（1）高亮度、高对比度

等离子显示器具有高亮度和高对比度，对比度达到500 : 1，能满足眼睛需求；亮度也很高，所以其色彩还原性非常好。

（2）纯平面图像无扭曲

等离子显示器的RGB发光栅格在平面中呈均匀分布，这样就使得图像即使在边缘也没有扭曲的现象发生。而在纯平CRT显示器中，由于在边缘的扫描速度不均匀，很难控制到不失真的水平。

（3）超薄设计、超宽视角

由于等离子技术显示原理的关系，使其整机厚度大大低于传统的CRT显示器，与LCD相比也相差不大，而且能够多位置安放。用户可根据个人喜好，将等离子显示器挂在墙上或摆在桌上，大大节省了房间，既整洁、美观又时尚。

（4）具有齐全的输入接口

为配合接驳各种信号源，等离子显示器具备了DVD分量接口、标准VGA/SVGA接口、S端子、HDTV分量接口（Y、Pr、Pb）等，可接收电源、VCD、DVD、HDTV和计算机等各种信号的输出。

（5）环保无辐射

等离子显示器一般在结构设计上采用了良好的电磁屏蔽措施，其屏幕前置环境也能起到电磁屏蔽和防止红外辐射的作用，对眼睛几乎没有伤害，具有良好的环境特性。

等离子显示器比传统的CRT显示器具有更高的技术优势，主要表现在以下几个方面：

① 离子显示器的体积小、重量轻、无辐射；

② 与等离子各个发射单元的结构完全相同，因此不会出现显像管常见的图像的集合变形；

③ 离子屏幕亮度非常均匀，没有亮区和暗区；而传统显像管的屏幕中心总是比四周亮度要高一些；

④ 离子不会受磁场的影响，具有更好的环境适应能力；

⑤ 离子屏幕不存在聚集的问题。因此，显像管某些区域因聚焦不良或年月已久开始散焦的问题得以解决，不会产生显像管的色彩漂移现象；

⑥ 面平直使大屏幕边角处的失真和颜色纯度变化得到彻底改善，高亮度、大视角、全彩色和高对比度，是等离子图像更加清晰，色彩更加鲜艳，效果更加理想，令传统 CRT 显示器叹为观止。

等离子显示器比传统的 LCD 显示器具有更高的技术优势，主要表现在以下几个方面：

① 离子显示亮度高，因此可在明亮的环境下欣赏大幅画面的影像；

② 色彩还原性好，灰度丰富，能够提供格外亮丽、均匀平滑的画面；

③ 迅速变化的画面响应速度快，此外，等离子平而薄的外形也使得其优势更加明显。

## 习　题

### 一、填空题

1. TN 面板只能显示红、绿、蓝各 64 色，也称为________位面板。每个像素能够呈现 64 级灰阶，那么也就只能产生 64×3 种色彩，显示器最多只能表现 262 144 种色彩。再通过“抖动”技术可以使其获得超过 1600 万种色彩的表现能力，只能显示 0～252（非 256）级灰阶的三原色，所以最后得到的色彩显示数是________M 色。而 VA 面板显示的颜色数是________M 色。

2. 在显示器对角线相同的条件下，显示面板越接近正方形，可视面积越________；显示面板越扁，越趋向于长方形，可视面积越________。

3. 液晶显示器的主要部件是液晶板，液晶板包含两片________，中间夹着一层________，当光束通过它时，液晶体会有规则的排列或呈不规则扭转形状，所以液晶更像是一个个闸门，选择光线是否穿透，这样才能在屏幕看到深浅不一、错落有致的图像。

4. 刷新率能达到________以上显示器的刷新频率就可完全消除图像闪烁和抖动感，眼睛也不容易疲劳。

5. 目前液晶显示器的面板有________、________、________、________类面板。

6. HDMI 接口可用于机顶盒、DVD 播放机、个人计算机、电视游乐器、综合扩大机、数位音响与电视机。HDMI 可以同时传送________和________信号，由于________和视频信号采用同一条电缆，大大简化了系统的安装。

7. 19 英寸液晶和 17 英寸液晶分辨率都是________，19 英寸宽屏的分辨率为________。

8. 某显示器后面的铭牌如图 1-6-1 所示，该显示器的出厂日期为________，工作电压范围为________，产地是________。

图 1-6-1

**二、选择题**

1．目前液晶显示器温度在（　　）℃的范围内能正常工作。

A．0～25　　B．0～40　　C．25～40　　D．15～40

2．在家用电器中，特别是（　　）对显示器的电磁场干扰尤为严重。

A．日光灯　　B．电冰箱　　C．电风扇　　D．手机

3．实验证明，液晶显示器在设置为比较健康和实用的亮度时，屏幕中点的亮度应该在（　　）之间。

A．180～500 cd/m$^2$　　B．150～180 cd/m$^2$

C．250～350 cd/m$^2$　　D．150～500 cd/m$^2$

4．液晶显示器黑屏时，有的地方正常，但有的地方显得很亮，这就是（　　）。

A．坏点　　B．亮点　　C．暗点　　D．漏光

# 任务七　认识机箱、电源、键盘和鼠标

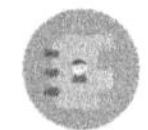

## 任务描述

机箱对计算机各部件起到保护作用，计算机中的各个部件都是固定在机箱内与部件的寿命有很大关系。那么，电源是计算机的动力之源，应如何选择合适的机箱和电源呢？

机箱和电源是分开的两个部分，但在计算机配件市场，机箱和电源一般同时出售。

## 任务知识

### 1.7.1　机箱

**1．机箱类型**

按照主板的不同，可以把机箱分为 AT、ATX、Micro ATX 三种。

AT 机箱主要应用到只能安装 AT 主板的早期计算机中。ATX 机箱是目前最常见的机箱，支持现在绝大部分类型的主板。Micro ATX 机箱是在 ATX 机箱的基础之上为了节省桌面空间改进而成，因此比 ATX 机箱体积小一些。各个类型的机箱只能安装其支持类型的主板，一般是不能混用，而且电源也有所差别。所以在选购时一定要注意。另外，机箱还有立式（如图 1-7-1 所示）、卧式（如图 1-7-2 所示）之分。

图 1-7-1

图 1-7-2

在选购时最好以标准立式 ATX 机箱为准，因为它空间大，安装槽多、扩展性好。同分条件也不错，完全能适应大多数用户的需要。

**2．箱体材质**

机箱的箱体材质有镀锌钢板（如图 1-7-3 所示）、喷漆钢板、镁铝合金等材料。镀锌钢板的优点是抗腐蚀能力比较强，而镁铝合金的机箱因其表面有致密的氧化层保护，因此抗腐蚀性能更强。

图 1-7-3

**3．机箱的品牌**

比较著名的机箱生产厂家的生产原料进货渠道以及质量控制非常严格，做工精美、用料扎实，这些品牌产品多数售价不低。即便如此，在资金允许的情况下，也应该尽量选择大厂的产品。知名的机箱品牌有大水牛、多彩、金河田、航嘉、技展等。

## 1.7.2　电源

电源是电脑主机的动力源泉，如图 1-7-4 所示。一台计算机除了显示器可以直接由外来电源供电外，其余所有部件均靠机箱内部的电源供电，电源输出直流电的好坏将直接影响部件的寿命及性能。不良的电源容易导致计算机莫名其妙的重启、死机、操作系统安装失败、硬盘出现坏道等问题。因此在选购电源时一定不能贪图便宜，要选择信誉比较好的品牌电源，如航嘉冷静王、长城静音大师等。

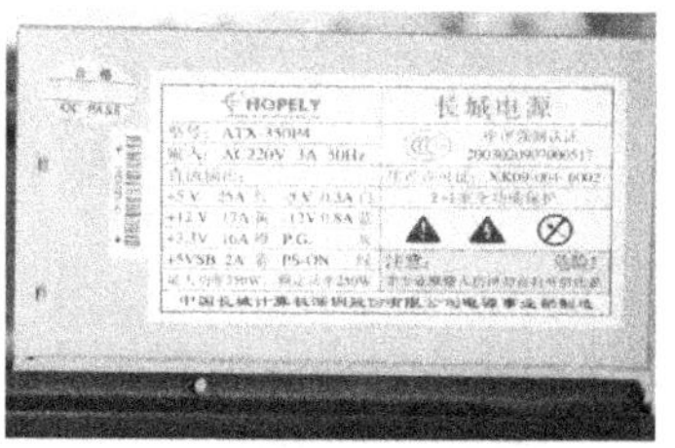


图 1-7-4

电源的性能指标都标注在电源侧面的铭牌上，如输入/输出功率、品名系列以及所通过的安全认证等。电源的安全认证包括 3C、UL、CSA 和 CE 等，而国内著名的是 CCEE 认证。质量好的电源拿在手里感觉很有分量，散热片要多、大且厚，而且好的散热片一般用铝或铜作为材料。另外，电源线应该很粗，因为粗的电源线输出电流损耗小，输出电流的质量可以得到保证。

电源是安装在主机箱上，与主板配合来工作，因此电源也分为 AT 电源、ATX 电源、Micro ATX 电源等类型。电源的输出插头根据供电对象的不同而不同，主要有为主板供电的 20 针长方形插头，为 CPU 供电的四芯型插头，为硬盘、光驱供电的“D”型四芯插头，以及为 SATA 硬盘供电的黑色 15 针插头等类型。如图 1-7-5 所示为 ATX 型插头。

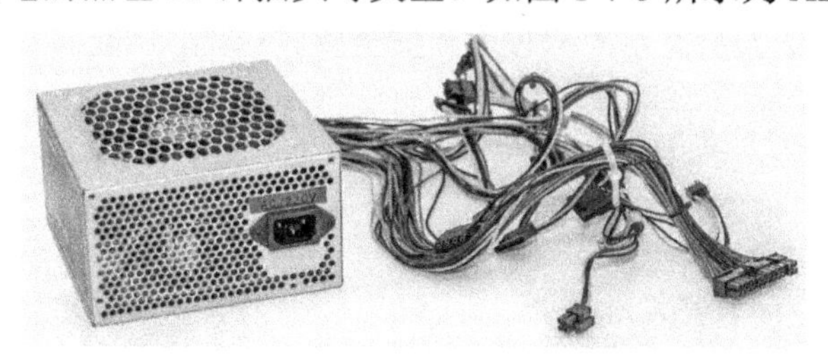

图 1-7-5

### 1.7.3 键盘和鼠标

计算机的输入设备主要有键盘和鼠标。

**1. 键盘**

计算机操作者利用键盘向计算机输入各种指令、数据，指挥计算机的工作。计算机的运行情况将输出到显示器，操作者可以很方便地利用键盘和显示器与计算机进行对话，对程序进行修改、编辑、控制和观察计算机的运行。标准键盘的按键分为主键盘区、编辑键区、功能键区、小键盘区和特殊键区，在键盘的右上角还有状态指示灯，如图 1-7-6 所示。

（1）键盘分类

键盘按照外形可以分为标准键盘、人体工程学键盘、笔记本键盘和数字键盘等；按接口类型可以分为 PS/2 和 USB 键盘，这两种形式的接口可以用转接头互相转换，转换头如图 1-7-7 所示。

图 1-7-6

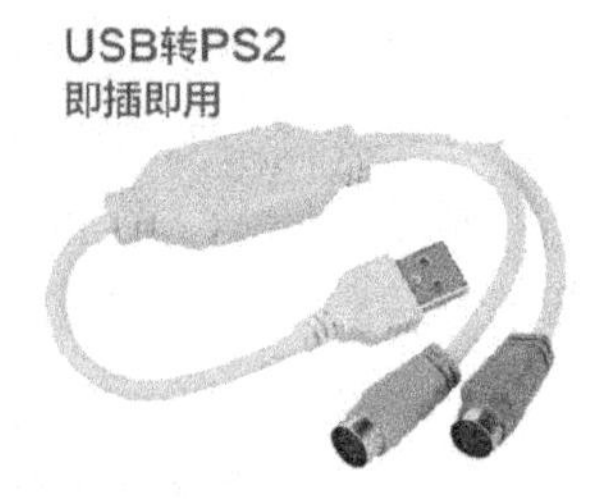


图 1-7-7

（2）键盘选购

作为计算机最重要的输入设备，键盘的选购也不能大意，用户在选购键盘时可按照以下步骤选择。

看手感。选择一款键盘时，首先用双手在键盘上敲打几下，由于个人的喜好不一样，有人喜欢弹性软一点的，有人则喜欢弹性大一点的，只有在键盘上操练几下，才会知道自己的满意度，另外，注意键盘在新买时的弹性要强于以后多次使用后的弹性。

看键帽。第一看字迹，激光雕刻的字迹耐磨，而印刷的字迹易脱落。将键盘放到眼前平视，将会发现印刷的按键字符有凹凸感，而激光雕刻的按键字符比较平整。

看键程。很多人喜欢键程远一点的，按键时很容易摸到。也有人喜欢键程短一点的，认为这样打字会快一些。对键盘不熟悉的用户可选键程长的键盘。

看键盘接口。目前 USB 接口键盘（如图 1-7-8）已经得到用户的广泛使用，其最大的特点就是支持即插即用，但是在价格上要高于 PS/2 接口的键盘（如图 1-7-9 所示）。

看品牌、价格。相信在挑选键盘时，同等质量，同等价格下，人们一般货挑选名牌大厂的键盘，大品牌能给人更充足的信誉度和安全感。

图 1-7-8

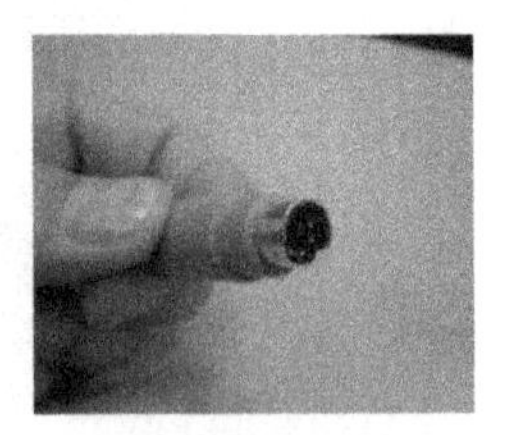

图 1-7-9

### 2. 鼠标

鼠标是计算机显示系统纵横坐标定位的指示器，因形似老鼠而得名。随着 Windows 等图形界面操作系统的流行，鼠标也成了必备的输入设备。

（1）鼠标的分类。鼠标的接口类型可以分为 PS/2 接口和 USB 接口，USB 接口鼠标已成为主流。PS/2 接口鼠标不能带电插拔，而 USB 接口鼠标则可以，USB 接口和 PS/2 接口可以使用转接头相互转换。

鼠标按传输模式分为有线鼠标和无线鼠标。无线鼠标具有不需连线的优点，可在几米范围内控制计算机，但缺点是容易受到干扰，传输存在一定延迟。目前无线鼠标需要电池供电，配合无线接收器才能正常工作。

此外还有机械式鼠标，它属于早期产品，目前已被淘汰。有按照人体工程学设计的鼠标（如图 1-7-10 所示），手掌搭在上面能够得到足够的支撑，防止长时间使用的疲劳感。

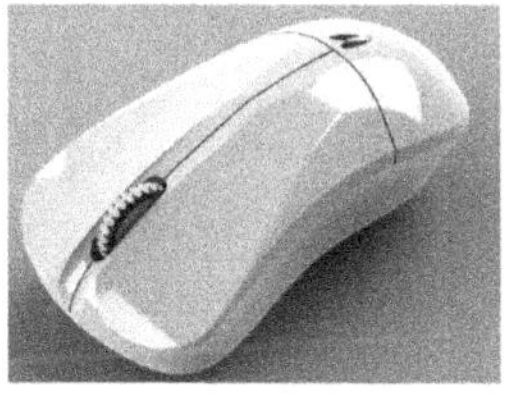

图 1-7-10

（2）鼠标的选购。选购鼠标时，首先要根据需要选择对应的类型或自己喜爱的外观，其次要考虑鼠标的解析度，一般鼠标的解析度越高，鼠标会越灵敏，最后还要亲自试用，体验一下手感如何。

## 实训六　撰写当前主流配置计算机装机单

表 1-7-1　计算机装机单

| 产品名称 | 型　号 | 质保年限 | 单　价 |
|---|---|---|---|
| CPU | | | |
| 主板 | | | |
| 内存 | | | |
| 硬盘 | | | |
| 光驱 | | | |
| 显卡 | | | |
| 显示器 | | | |
| 机箱 | | | |
| 电源 | | | |
| 音箱 | | | |
| 键盘/鼠标 | | | |
| 其他 | | | |
| 客户： | | | |
| 公司： | | 电话： | |
| 备注： | | | |

# 项目二

# 计算机硬件的组装及拆卸

## 任务一　计算机硬件组装

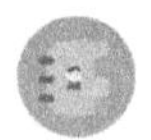

### 任务描述

按照安全、规范、有序的方法，组装一台能点亮的整机。组装时注意“先小后大，先里后外”。即先组成“小组件”，再组成“大组件”；先装机箱内部，再连接机箱外部；最后组成整机。

### 任务知识

#### 2.1.1　组装前的注意事项

**1．安装前配件的准备**

一台最基本的计算机是由 CPU、主板、内存、硬盘、光驱、软驱、显卡、声卡、网卡、显示器、音箱、机箱电源、键盘及鼠标等部件构成，如图 2-1-1 所示。

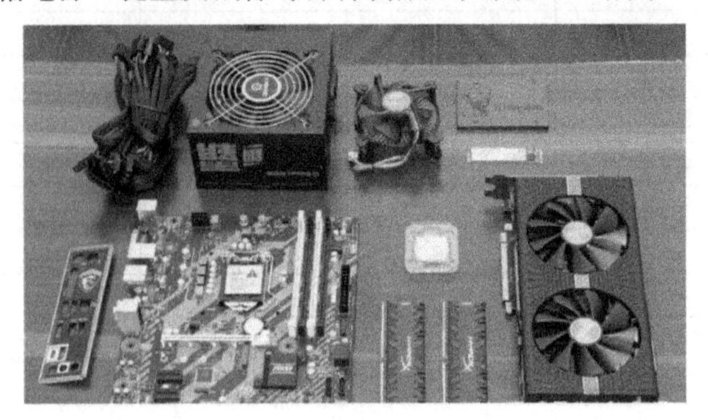

图 2-1-1

除了计算机配件以外，还需预备螺丝刀、尖嘴钳、镊子等工具，如图 2-1-2 所示。

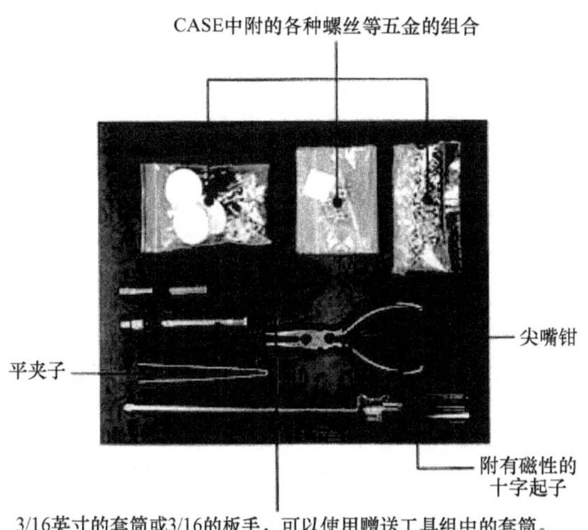


图 2-1-2

另外，还需要准备一张工作台。将相关的说明书放在身旁，并准备好电源插头等。

## 2.1.2　组装注意事项

组装计算机前应注意以下事项。

- 防止人体所带静电对电子器件造成损伤。
- 无论安装什么部件，一定要确保系统没有接通电源。
- 对各个部件要轻拿轻放，不要碰撞，尤其是硬盘。
- 安装主板一定要稳固，同时要防止主板变形，不然会对主板的电子线路造成损伤。
- 在安装每一部件前请先参考部件组合图，阅读各组件说明书，以免装错、接错等。
- 再好的机壳都难免会有割伤手的情形，在组装时请注意，若有较难拆下的零件，切记请勿使用蛮力，以免造成刮伤、流血等一类的事情。

## 2.1.3　组装计算机的基本流程

组装计算机时，应按照下述的步骤有条不紊地进行。

（1）机箱的安装，主要是对机箱进行拆封，并且将电源安装在机箱里。

（2）CPU 的安装，在主板处理器插座上插入安装所需的 CPU，并且安装上散热风扇。

（3）内存条的安装，将内存条插入主板内存插槽中。

（4）主板的安装，将主板安装在机箱中。

（5）显卡的安装，根据显卡总线选择合适的插槽。

（6）声卡的安装，现在市场主流声卡多为 PCI 插槽的声卡。

（7）驱动器的安装，主要针对硬盘、光驱和软驱进行安装。

（8）机箱与主板间的连线，即各种指示灯、电源开关线、计算机喇叭的连接以及硬盘、光驱和软驱电源线和数据线的连接。

（9）盖上机箱盖（理论上在安装完主机后，是可以盖上机箱盖了，但为了此后出问题时检查，最好先不加盖，而等系统安装完毕后再盖）。

（10）输入设备的安装，连接键盘、鼠标。

（11）输出设备的安装，即显示器的安装。

（12）再重新检查各个接线，准备进行测试。

（13）给机器加电，若显示器能够正常显示，表明初装已经正确，此时可进入 BIOS 进行系统初始设置。

至此一个完整系统的硬件安装过程全部完成。在实际组装过程中，应根据主板、机箱的不同结构来决定组装的顺序，以便操作。

## 2.1.4 拆卸机箱

拆卸机箱可按如下步骤进行。

（1）打开机箱的外包装，会看见很多附件，例如螺丝、挡片等。

（2）然后取下机箱的外壳，可以看到电源、光驱、软驱的驱动器托架。

机箱的整个机架由金属构成，它包括五寸固定架（可安装光驱和五寸硬盘等）、三寸固定架（可用来安装软驱、三寸硬盘等）、电源固定架（用来固定电源）、底板（用来安装主板）、槽口（用来安装各种插卡）、计算机喇叭（可用来发出简单的报警声音）、接线（用来连接各信号指示灯以及开关电源）和塑料垫脚等，如图 2-1-3 所示。

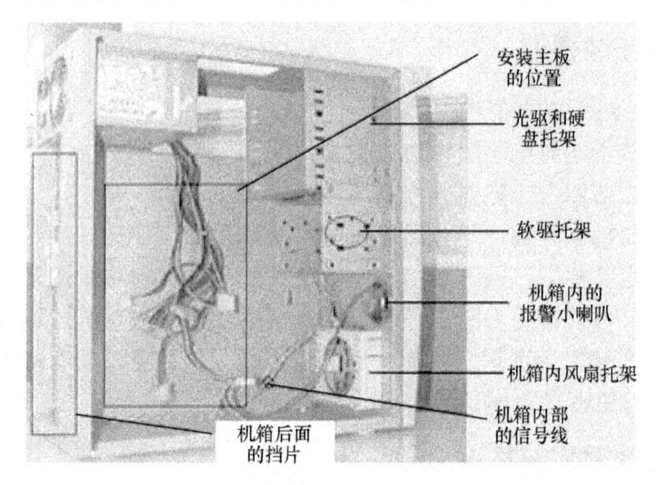


图 2-1-3

机箱后的挡片（如图 2-1-4 所示）。

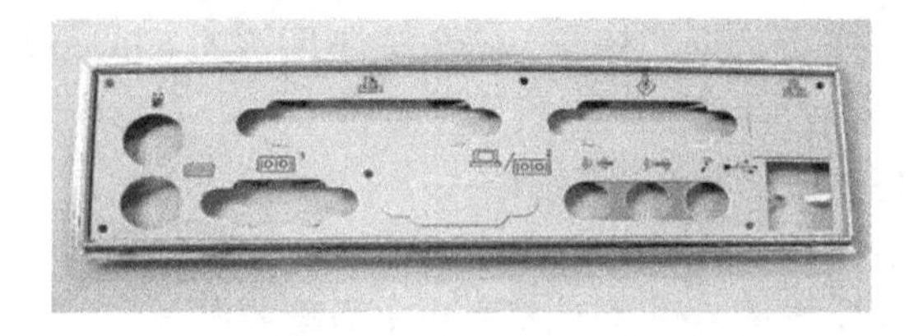

图 2-1-4

信号线。在驱动器托架下面，可以看到从机箱面板引出的 Power 键和 Reset 键以及一些指示灯的引线（如图 2-1-5a 所示）。除此之外，还有一个小型喇叭称之为计算机 Speaker，用来发出提示音和报警，主板上都有相应的插座。

另外，机箱附带的安装配件还有铜柱螺丝、绝缘垫片、白色的塑胶固定柱、细牙螺丝、粗牙螺丝、界面卡预留的 L 形挡板、跳线帽、电源线（如图 2-1-5b 所示）等。

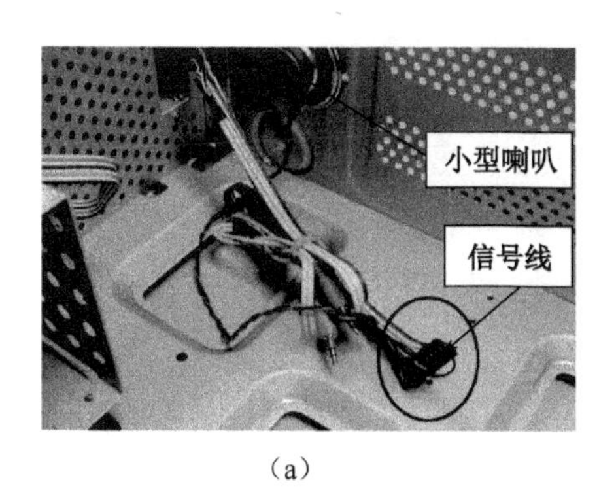


（a）

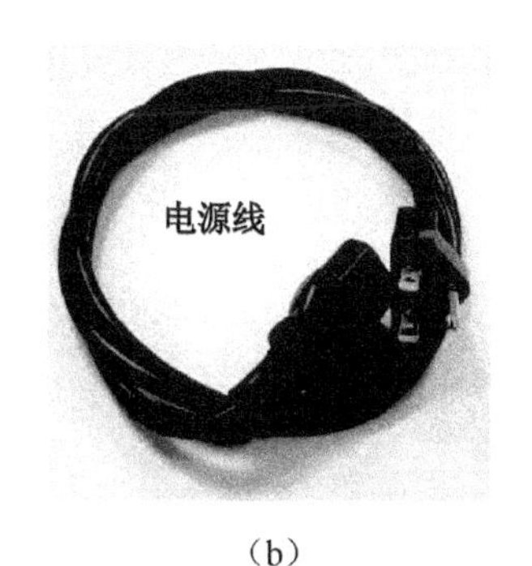


（b）

图 2-1-5

## 2.1.5　安装电源

目前的市场上有相当一部分机箱是搭配了电源出售的，但是这里介绍的机箱和电源是分离的（如图 2-1-6 所示）。

图 2-1-6

如果电源是另配的，那么就得动手将其安装在机箱上。

电源末端四个角上各有一个螺丝孔，它们通常呈梯形排列，所以安装时要注意方向性，如果装反了就不能固定螺丝。可先将电源放置在电源托架上，并将 4 个螺丝孔对齐，然后再拧上螺丝（如图 2-1-7 所示）。

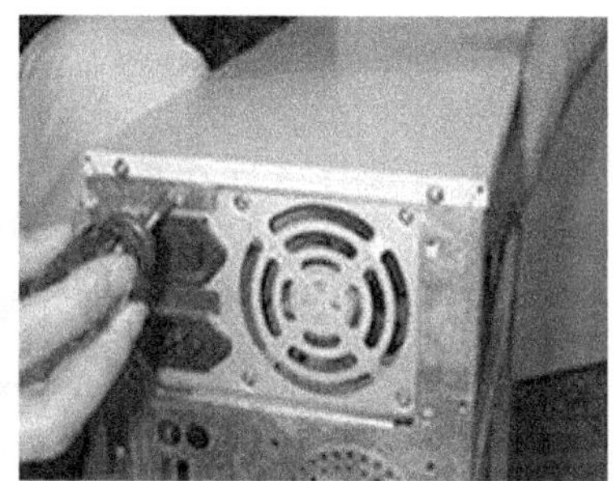

图 2-1-7

## 2.1.6　CPU 和散热器的安装

首先找到处理器的插座并打开插座，方法是：用适当的力微向下压固定扳手，同时用力往外推，使其脱离固定扣（如图 2-1-8 所示）。

图 2-1-8

扳手脱离卡扣后，将它拉起到约 135°，LGA775 插座出现在眼前（如图 2-1-9 所示）。

图 2-1-9

其次，将 CPU 放在主板的插座上。然后慢慢地将处理器轻压到位（如图 2-1-10 所示）。

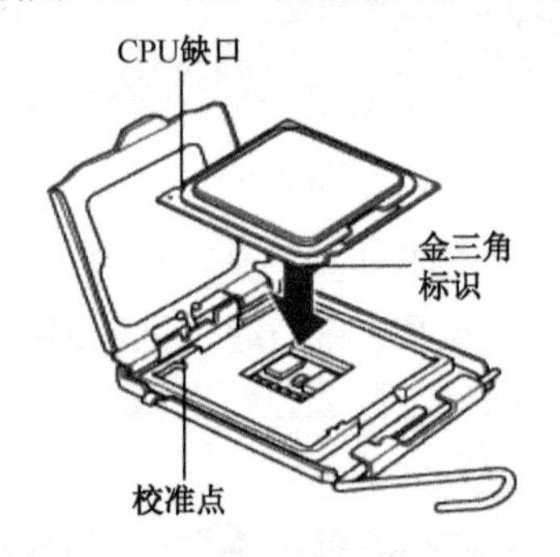


图 2-1-10

在风扇散热鳍片上涂抹少许导热硅脂，手握风扇，让鳍片与 CPU 背部接触。如果某些风扇鳍片上有硅脂，需先刮除。在鳍片上涂抹导热硅脂（如图 2-1-11 所示）。

图 2-1-11

Intel 认证风扇上会贴上薄片，安装时必须取下才能涂抹硅脂。

安装完风扇，还要给风扇接上电源。将它的电源插头插在主板的风扇电源接口上即完成安装。将风扇电源线插入主板上的 CPU_FAN 槽上（如图 2-1-12 所示）。

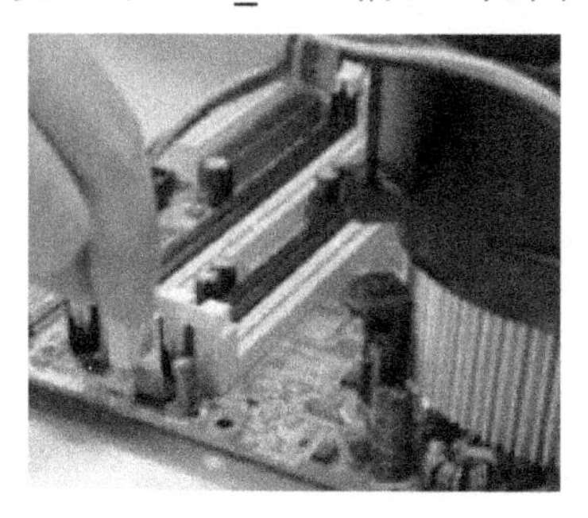

图 2-1-12

## 2.1.7　内存安装

把买来的内存条拆封。如果是旧内存条，应该用橡皮擦反复擦拭金手指，直到光亮为止。

将已经安装好 CPU 及风扇的主板置于防静电布上（下面一定要垫上纸板或塑料泡沫），戴上防静电手环。掰开主板上标识为 DIMM1 槽两侧的扣具（如图 2-1-13 所示）。

图 2-1-13

两拇指按下内存两端（如图 2-1-14 所示），当听到咔一声，说明已经安装到位了。

图 2-1-14

## 2.1.8　安装主板

在机箱的侧面板上有许多孔用来固定主板。而在主板周围和中间有一些安装孔，这些孔和机箱底部的一些圆孔相对应，是用来固定主机板的，安装主板的时候，要先在机箱底部孔里面装上定位螺丝（如图 2-1-15 所示）。

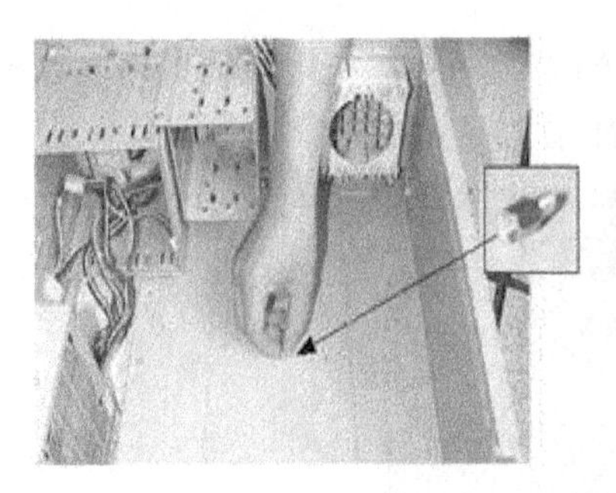
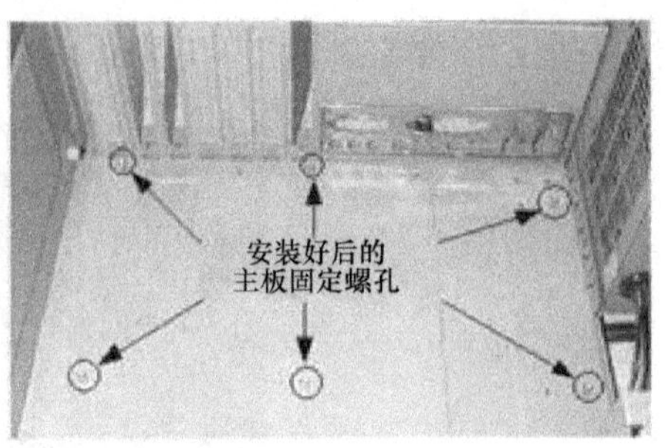


图 2-1-15

找到主板上的安装孔位，它与铜柱的中心对正放入 6 颗螺丝，先预紧，再沿对角线方向依次旋紧螺丝（如图 2-1-16 所示）。

图 2-1-16

给主板供电。把电源 24Pin 插头插入主板上的 24 孔电源插座（如图 2-1-17 所示）。

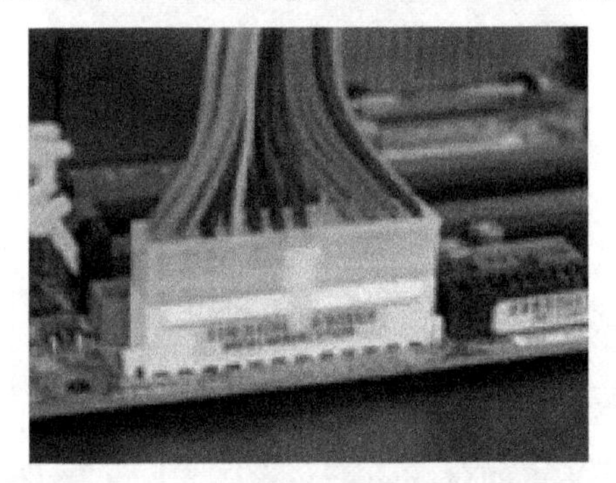

图 2-1-17

最后，还需把电源 4Pin 插头插入主板上的 4 孔电源插座，给 CPU 供电（如图 2-1-18 所示）。

图 2-1-18

### 2.1.9　连接显示器，测试最小系统

所谓最小系统，一般指由主板、CPU 及风扇、内存条、电源、显卡和显示器组成的系统。如果最小系统能点亮显示器，则视为该流程测试通过。

应用最小系统的目的在于检测主板的核心部分（CPU、内存、显示器）是否能正常工作。如果这部分有问题，即时排查，不把“带病”的组装环节带到下一个流程。

G41MXE 主板自带集成显卡，用显示器的 VGA 插头连接集成显卡的 VGA 插座（如图 2-1-19 所示）。

找到主板上标记为 FP1 的排针，用金属镊子短接标记为 PWR-SW 的两根针脚（如图 2-1-20 所示）。

图 2-1-19

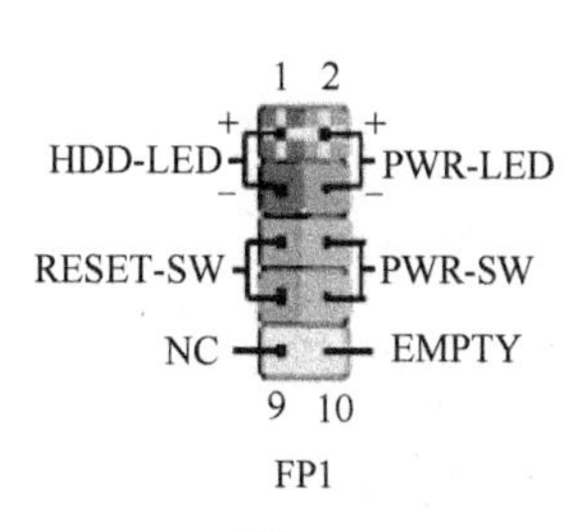


图 2-1-20

如果一切正常，可以看到 CPU 风扇开始旋转，听到机箱“嘀”的一声，显示器已经点亮，G41MXE 主板厂商的徽标 LOGO 出现在屏幕上（如图 2-1-21 所示）。

图 2-1-21

### 2.1.10　安装驱动器

安装驱动器主要包括硬盘、光驱的安装，它们的安装方法基本相同。

#### 1．安装光盘驱动器

下面先介绍安装光驱的操作步骤。光盘驱动器包括 CD-ROM、DVD-ROM 和刻录机等，其外观与安装方法都基本一样。

（1）首先从机箱的面板上，取下一个五寸槽口的塑料挡板，用来装光驱，如图 2-1-22 所示。

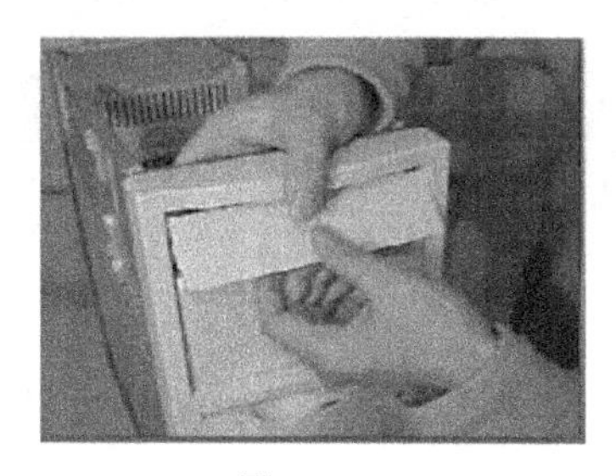

图 2-1-22

同样为了散热的原因，应该尽量把光驱安装在最上面的位置。先把机箱面板的挡板去掉，然后把光驱由外向内推入固定架中（如图 2-1-23 所示）。

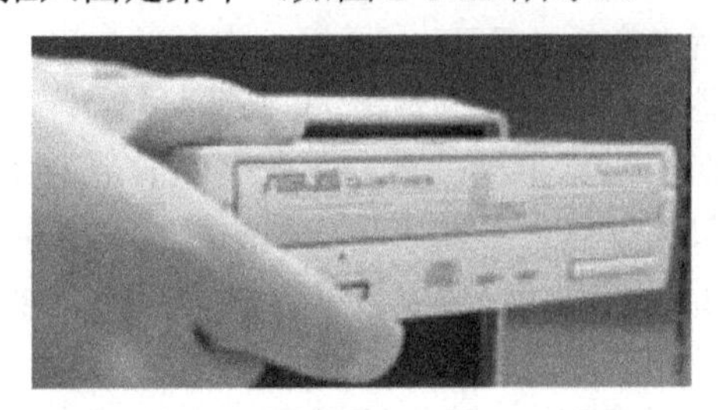

图 2-1-23

（2）在光驱的每一侧用两颗螺丝初步固定，先不要拧紧，这样可以对光驱的位置进行细致的调整，然后再把螺丝拧紧，这一步是考虑面板的美观，等光驱面板与机箱面板平齐后再上紧螺丝（如图 2-1-24 所示）。

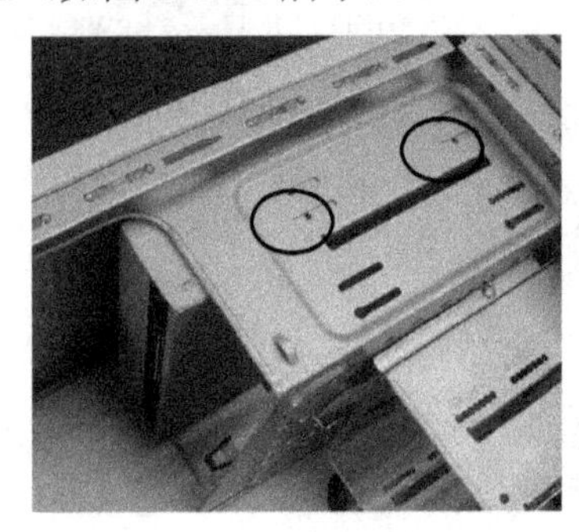

图 2-1-24

## 2．安装硬盘

接下来安装硬盘，其安装的方法同安装光驱相同。

将 SATA 数据线对准硬盘上的 SATA 接口并插入。SATA 数据线排针有 L 形防呆设计，方向相反就插不进去（如图 2-1-25 所示）。

图 2-1-25

将来自 ATX 电源的 SATA 设备专用电源线对准硬盘的电源接口并插入。同理，SATA 设备专用电源线上也有 L 形防呆设计，方向不对无法插入（如图 2-1-26 所示）。

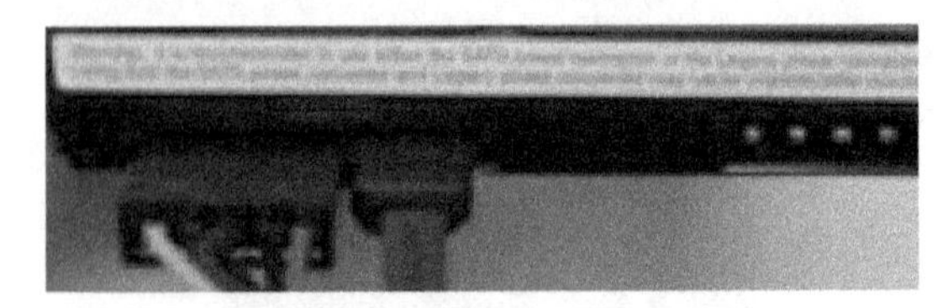

图 2-1-26

将 SATA 数据线的另一端，对准主板上的 SATA1 接口并插入。

### 2.1.11 安装扩展卡

（1）去除机箱后面板上 PCI-Express x16 插槽对应位置处的挡片。

（2）如果是旧显卡，首先确保金手指是光亮的，能与 PCI-Express x16 插槽簧片接触良好。否则，应用橡皮擦反复擦拭，直到光亮为止。

（3）双手拇指和食指握住显卡，竖直方向插入 PCI-Express 插槽，操作方法如图 2-1-27 所示。

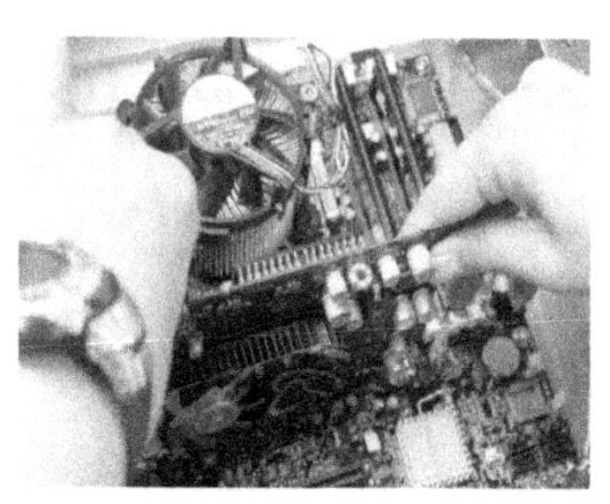

图 2-1-27

（4）将显卡的金属翼片用 M3 螺丝固定在机箱上，将显卡的金属翼片用 M3 螺丝固定在机箱后面板上（如图 2-1-28 所示）。

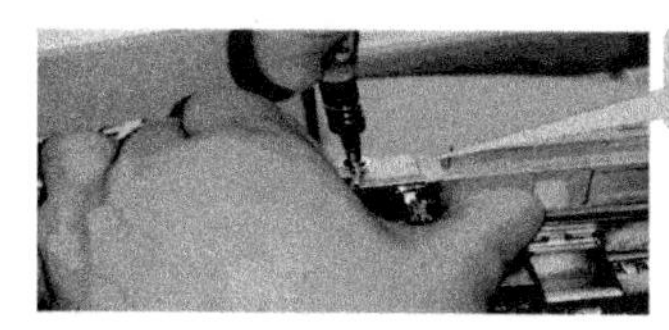


图 2-1-28

### 2.1.12 连接机箱面板与主板

机箱面板与主板通过连接线相连，连接线包括三大类：一是控制按钮、电源指示灯、硬盘工作指示灯连接线，在主板上标记为 FP1；二是前置 USB 连接线，在主板上标记为 F_USB 1/2；三是机箱喇叭连接线，在主板上标记为 SPEAKER（如图 2-1-29 所示）。

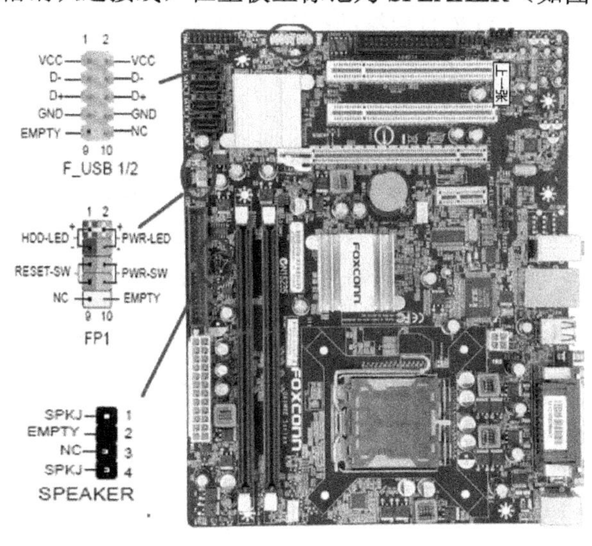


图 2-1-29

找到机箱上的连线并依次连接，如图 2-1-30 所示。因为机箱厂商不同，连线上的标识也有一定差别，线的颜色也五花八门。

图 2-1-30

## 实训七 计算机硬件组装

【实训目的】

1. 熟练使用微型机硬件组装中的常用工具。
2. 了解微型机硬件配置、组装一般流程和注意事项。
3. 学会自己动手组装、配置一台微型机。

【实训内容】

1. 了解微型机硬件配置、组装一般流程和注意事项。
2. 自己动手组装、配置一台微型机。

【实训器材】

1. 磁性的平口、十字螺丝刀各一把。
2. 尖嘴钳子一个。
3. 可拆计算机主机一台。

【实训步骤】

1. 检查所有需要安装的部件及工具是否齐全。
2. 释放身上所带的静电。
3. 基础安装

（1）安装机箱电源

机箱后部预留的开口与电源背面螺丝位置对应好，用螺丝钉固定。

注意：电源固定要牢，以免日后振动产生噪声，同时注意螺丝的选择。

（2）安装主板

- 在机箱底板的固定孔上打上标记。
- 把铜柱螺丝或白色塑胶固定柱一一对应地安装在机箱底板上。
- 将主板平行压在底板上，使每个塑胶固定柱都能穿过主板的固定孔扣住。
- 将细牙螺丝拧到与铜柱螺丝相对应的孔位上。
- 安装主板注意事项：

切忌螺丝拧得过紧，以防主板扭曲变形。

主板与底板之间不要有异物，以防短路。

主板与底板之间可以垫一些硬泡沫塑料，以减少插拔扩展卡时的压力。

（3）CPU 和散热器的安装

- CPU 的安装

把主板的 ZIF 插座旁拉杆抬起，把 CPU 的针脚与插座针脚一一对应后平稳插入插座，拉下拉杆锁定 CPU。在 CPU 内核上涂抹导热硅脂。

● 安装 CPU 的散热器

卡具的一端固定在 CPU 插座的一侧；

调整散热器的位置，使之与 CPU 核心接触；

一手按住散热器使其紧贴 CPU，另一手向下按卡夹的扳手，直到套在 CPU 插座上；

把风扇电源线接在主板上有 CPU-FAN 或 FAN1 字样的电源接口上。

（4）内存条的安装

打开反扣，缺口对着内存插槽上的凸棱，垂直插入插槽，用力插到底，反扣自动卡住。

（5）安装主板的电源线

主板 20 针的电源接头插在主板相应的插座。

（6）连面板各按钮和指示灯插头

- SPEAKER 表示接机箱喇叭（一般是四针）
- POWER LED 表示接机箱上的电源指示灯（一般是三针）
- KEYLOCK 表示接机箱上的键盘锁（一般是三针）
- HDD LED 表示接硬盘指示灯
- POWER SW 表示电源开关
- RESET SWITCH 表示接重启开关

（7）安装显卡

拆下插卡相对应的背板挡片，将显卡金手指上的缺口对应主板上 AGP 插槽的凸棱，将 AGP 显卡安装 AGP 插槽中，用螺丝固定，连接显卡电源线。

（8）安装显示器电源接头接在电源插座上

15 针 D-Sub 接口接在机箱后部的显卡输出接口上。

（9）开机自检

将电源打开，如果能顺利出现开机画面，伴随一声短鸣，显示器显示正常的信息，最后停在找不到键盘的错误信息提示下，至此基础部分已经安装完成。可继续进行下一步安装。

若有问题，重新检查以上步骤，一定要能开机才能进行下一步的安装，以免混淆组装测试。

4．内部设备安装

（1）安装硬盘

将硬盘由内向外推入硬盘固定架上，将硬盘专用的粗牙螺丝轻轻拧上去，调整硬盘的位置，使它靠近机箱的前面板，拧紧螺丝。

（2）安装光驱或 DVD 驱动器

拆掉机箱前面板上为安装 5.25 英寸设备而预留的挡板，将光驱由外向内推入固定架上，拧上细牙螺丝，调整光驱的位置，使它与机箱面板对齐，拧紧螺丝。

（3）连接电源线和数据线

把电源引出的 4 针 D 型电源线接在硬盘和光驱的电源接口，按照红对红的原则连接硬盘和光驱数据线，通过硬盘和光驱数据线让硬盘和光驱分别接在主板 IDE1 和 IDE2 接口。

安装软驱电源线和数据线，注意软驱的电源线接头较小，要避免蛮力插入，以防损坏，数据线一号线和接口的数字 1 对齐即可。

（4）安装声卡，连接音频线

（5）安装网卡等扩展卡

（6）开机自检

键盘连接到 KB 口，主机和显示器相连接。再次开机测试，开机后若安装正确，可检测出声卡和光驱的存在，硬盘则必须进入 BIOS 中查看，在自动检测硬盘（IDE HDD AUTO

DETECTION）画面中即可看到安装硬盘的有关信息。

（7）整理机箱内的连线

整线时注意：将面板信号线捆在一起。用不到的电源线捆在一起。音频线单独安置且离电源线远一些。整完线后将机箱外壳盖起来。

**【实训总结】**

1．学生必须在实训前认真准备实训内容，实训中要严格按照实训室的有关规章制度进行操作。

2．对所有的部件和设备要按说明书或指导老师的要求进行操作。

3．实际组装过程中总会遇到一些问题，应学会根据在开机自检时发出的报警声，或系统显示的出错信息找到并排除故障。

4．切记无论安装什么部件，一定要在断电情况下进行；注意无论安装什么部件，不要使用蛮力强行插入；螺丝不要乱丢，以免驻留在机箱内，造成短路，烧坏组件。组装完成后，不要急于通电，一定反复检查，确定安装连接正确后，再通电开机测试。

# 任务二　硬件拆卸

本任务以一套完整的计算机硬件系统外观入手，学习计算机硬件系统组成，掌握计算机各外设与部件的拆卸方法；同时通过主机各个部件的拆解，认识主机的组成部分，并了解每个部件的外观特征。

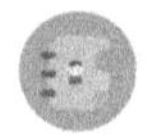

## 任务描述

在搬家的时候，需要将计算机拆下来分成几大块，装在箱子里并在另外一个地方装起来；或是需要将计算机移动地方；或是新买了个显示器需要更换……这时候都需要将部件先拆下来再装上。

## 任务知识

### 2.2.1　计算机外部设备拆卸

（1）确认计算机处于关闭状态，并且主机电源插头与插座断开。

（2）观察主机的电源线接口。通常主机电源线在其电源风扇出风口位置。拿住其塑料插头部分，稍用力拔下即可（如图 2-2-1 所示）。

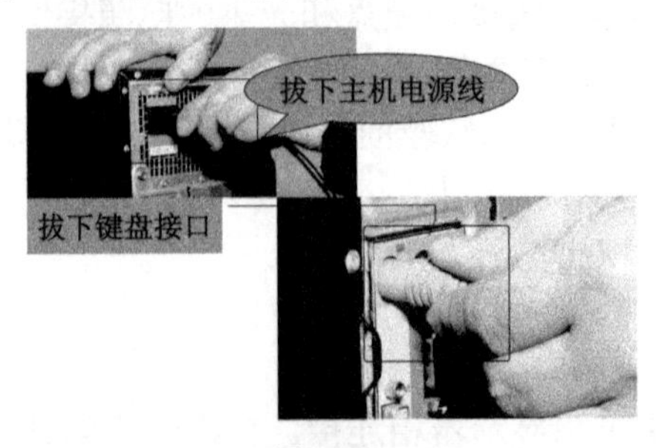


图 2-2-1

可以注意到，键盘接口处颜色与键盘接口均采用紫色，同时以形象的图形方式表示该接口为键盘接口。

（3）观察键盘与主机连接接口。此机采用 PS/2 接口（如图 2-2-1 所示），拿住接口线的插头部分，轻轻往外拔，即将键盘与主机分离。

（4）观察鼠标与主机接口。跟键盘不同，此计算机的鼠标采用 USB 接口，拿住接口线的插头部分，轻轻往外拔，即将鼠标与主机分离（如图 2-2-2 所示）。

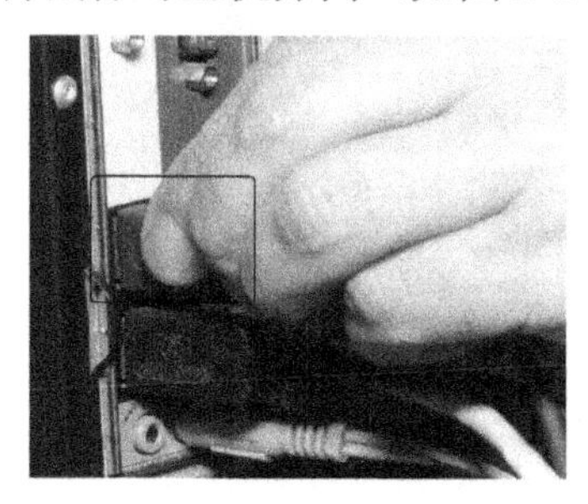

图 2-2-2

（5）观察打印机与主机连接接口。打印机接口与鼠标接口完全一样，也是采用 USB 接口。拿住插头部分，轻轻往外拔，即可将打印机与主机分离。

（6）观察网络线接口。网线接口通常称为水晶头，在其一侧有个小卡子。一个拇指按下卡子，拿住水晶头，即可将网线取下（如图 2-2-3 所示）。

（7）观察音箱与主机接口。可以看出，主机有多个插孔并且插孔形状类似，但音箱插头连接于主机插孔颜色一致处（如图 2-2-4 所示）。拿住插头部分，轻轻用力即可将音箱线拔出。

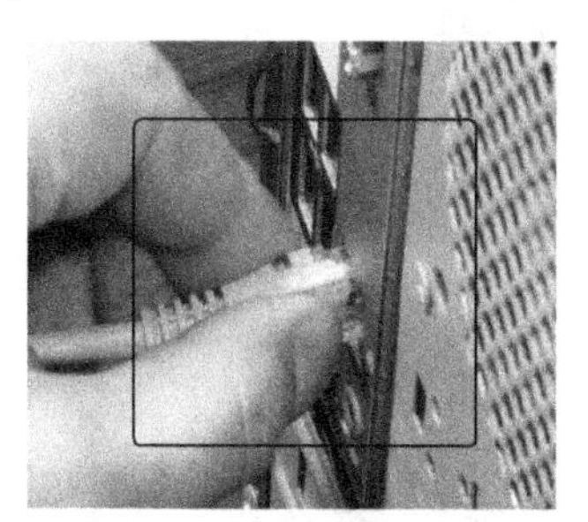

图 2-2-3

图 2-2-4

（8）观察显示器与主机接口。显示器通常连接于主机的显示卡处（如图 2-2-5 所示）。拧松显示器信号线插头主机侧两颗镙丝，拿住显示器信号线插头，稍用力往外拔，即可将显示器信号线取下。

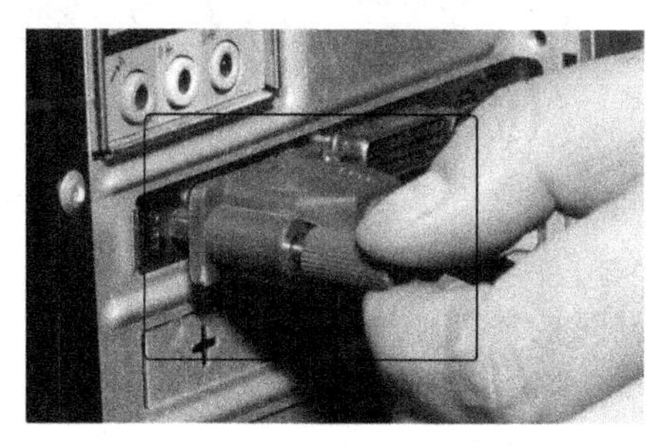

图 2-2-5

## 2.2.2 主机内部设备拆卸

（1）断开计算机电源，拔下连接在主机上的鼠标、键盘等外部设备，注意拔网线时应按住水晶头的卡子，然后打开计算机机箱（如图 2-2-6 所示）。

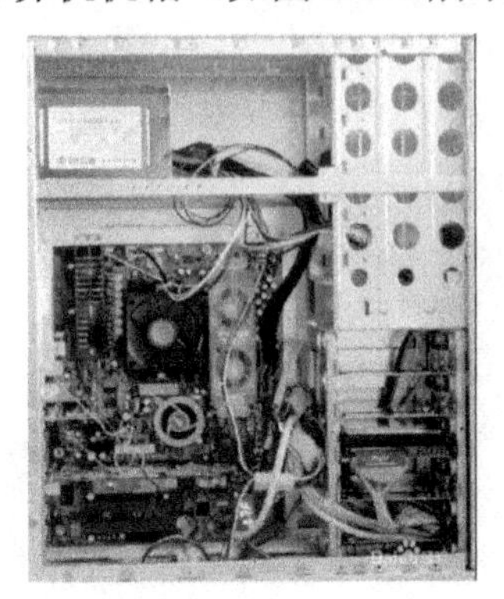

图 2-2-6

（2）首先拔下主板和 CPU 电源。注意在拔下电源插头时应该按住电源插头上的卡子（如图 2-2-7 所示）。

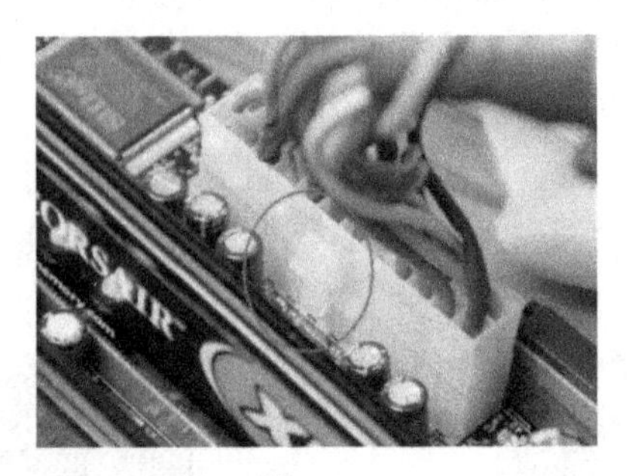

图 2-2-7

（3）拆卸内存条、显卡和其他板卡。释放身上的静电，扳开内存条两边的卡子，将内存条取出（如图 2-2-8 所示）。

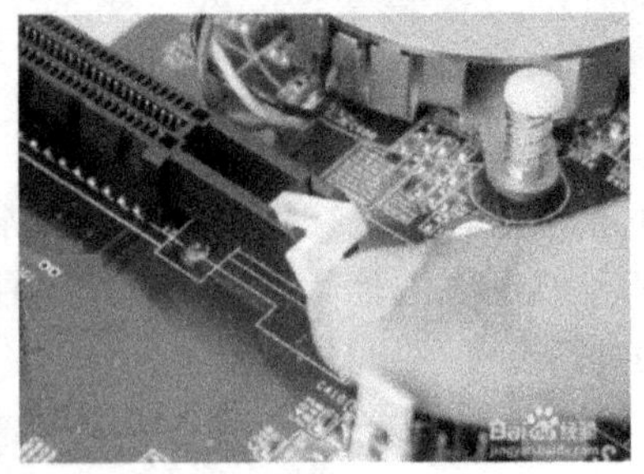

图 2-2-8

（4）用螺丝刀卸下显卡与机箱交合处的螺钉，然后将显卡垂直向上拔出。需要注意的是，大多数显卡插槽都有一个防显卡松动的卡子，拔出显卡前，需要手动将卡子扳开。不同主板的卡子可能不同，扳开时要仔细观察，不要用蛮力。

（5）要拆卸 CPU 风扇，需先拔下风扇电源。然后仔细观察风扇的安装方式，找到相关扣钮和机关，用力均匀拔出，千万不要用蛮力，正确做法如图 2-2-9 所示。

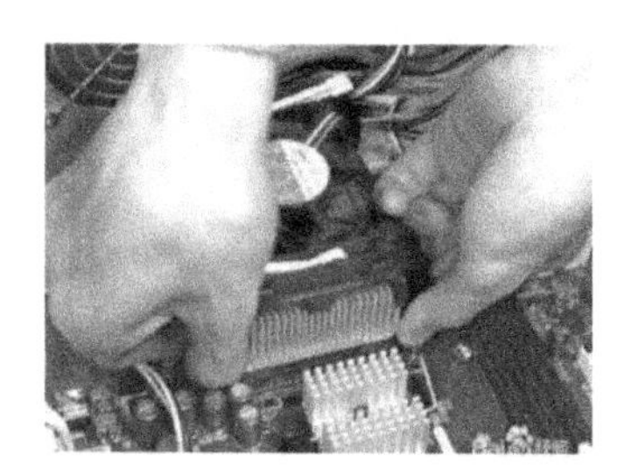

图 2-2-9

（6）拆卸 CPU。松开 CPU 插座旁的小拉杆，将 CPU 轻轻向上垂直提起。此时可仔细观察一下 CPU 和 CPU 插槽的构造（如图 2-2-10 所示）。

（7）拆卸光驱和硬盘。拔下光驱、硬盘数据线和电源线（注意拔下时用力要均匀，最好能垂直拔出，避免损坏相关插头，如图 2-2-11 所示），然后松开固定螺钉并将光驱和硬盘从机箱上取出。

图 2-2-10

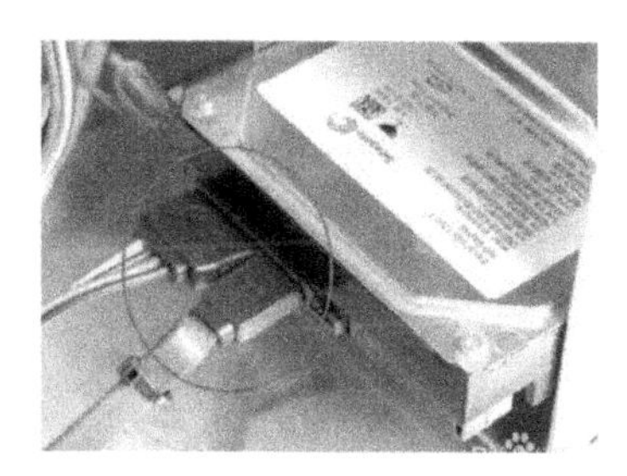

图 2-2-11

（8）拆卸主板。先拔下连接在主板上的各信号线，拔下时要注意记着各信号线的插接位置，留意信号线上的标识以及主板信号线插孔的标识，最好能记在本子上，避免安装时出错。然后用螺丝刀卸下主板固定螺钉，再将主板轻轻向后拉出，向上提起即可（如图 2-2-12 所示）。

图 2-2-12

### 2.2.3 笔记本电脑拆卸

对于笔记本电脑维修工作人员来说，拆机是笔记本电脑维修的第一步，也是很重要的一步。因为笔记本电脑与台式机有着本质的区别，就算是同一个品牌，它的机型不同，外观及内部结构也是不同的，并没有一个统一的标准来规范。笔记本电脑的集成度非常高，内部的元器件也非常精密，如果在拆装过程中稍有疏忽便会造成很严重的后果。鉴于拆装机的重要性，现针对 IBM 最经典的 T4X 机型的拆装做一个介绍。

#### 1. 笔记本电脑电池的拆卸

在笔记本电脑的拆卸过程中，要做的第一步就是要把电池取掉，这样避免带电作业的危险性。具体步骤如图 2-2-13 所示。把电池锁定开关拨到朝“1”所示的位置。

按图 2-2-14 所示把另一电池锁拨到“2”所示的方向，用手握住电池朝“3”箭头所示方向拖出就可以了。

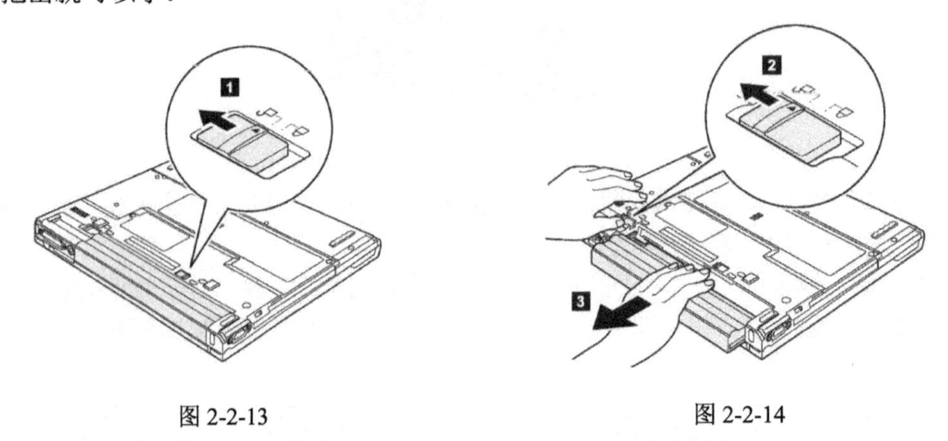

图 2-2-13　　图 2-2-14

2．笔记本电脑光驱的拆卸

如图 2-2-15 所示，把小开关向“1”所示方向推去时光驱拖钩就会向“2”所示方向弹出，然后向弹出的方向拉伸即可。

如图 2-2-16 所示，这时光驱已经出来一半了，拖住光驱的底部向“3”所示方向平行拖出即可。

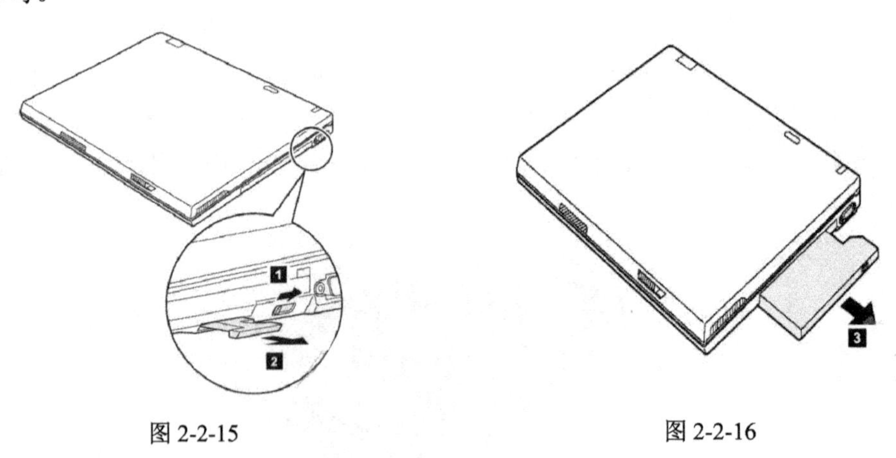

图 2-2-15　　图 2-2-16

3．笔记本电脑硬盘的拆卸

如图 2-2-17 所示，先取掉固定硬盘的螺丝如“1”所示。

如图 2-2-18 所示，把笔记本电脑打开，成半开状态。双手向“2”所示的方向拖出硬盘。

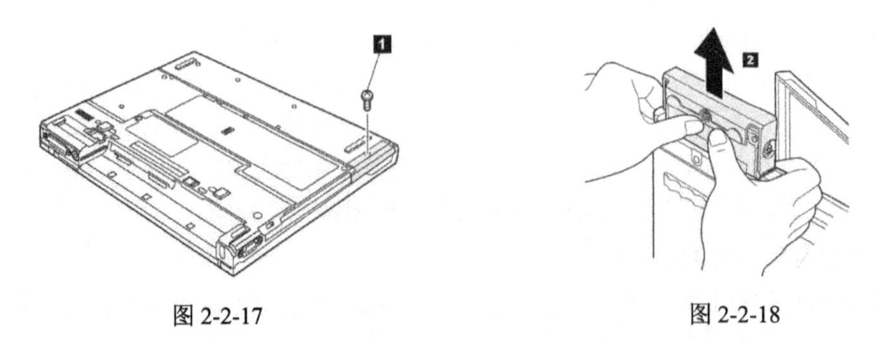

图 2-2-17　　图 2-2-18

4．笔记本电脑扩展内存的拆卸

如图 2-2-19 所示，打开内存盖螺丝“1”，拖起有螺丝的一端向“2”方向抬起即可。

如图 2-2-20 所示，打开内存插槽盖后，把内存两边的卡子按照“3”所示方向分开。再按照“4”所示的方向取出内存。

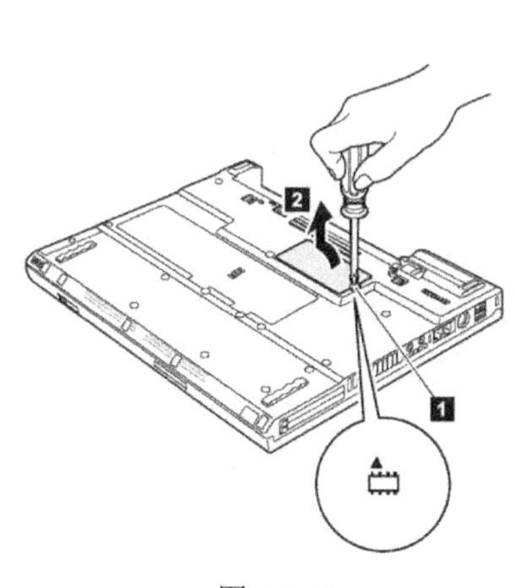


图 2-2-19

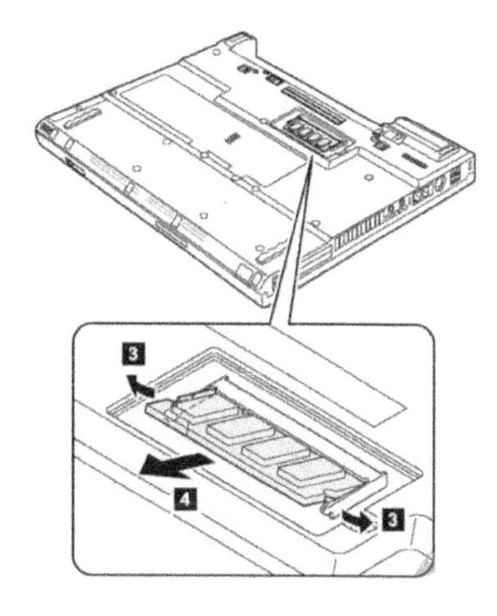


图 2-2-20

5．笔记本电脑键盘的拆卸

如图 2-2-21 所示，把图中“1”所示的 4 个螺丝拧掉。

如图 2-2-22 所示，按照“2”所示的方向向前推键盘即可，使键盘松落。

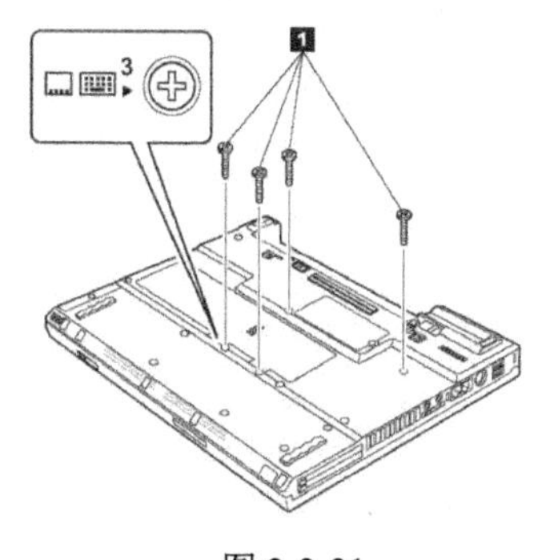


图 2-2-21

图 2-2-22

如图 2-2-23 所示，键盘这时可以取下，但要注意键盘与主板的连线。用力不要过大，以免损坏键盘线，按照“1”所示的方向拔出接口即可。

图 2-2-23

### 6．笔记本内置内存的拆卸

如图 2-2-24 所示，取下键盘后你会看到键盘下有一条内存，这时按照“1”“2”所示的方向取下内存即可。用力不要太大，以免造成内存插槽的损坏。

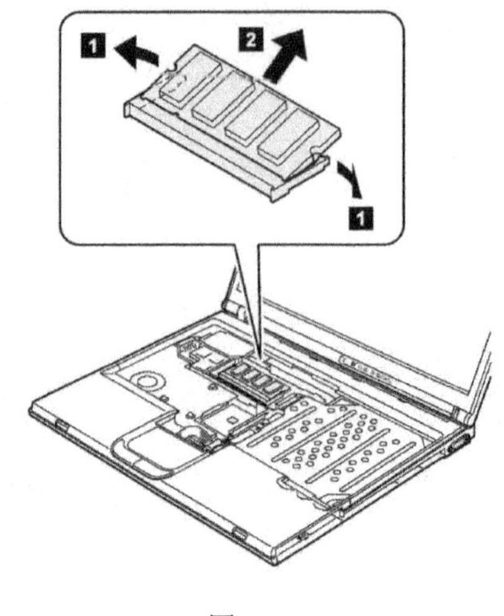


图 2-2-24

### 7．调制解调器和蓝牙卡的拆卸

如图 2-2-25 所示，MODEM 就在内存的旁边，第一步先拧掉“1”所示的螺丝，然后按照“2”所示的方向拔出即可。

如图 2-2-26 所示，按照“3”“4”“5”所示的方向分别拔出各种连线即可。

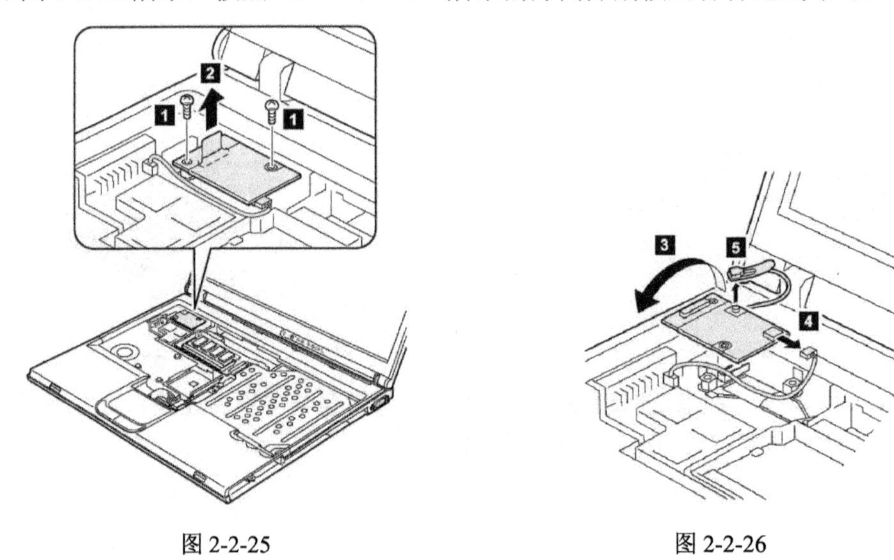


图 2-2-25　　图 2-2-26

### 8．无线网卡的拆卸

如图 2-2-27 所示，把“1”“2”“3”所示的螺丝全部拧掉，有两点要注意：在拧螺丝之前要把螺丝上面的垫片去掉；要注意螺丝的位置，因为三种螺丝的长短是不同的，如果拧错会造成主板短路。

如图 2-2-28 所示，先按照“4”所示方向把触摸板鼠标与主板的连线拔掉。按照“5”所示方向平推面板即可。

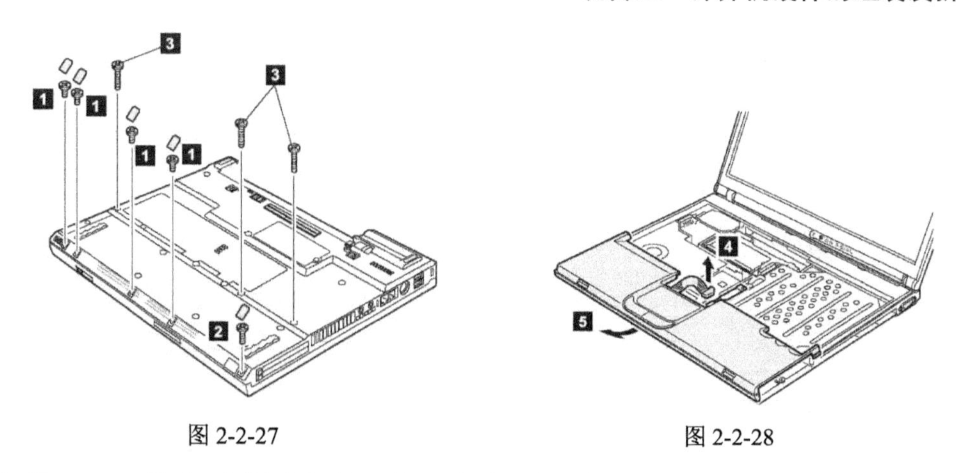

图 2-2-27　　　　图 2-2-28

如图 2-2-29 所示，拆掉鼠标板后就可以看到鼠标板下的无线网卡了，这时需要做的就是把无线网卡的“天线”拔掉。按照“1”“2”所示的方向拔出即可。

如图 2-2-30 所示，拆网卡时就像前面讲过拆卸内存的方法一样，按照“3”“4”所示的方向拔出即可。

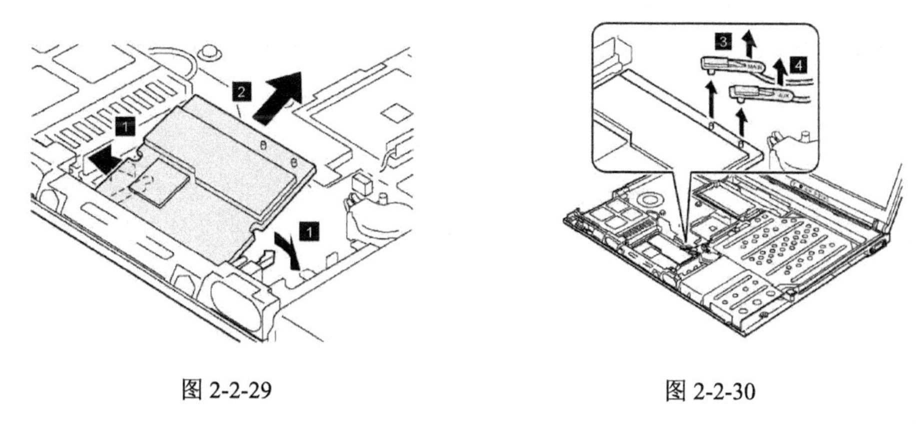

图 2-2-29　　　　图 2-2-30

### 9．笔记本电脑风扇的拆卸

如图 2-2-31 所示，在拆卸风扇的时候一定要小心，千万不要把 CPU 划伤。先把风扇电源线拔掉，再把“1”所示的固定风扇的螺丝拧掉，按照“2”“3”所示的方向拖起风扇即可。

### 10．笔记本电脑 BIOS 电池的拆卸

BIOS 电池的外形如图 2-2-32 所示，按照“2”所示方向拔起即可。

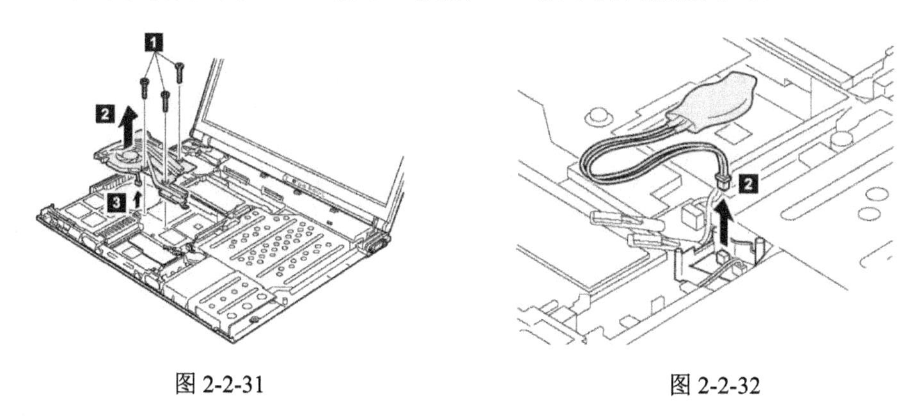

图 2-2-31　　　　图 2-2-32

### 11．笔记本电脑音响的拆卸

如图 2-2-33 所示，把“1”所示的螺丝去掉。

如图 2-2-34 所示，把音响向“2”的方向拔出，按照“3”所示把卡在线槽里的音频线取出，最后按“4”所示方向拔出连接线。

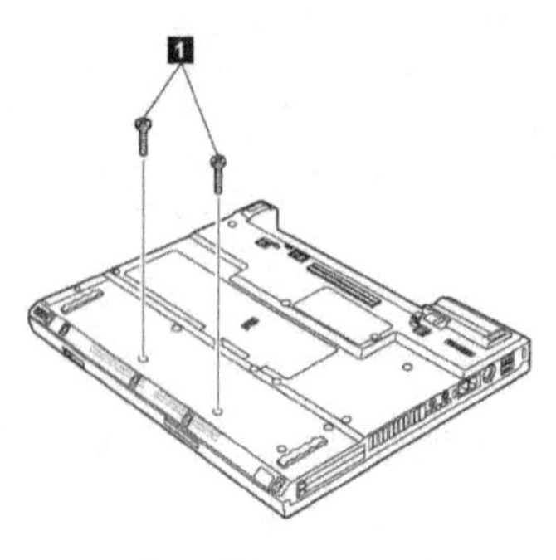


图 2-2-33

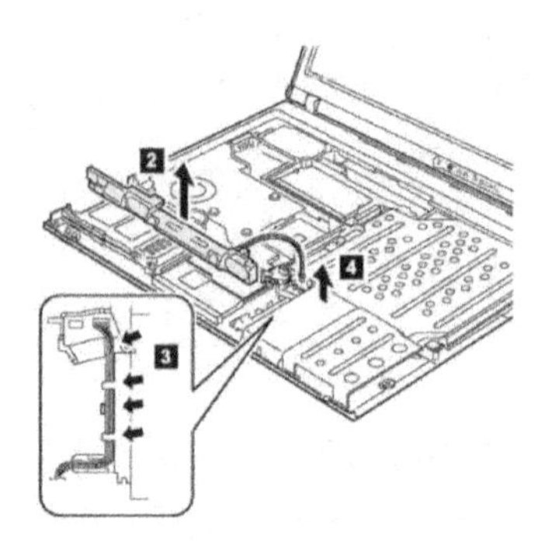


图 2-2-34

### 12．笔记本电脑 PC 卡的拆卸

如图 2-2-35 所示，先把机器背面对应 PC 卡的两个螺丝拧掉，然后按照“1”所示的方向拖起 PC 卡槽即可。

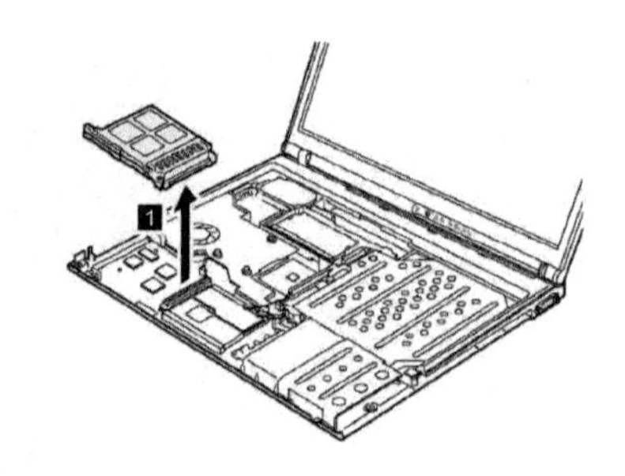


图 2-2-35

### 13．笔记本电脑键盘斜面的拆卸

如图 2-2-36 所示，拧掉“1”所示的螺丝。

如图 2-2-37 所示，图中“2”所示的螺丝是固定键盘斜面的螺丝，拧掉螺丝后按照“3”所示的方向平行推出键盘斜面，在向外移动斜面时注意“a”“b”所示的连接卡子。

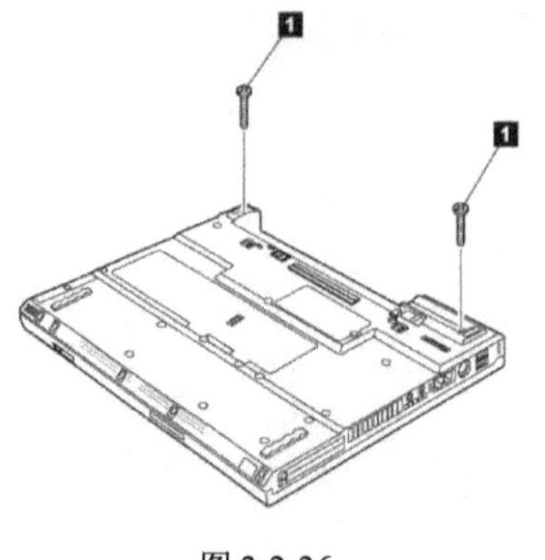


图 2-2-36

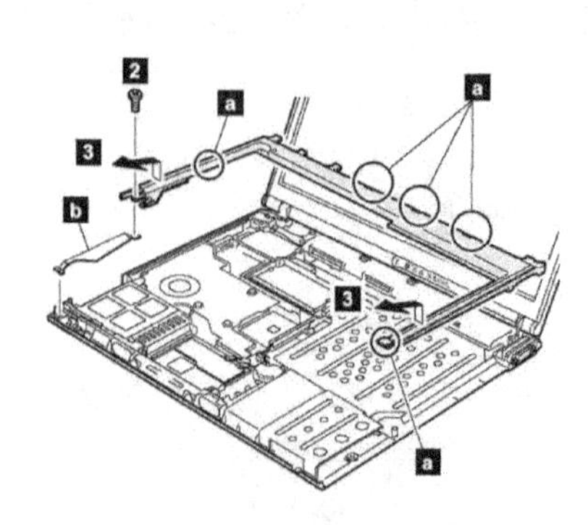


图 2-2-37

### 14．液晶显示器壳的拆卸

如图 2-2-38 所示，拧掉“1”所示的螺丝。

如图 2-2-39 所示，先把在液晶显示器左下方固定液晶显示器的螺丝拧掉，然后把液晶显示器的数据线和无线网卡的天线引线从固定线槽里分离出来。再从背后拖起整个液晶屏向“2”所示的方向拖起即可。

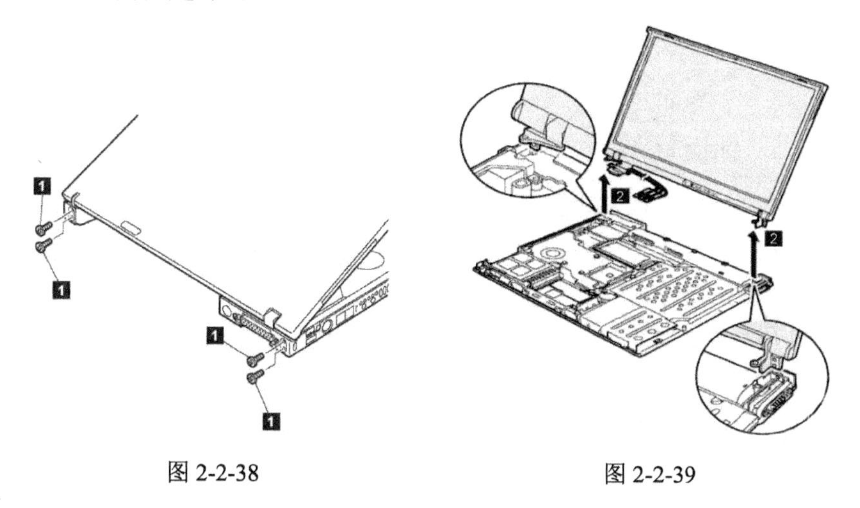


图 2-2-38　　图 2-2-39

### 15．笔记本电脑 CPU 的拆卸

如图 2-2-40 所示，在拆卸 CPU 时，先要打开 CPU 锁才能把 CPU 从座上取下来。如“1”所示的方向是开锁方向，然后按“2”所示的方向拿起 CPU 即可。在安装 CPU 的时候要注意 CPU 的安装方向缺脚要和座上一致，如“a”所示，当 CPU 插入放好时按照“b”所示的方向关闭锁。

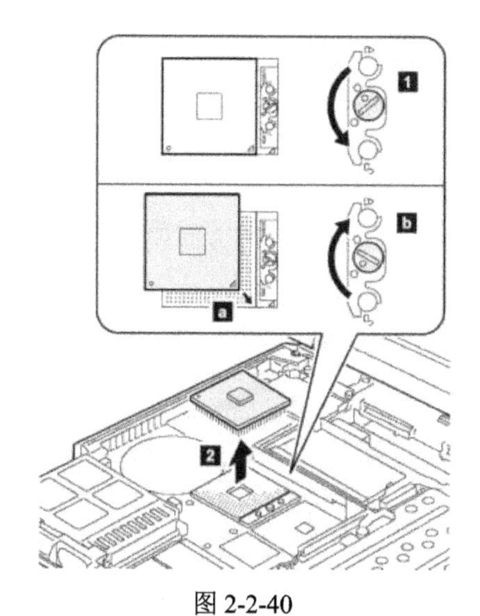


图 2-2-40

### 16．光驱护栏的拆卸

如图 2-2-41 所示，把“3”“4”所示的螺丝拧掉，把整个护栏向“5”所示的方向移动。

如图 2-2-42 所示，按照“6”所示方向把护栏与配件脱钩。

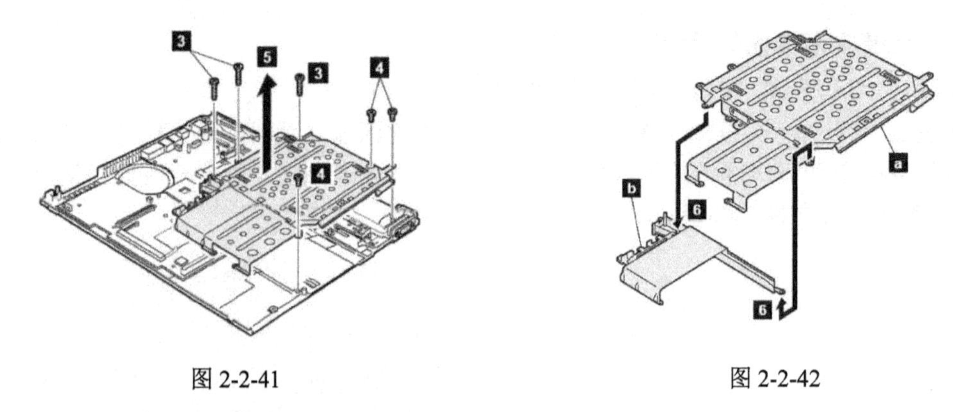


图 2-2-41　　　　图 2-2-42

## 17．VGA 接口的拆卸（CRT 显示器接口）

如图 2-2-43 所示，按“1”所示的方向把连接件拔出，去掉 D 型口上的螺丝如“2”所示，去掉 D 型口上的卡子。

如图 2-2-44 所示，按“5”所示的方向拆卸 VGA 接口。

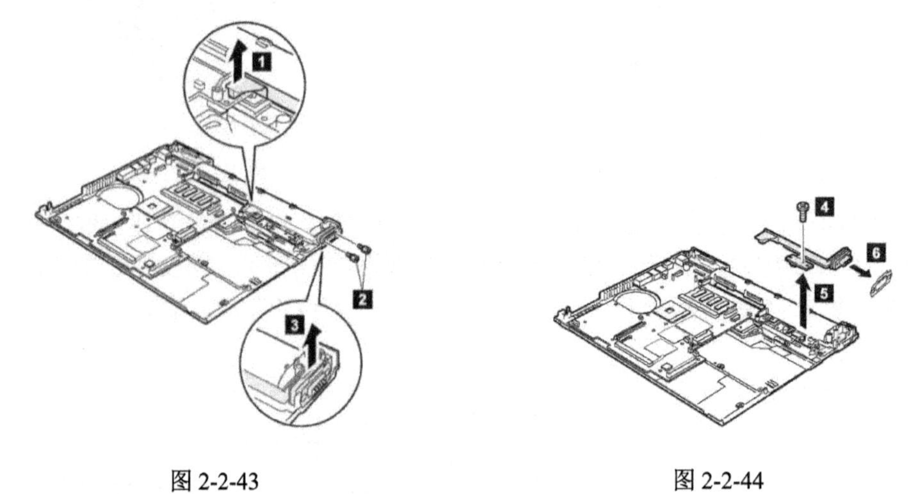


图 2-2-43　　　　图 2-2-44

## 18．主板支架及导线槽的拆卸

如图 2-2-45 所示，按照“1”“3”所示的方向取出支架，并把导线槽里的线理顺取出。把电线连接插件分开如“2”所示。

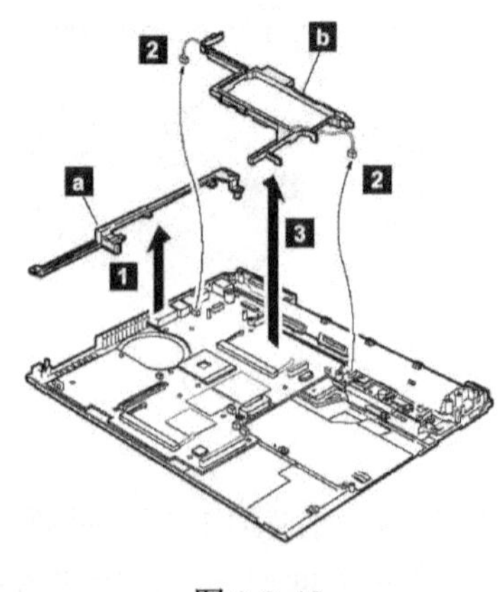


图 2-2-45

### 19．主板的拆卸

如图 2-2-46 所示，只要把“6”“7”所示的螺丝拧掉，按照“8”所示的方向整个主板即可和底座脱离。在取出主板时一定要小心，切忌磕碰，避免造成不必要的损失。

如图 2-2-47 所示，整个主板已经脱离了底座，按照“9”“10”所示分别把上面的螺丝去掉。按照“11”所示的方向移动整个配件。这样整块主板就拆卸完毕了。

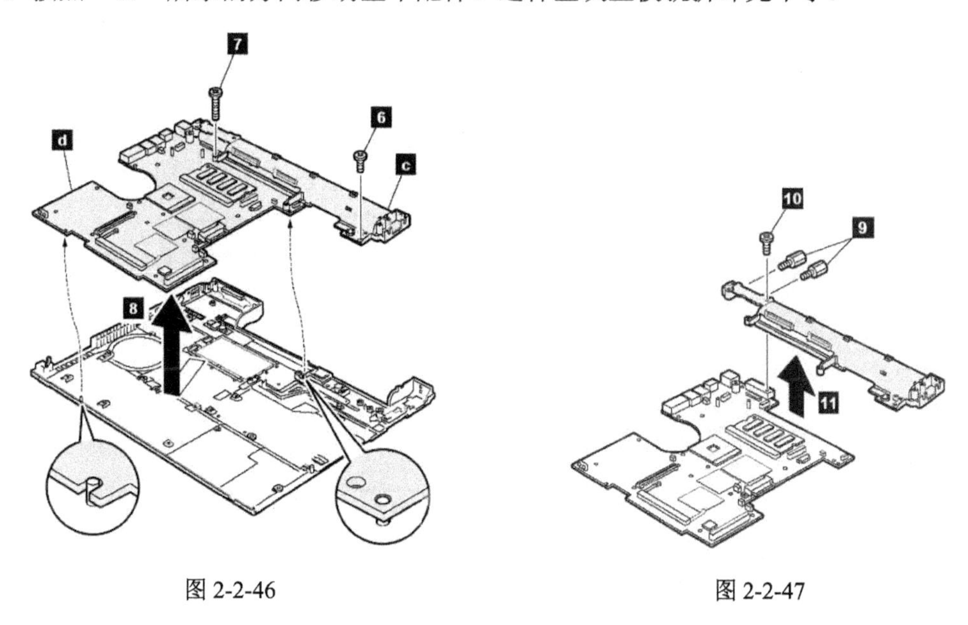


图 2-2-46　　　　图 2-2-47

### 20．液晶屏的拆卸

如图 2-2-48 所示，把图中“1”“2”“3”所示的螺丝拧掉。在拧之前先把粘在上面的垫片取下，因为还需要还原所以必须妥善保存。

如图 2-2-49 所示，把液晶屏幕的卡钩按照“4”所示的方向推去。按照“5”所示的方向拖起使内框脱离屏壳即可。

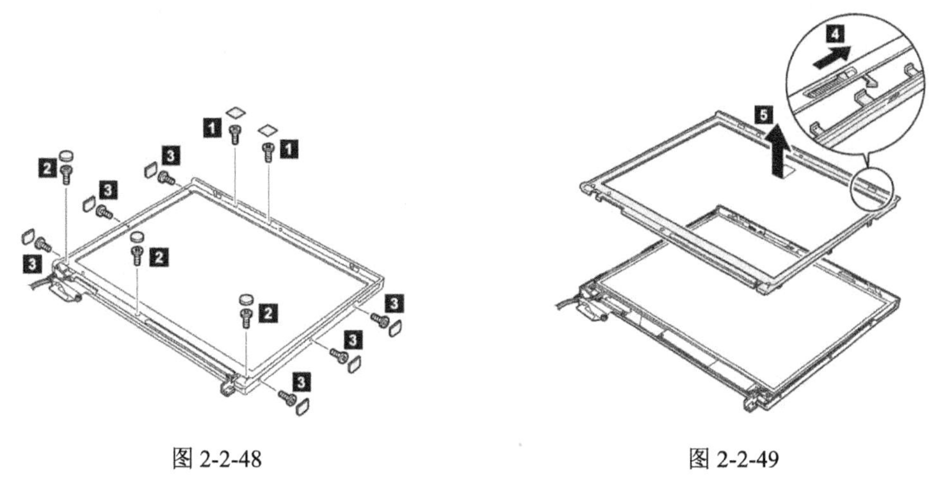


图 2-2-48　　　　图 2-2-49

### 21．高压板的拆卸

如图 2-2-50 所示，拧掉“1”所示的螺丝，把高压板向“2”所示的方向移去，按照“3”“4”所示方向分别拔掉连接线即可。

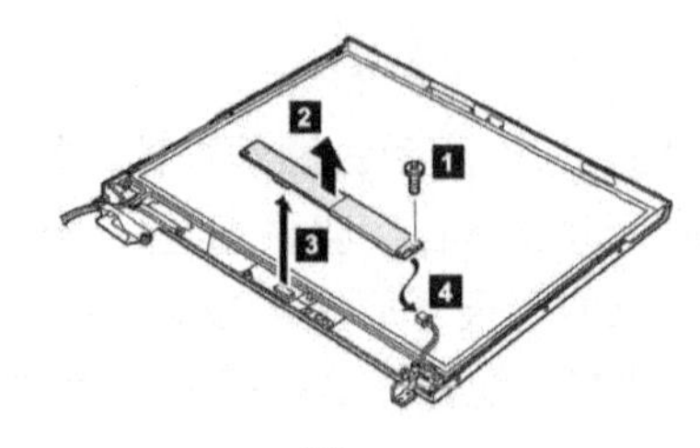


图 2-2-50

### 22．液晶板及键盘灯的拆卸

如图 2-2-51 所示，按照“6”所示方向扶起液晶板，这时屏壳上的键盘灯和天线极板就可以看到，按照“7”“8”所示的方向分别取出即可。取出后液晶板即可按“9”所示的方向取出，在取的同时一定要先把天线引线取出，如“5a”“5b”所示。

如图 2-2-52 所示，按“11”所示把固定天线的螺丝拧掉，把“a”分别按“10”“12”所示方向移去。

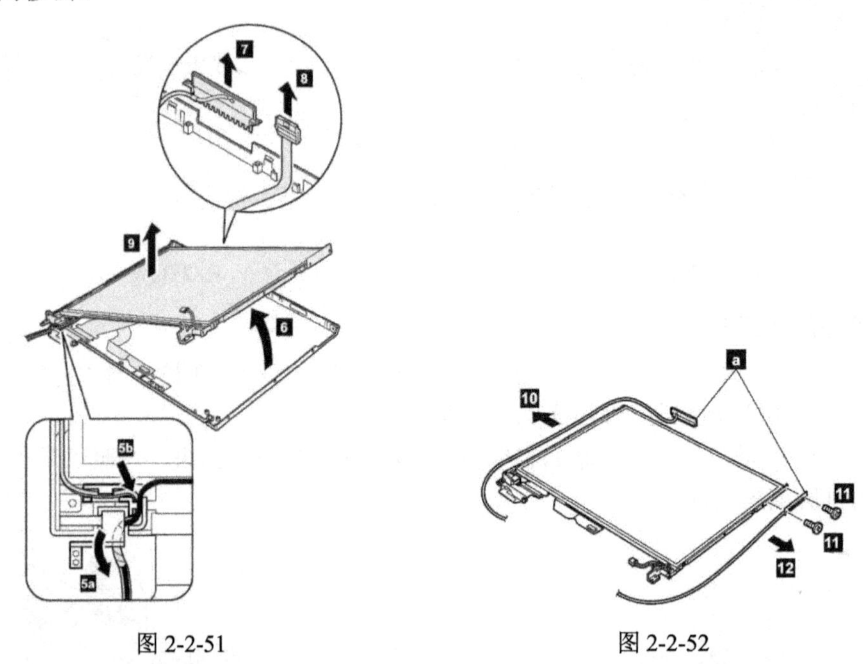


图 2-2-51　　图 2-2-52

如图 2-2-53 所示，拆卸液晶显示器的数据线时，按照“15”所示把上面的胶条撕掉，按照“16”的方向拉出即可。“C”为液晶显示器的数据线。

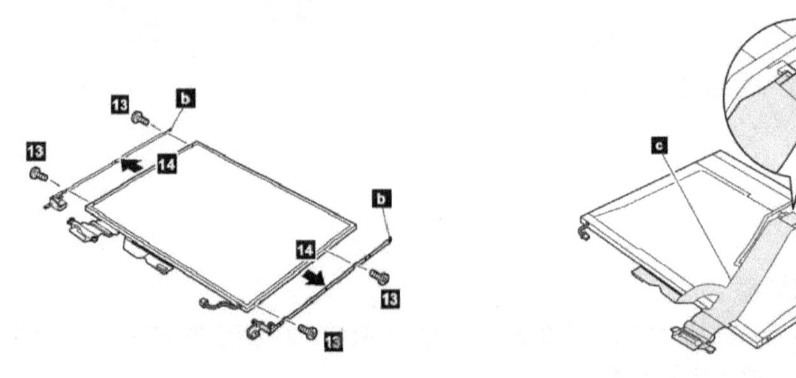


图 2-2-53

IBM T4X 系列机型的内部结构如图 2-2-54 所示，图中部件名称见表 2-2-1。

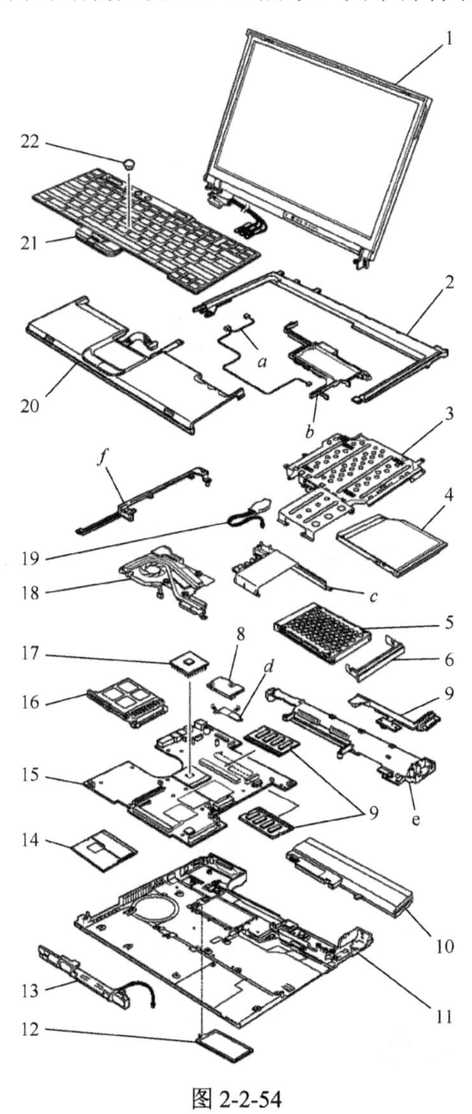


图 2-2-54

表 2-2-1

| 序　号 | 内部结构部件名称 | 序　号 | 内部结构部件名称 |
|---|---|---|---|
| 1 | 液晶显示器组件 | 12 | DIMM 槽盖子 |
| 2 | 键盘斜面组件 | 13 | 音响 |
| 3 | 光驱护栏组件 | 14 | 无线网卡 |
| 4 | DVD 光驱 | 15 | 主板 |
| 5 | 硬盘 | 16 | PC 卡插槽 |
| 6 | 硬盘盖 | 17 | CPU |
| 7 | VGA 接口 | 18 | 风扇 |
| 8 | MODEN 卡 | 19 | BIOS 电池 |
| 9 | 内存 | 20 | 触摸板鼠标底板 |
| 10 | 电池 | 21 | 键盘 |
| 11 | 底座 | 22 | 摇杆鼠标 |

IBM T40 系列机型液晶显示器内部结构如图 2-2-55 所示，图中部件名称见表 2-2-2。

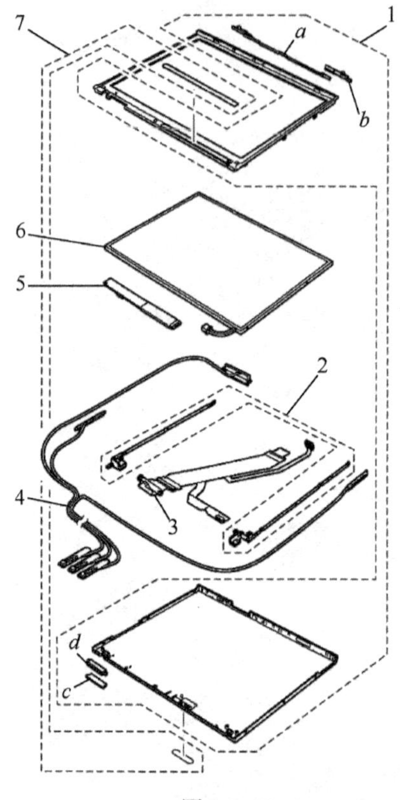


图 2-2-55

表 2-2-2

| 序　　号 | 内部结构部件名称 | 序　　号 | 内部结构部件名称 |
|---|---|---|---|
| 1 | 液晶显示器壳 | 5 | 高压板 |
| 2 | 液晶显示器支架 | 6 | 液晶显示器 |
| 3 | 液晶显示器数据线 | 7 | 其他器件（转换轴等） |
| 4 | 无线网卡天线 | | |

## 实训八　笔记本电脑拆卸

**【实训目的】**

1．熟悉笔记本电脑的各项部件连接情况。

2．掌握笔记本电脑拆卸的一般流程和注意事项。

3．学会自己动手拆卸一台笔记本电脑。

**【实训内容】**

1．拆卸 ThinkPad T40 笔记本电脑。

2．观察各部件的外观和相互之间的连接情况。

**【实训器材】**

1．磁性的平口、十字螺丝刀各一把。

2．尖嘴钳子一个。

3．ThinkPad T40 笔记本电脑一台。

**【实训步骤】**

1．笔记本电脑电池的拆卸。

2．笔记本电脑光驱的拆卸。

3．笔记本电脑硬盘的拆卸。

4．笔记本电脑扩展内存的拆卸。

5．笔记本电脑键盘的拆卸。

6．笔记本内置内存的拆卸。

7．调制解调器和蓝牙卡的拆卸。

8．无线网卡的拆卸。

9．笔记本电脑风扇的拆卸。

10．笔记本电脑 BIOS 电池的拆卸。

11．笔记本电脑音响的拆卸。

12．笔记本电脑 PC 卡的拆卸。

13．笔记本电脑键盘斜面的拆卸。

14．液晶显示器壳的拆卸。

15．笔记本电脑 CPU 的拆卸。

16．光驱护栏的拆卸。

17．VGA 接口的拆卸。

18．主板支架及导线槽的拆卸。

19．主板的拆卸。

20．液晶屏的拆卸。

21．高压板的拆卸。

22．液晶板及键盘灯的拆卸。

**【实训总结】**

1．学生必须在实训前认真准备实训内容，实训中要严格按照实训室的有关规章进行操作。

2．对所有的部件和设备要按说明书或指导老师的要求进行操作。

3．实际拆卸过程中总会遇到一些问题，不可使用暴力拆解，要细心观察各部件连接情况，使用正确的方式拆解。

# 任务三 设置 BIOS

BIOS（Basic Input Output System，即基本输入输出系统）设置程序是被固化到计算机主板上的 ROM 芯片中的一组程序，其主要功能是为计算机提供最底层的、最直接的硬件设置和控制。BIOS 设置程序储存在 BIOS 芯片中，只有在开机时才可以进行设置。CMOS 主要用于存储 BIOS 设置程序所设置的参数与数据，而 BIOS 设置程序主要对技巧的基本输入、输出系统进行管理和设置，使系统运行在最好状态下，使用 BIOS 设置程序还可以排除系统故障或者诊断系统问题。

## 任务描述

在计算机上使用的 BIOS 程序根据制造厂商的不同分为：AWARD BIOS 程序、AMI BIOS 程序、PHOENIX BIOS 程序以及其他的免跳线 BIOS 程序和品牌机特有的 BIOS 程序，如 IBM 等。

目前主板 BIOS 有三大类型，即 AWARD、AMI 和 PHOENIX。不过 PHOENIX 已经合并了 AWARD，因此在台式机主板方面，其虽然标有 AWARD-PHOENIX，其实际还是 AWARD 的 BIOS。Phoenix BIOS 多用于高档的 586 原装品牌机和笔记本电脑上，其画面简洁，便于操作。通过本任务掌握 BIOS 的设置。

## 任务知识

### 2.3.1 进入 BIOS 的方法

1．进入计算机桌面前一般都会有八个画面，这只是老式计算机的一般模式类型，有的计算机把登录窗口与系统选择界面给关闭了，所以不会完全有这八个画面，现在很多新计算机，尤其是笔记本电脑也并不一定有这八步，为了兼容老式计算机，这里还是以这八步为标准来讲述进入步骤，如图 2-3-1 所示。

图 2-3-1

显卡信息（图 1）→log 图信息（图 2）→BIOS 版本信息（图 3）→硬件配置信息（图 4）→系统选项（图 5）→Windows 登录（图 6）→Windows 加载（图 7）→欢迎画面（图 8）。

2．有四个常见进入 BIOS 的方法与几个特殊的进入方式，下面逐一讲解：

第一种常见类型为按“Del”键，如图 2-3-2 所示：电脑开机启动时，过了显卡信息后到 Logo 图时，屏幕下方会出现“Press DEL to enter EFI BIOS SETUP”这个提示（这句话的中文意思是：“按 Del 键进入 EFI 模式的 BIOS 进行设置”，也就是在上面让大家学的那几个英文单词，只要你了解了那几个英文单词，自然也就知道这句英文的意思），立即按“Del”键就能进入 BIOS 设置程序。

例如：按“Del”键进入 BIOS 的电脑主要以 Award BIOS 类型 AMI BIOS 为主，90%以上的电脑都是按“Del”键进入 BIOS。

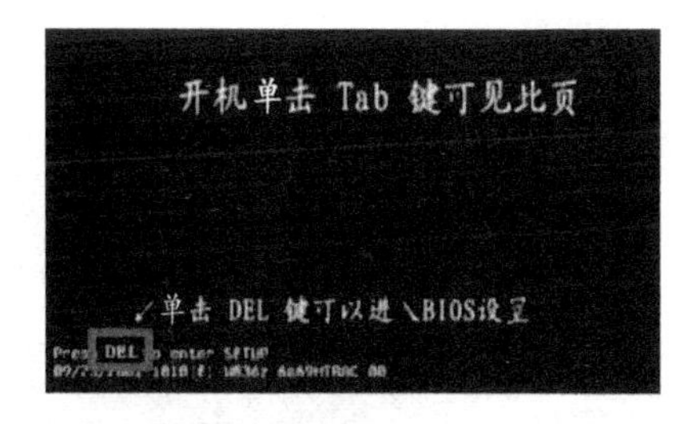


图 2-3-2

第二种常见类型为按“Esc”键，同样在开机进入 Logo 画面时会出现“Press Esc to enter SETUP”这个提示，中文是：按“Esc”键进入 BIOS 设置，如图 2-3-3 所示。

例如：按“Esc”键进入 BIOS 的电脑主要以 AMI BIOS 类型和 MR BIOS 为主。

图 2-3-3

第三种常见类型为按“F2”键，开机后马上就能看到“Press F2 go to Setup Utility”这一行，意思是“按 F2 去设置 BIOS 实用程序”。

例如：常见按“F2”键进入 BIOS 的笔记本电脑与台式机主机有：

HP、SONY、Dell、Acer、SUONI、MingJi、Fujitsu、Quadtel、ThinkPad 315ED

还有大多数台湾品牌电脑启动时也都按“F2”键，如图 2-3-4 所示。

图 2-3-4

第四种常见类型为按“F1”键，要按“F1”才能进入 BIOS 的电脑，如图 2-3-5 所示。

① IBM（冷开机按“F1”，部分新型号可以在重新启动时按“F1”）

② Toshiba（冷开机时按 ESC 然后按“F1”）

③ DongZi（冷开机时按 ESC 然后按“F1”）

④ 下面的 ThinkPad 系列，开机时按住“F1”键不松手，直到屏幕上出现 Easy Setup 为止，才能进入 BIOS。

⑤ 下面系列当看到屏幕上出现 ThinkPad 标志时，快速按下“F1”键即可进入 BIOS。

系列有：240，390，570，i 系列 1400，i 系列 1200，A 系列，T 系列，X 系列，R 系列。

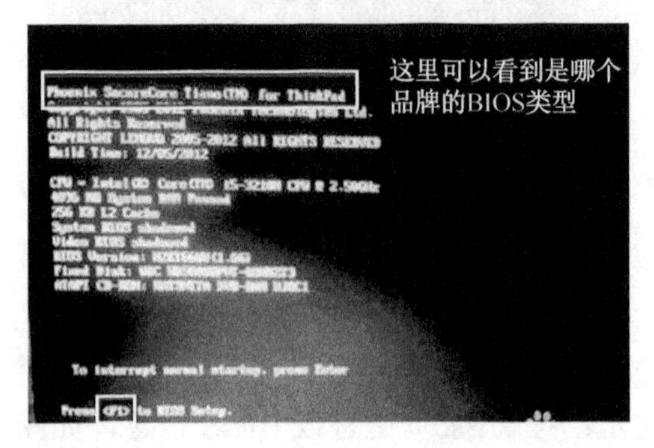


图 2-3-5

第五种还有一个比较特殊的进入 BIOS 方式就是新的索尼、联想笔记本电脑，它们必须先按“ASSIST”“novo”键，这个键在键盘的最上方，用红框标示。进入之后还会进入另一个 vaio care 页面。

在关机状态下，连接电源适配器或电池，然后找到并按下“NOVO”按键，如图 2-3-6、图 2-3-7 所示。

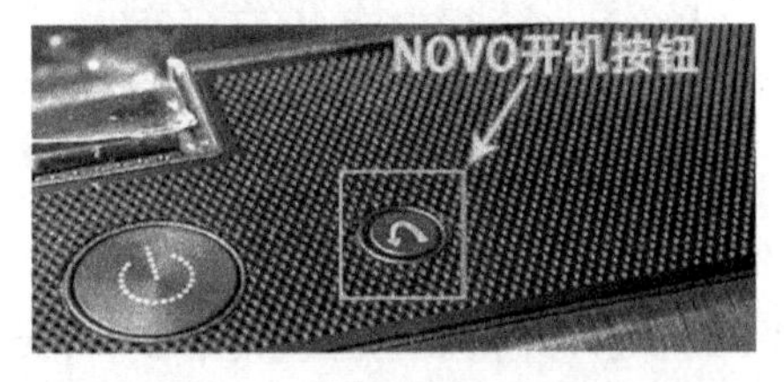


图 2-3-6

图 2-3-7

提醒：部分机型若找不到此按钮，说明不支持这种操作方法。

等待片刻将出现如图 2-3-8 所示画面，使用光标移动至第三项即 Enter Setup 并回车，即可进入 BIOS 设置界面。

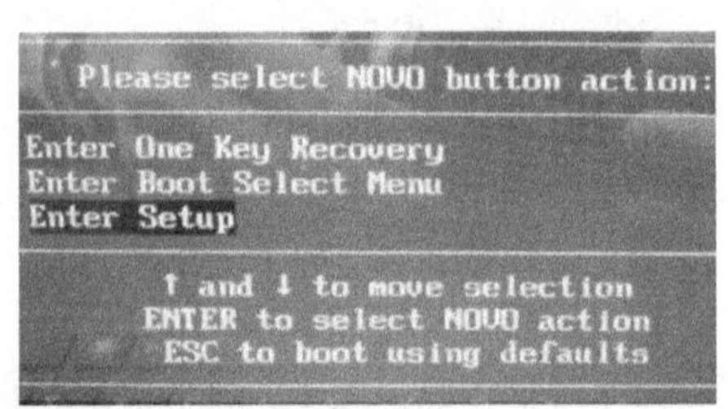


图 2-3-8

## 2.3.2 传统 AWARD BIOS 设置图解

### 进入 AWARD BIOS 设置和基本选项

开启计算机或重新启动计算机后，在屏幕显示“Waiting...”时，按下“Del”键就可以进入 CMOS 的设置界面，如图 2-3-9 所示。如果按得太晚，计算机将会重新启动。大家可在开机后立刻按住“Delete”键直到进入 CMOS。进入后，你可以用方向键移动光标选择 CMOS 设置界面上的选项，然后按“Enter”进入副选单，用“ESC”键来返回副菜单，用“PAGE UP”和“PAGE DOWN”键来选择具体选项，“F10”键保留并退出 BIOS 设置。

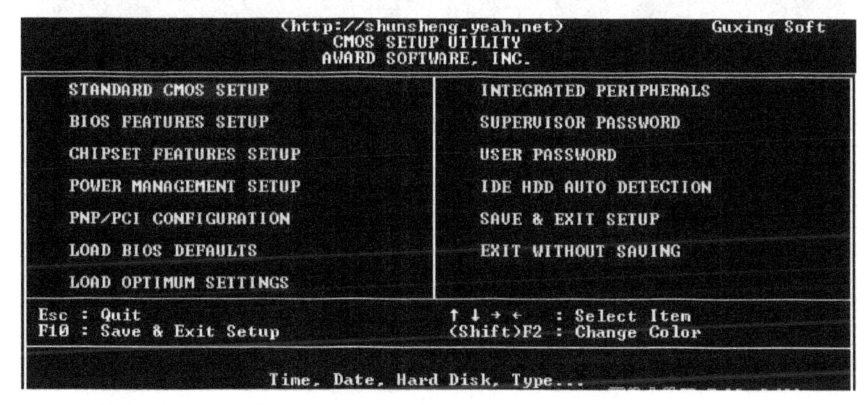


图 2-3-9

STANDARD CMOS SETUP（标准 CMOS 设定）

用来设定日期、时间、软硬盘规格、工作类型以及显示器类型。

BIOS FEATURES SETUP（BIOS 功能设定）

用来设定 BIOS 的特殊功能例如病毒警告、开机磁盘优先程序等。

CHIPSET FEATURES SETUP（芯片组特性设定）

用来设定 CPU 工作相关参数。

POWER MANAGEMENT SETUP（省电功能设定）

用来设定 CPU、硬盘、显示器等设备的省电功能。

PNP/PCI CONFIGURATION（即插即用设备与 PCI 组态设定）

用来设置 ISA 以及其他即插即用设备的中断以及其他差数。

LOAD BIOS DEFAULTS（载入 BIOS 预设值）

此选项用来载入 BIOS 初始设置值。

LOAD OPRIMUM SETTINGS（载入主板 BIOS 出厂设置）

这是 BIOS 的最基本设置，用来确定故障范围。

INTEGRATED PERIPHERALS（内建整合设备周边设定）

主板整合设备设定。

SUPERVISOR PASSWORD（管理者密码）

计算机管理员设置进入 BIOS 修改设置密码。

USER PASSWORD（用户密码）

设置开机密码。

IDE HDD AUTO DETECTION（自动检测 IDE 硬盘类型）

用来自动检测硬盘容量、类型。

SAVE&EXIT SETUP（储存并退出设置）

保存已经更改的设置并退出 BIOS 设置。

EXIT WITHOUT SAVE（沿用原有设置并退出 BIOS 设置）

不保存已经修改的设置，并退出设置。

STANDARD CMOS SETUP（标准 CMOS 设定）

标准 CMOS 设定中包括了 DATE 和 TIME，您可以在这里设定自己计算机上的时间和日期，如图 2-3-10 所示。

```
                    STANDARD CMOS SETUP
                    AWARD SOFTWARE, INC.

 Date (mm:dd:yy) : Mon  Apr 15 2002
 Time (hh:mm:ss) :  10 : 58 : 28

 HARD DISKS          TYPE   SIZE   CYLS HEAD PERCOMP LANDZ SECTOR MODE

 Primary Master    : User   6449M   784  255       0 13175     63 LBA
 Primary Slave     : None     0M     0    0        0     0      0 ------
 Secondary Master  : None     0M     0    0        0     0      0 ------
 Secondary Slave   : None     0M     0    0        0     0      0 ------

 Drive A : 1.44M, 3.5 in.
 Drive B : None                               Base Memory:    640K
 Floppy 3 Mode Support : Disabled         Extended Memory:  64512K
                                             Other Memory:    384K
 Video    : EGA/VGA
 Halt On  : No Errors                        Total Memory:  65536K
```

图 2-3-10

下面是硬盘情况设置，列表中存在 Primary Master 第一组 IDE 主设备；Primary Slave 第一组 IDE 从设备；Secondary Master 第二组 IDE 主设备；Secondary Slave 第二组 IDE 从设备。这里的 IDE 设备包括了 IDE 硬盘和 IDE 光驱，第一组、第二组设备是指主板上的第一、第二根 IDE 数据线，一般来说靠近芯片的是第一组 IDE 设备，而主设备、从设备是指在一条 IDE 数据线上接的两个设备，大家知道每根数据线上可以接两个不同的设备，主、从设备可以通过硬盘或者光驱的后部跳线来调整。

后面是 IDE 设备的类型和硬件参数，TYPE 用来说明硬盘设备的类型，可以选择 Auto、User、None 的工作模式，Auto 是由系统自己检测硬盘类型，在系统中存储了 1～45 类硬盘参数，在使用该设置值时不必再设置其他参数；如果使用的硬盘是预定义以外的，那么就应该设置硬盘类型为 User，然后输入硬盘的实际参数（这些参数一般在硬盘的表面标签上）；如果没有安装 IDE 设备，就可以选择 None 参数，这样可以加快系统的启动速度，在一些特殊操作中，也可以通过这样来屏蔽系统对某些硬盘的自动检查。

SIZE 表示硬盘的容量；CYLS 硬盘的柱面数；HEAD 硬盘的磁头数；PRECOMP 写预补偿值；LANDZ 着陆区，即磁头起停扇区。最后的 MODE 是硬件的工作模式，可以选择的工作模式有：NORMAL 普通模式、LBA 逻辑块地址模式、LARGE 大硬盘模式、AUTO 自动选择模式。NORMAL 模式是原有的 IDE 方式，在此方式下访问硬盘 BIOS 和 IDE 控制器对参数部作任何转换，支持的最大容量为 528MB。LBA 模式所管理的最大硬盘容量为 8.4GB，LARGE 模式支持的最大容量为 1GB。AUTO 模式是由系统自动选择硬盘的工作模式。

其他部分是 Drive A 和 Drive B 软驱设置，如果没有 B 驱动器，那么就 None 驱动器 B 设置。可以在这里选择软驱类型，当然绝大部分情况中不必修改这个设置。

Video 设置是用来设置显示器工作模式的，也就是 EGA/VGA 工作模式。

Halt On 这是错误停止设定，All Errors Bios：检测到任何错误时将停机；No Errors：当

BIOS 检测到任何非严重错误时，系统都不停机；All But Keyboard：除了键盘以外的错误，系统检测到任何错误都将停机；All But Diskette：除了磁盘驱动器的错误，系统检测到任何错误都将停机；All But Disk/Key：除了磁盘驱动器和键盘外的错误，系统检测到任何错误都将停机。这里是用来设置系统自检遇到错误的停机模式，如果发生以上错误，那么系统将会停止启动，并给出错误提示。

如图 2-3-10 右下方还有系统内存的参数：Base Memory：基本内存；Extended Memory 扩展内存；Other Memory 其他内存；Total Memory 全部内存。

Bios Features Setup（BIOS 功能设定）

如图 2-3-11 所示为 BIOS 功能设定图。

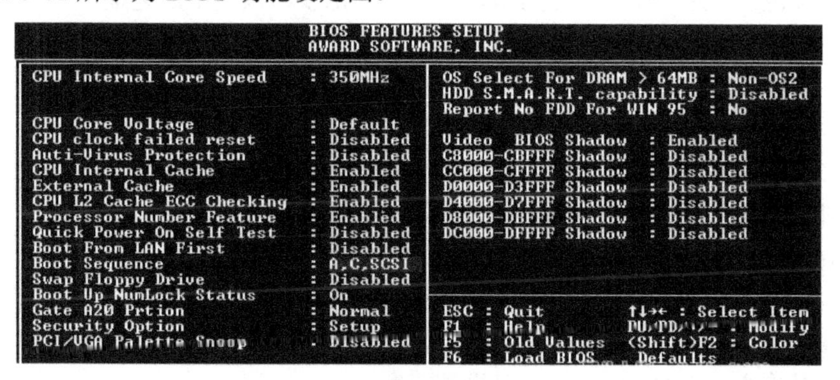


图 2-3-11

Enabled 是开启，Disabled 是禁用，使用“PAGE UP”和“PAGE DOWN”可以在这两者之间切换。

CPU Internal Core Speed：CPU 当前的运行速度；

VIRUS WARNING：病毒警告；

CPU Internal Cache/External Cache（CPU 内、外快速存取）；

CPU L2 Gache ECC Checking（CPU L2『第二级缓存』快速存取记忆体错误检查修正）；

Quick Power On Self Test（快速开机自我检测）此选项可以调整某些计算机自检时检测内存容量三次的自检步骤；

CPU UPDATE DATA（CPU 更新资料功能）；

Boot From LAN First（网络开机功能）此选项可以远程唤醒计算机；

Boot Sequence（开机优先顺序）这是同学们常常调整的功能，通常使用的顺序是：A、C、SCSI,CDROM，如果您需要从光盘启动，那么可以调整为 ONLY CDROM，正常运行最好调整由 C 盘启动；

BIOS FALSH PROTECTION（BIOS 写入保护）；

PROCESSOR SERIAL NUMBER（系统自动检测奔腾 3 处理器）；

Swap Floppy Drive（交换软驱盘符）；

VGA BOOT FROM（开机显示选择）；

BOOT UP FLOPPY SEEK（开机时是否自动检测软驱）；

Boot Up Numlock Status（开机时小键盘区情况设定）；

TYPEMATIC RATE SETTING（键盘重复速率设定）；

TYPEMATIC RATE（CHARS/SEC，字节/秒）；

TYPEMATIC DELAY（设定首次延迟时间）

SECURITY OPTION（检测密码方式）如设定为 SETUP，则每次打开计算机时屏幕均会提示输入口令（普通用户口令或超级用户口令，普通用户无权修改 BIOS 设置），不知道口令则无法使用计算机；如设定为 SYSTEM 则只有在用户想进入 BIOS 设置时才提示用户输入超级用户口令。

Memory Parity Check：如果计算机上配置的内存条不带奇偶校验功能，则该项一定要设为 Disable，目前除了服务器外大部分微机（包括品牌机）的内存均不带奇偶校验；

Pci/Vga Palette Snoop（颜色校正）；

ASSIGN IRQ FOR VGA（分配 IRQ 给 VGA）IRQ 即系统中断地址。

Os Select For DRAM>64MB（设定 OS2 使用内存容量）如果正在使用 OS/2 系统并且系统内存大于 64MB,则该项应为 Enable，否则高于 64MB 的内存无法使用，一般情况下为 Disable；

HDD S.M.A.R.T. capability（硬盘自我检测）此选项可以用来自动检测硬盘的工作性能，如果硬盘即将损坏，那么硬盘自我检测程序会发出警报。

Report No FDD For WIN 95（分配 IRQ6 给 FDD）FDD 就是软驱。

Video BIOS Shadow（使用 VGA BIOS SHADOW）用来提升系统显示速度，一般都选择开启。C8000-CBFFFF Shadow：该块区域主要来映射扩展卡（网卡，解压卡等）上的 ROM 内容，将其放在主机 RAM 中运行，以提高速度。

### 2.3.3 主流 BIOS 设置图解教程

对于一个热衷于计算机的用户来说，最大的乐趣就是发觉它的潜能，了解它的一些技术，计算机的 BIOS 设置对于很多初用的人来说很是深奥，甚至一些计算机的老用户还不了解 BIOS，因为计算机 BIOS 涉及了很多计算机内部硬件和性能差数设置，对于一般不懂计算机的人来说有一定的困难，加之一般 BIOS 里面都是英文，很多人对英语并不是很懂，所以很多人不敢轻易涉足。为了把大家的这些疑惑解决，本书把 BIOS 的设置用图文解释给大家，希望能给一部分人一些帮助！

比如华硕的 AMI BIOS，这也是目前主流的 BIOS，即便是不同品牌的主板，它们的 BIOS 也是与这两种 BIOS 的功能和设置大同小异，但是一般不同的主板即便是同一品牌的不同型号的主板，它们的 BIOS 也是有区别的，所以一般不同型号主板的 BIOS 不能通用!

先以华硕的 AMI BIOS 为例，介绍一下 AMI BIOS 的设置：

开启计算机或重新启动计算机后，按下“Del”键就可以进入 BIOS 的设置界面。

要注意的是，如果按得太晚，计算机将会启动系统，这时只能重新启动计算机了。大家可在开机后立刻按住“Del”键直到进入 BIOS。有些品牌机是按“F1”进入 BIOS 设置的，这里请大家注意！

进入后，你可以用方向键移动光标选择 BIOS 设置界面上的选项，然后按“Enter”进入子菜单，用“ESC”键来返回主单，用“PAGE UP”和“PAGE DOWN”键或上下（↑↓）方向键来选择具体选项回车键确认选择，“F10”键保留并退出 BIOS 设置。

接下来就正式进入 BIOS 的设置了！

### 1. Main（标准设定）

此菜单可对基本的系统配置进行设定。如时间、日期等，如图 2-3-12 所示。

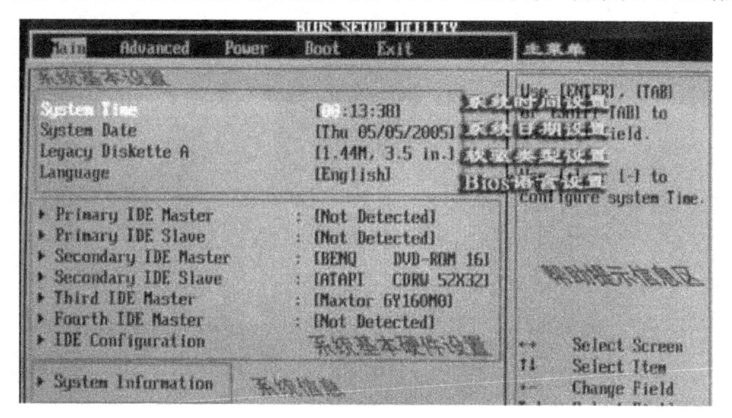


图 2-3-12

其中 Primary/Secondary IDE Master/Slave 是从主 IDE 装置。

如果你的主板支持 SATA 接口就会有 Third/Fourth IDE Mastert 或者更多，它们分别管理电脑里面各个 IDE 驱动装置，如硬盘、光驱等。因为各个主板的设置不同，所以在此就不详细一一解说，但是这些一般不需要用户自己去设置，用默认设置即可，如果有特殊要求，建议用户自己对照说明书的说明进行设置。

System Information 这是显示系统基本硬件信息，如图 2-3-13 所示。

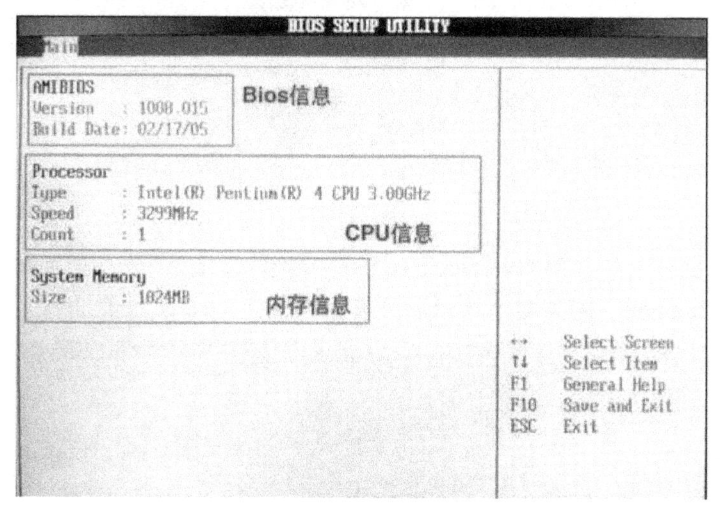


图 2-3-13

### 2. Advanced（进阶设置）如图 2-3-14 所示

这里就是 BIOS 的核心设置了，新手一定要小心设置，因为其直接关系到系统的稳定和硬件的安全。

（1）首先看到的是“JumperFree Configuration”如图 2-3-15 所示（不同品牌的主板有可能不同，也可能没有），在这里可以设置 CPU 的一些参数，对于喜欢超频的人来说这里就是主攻地。

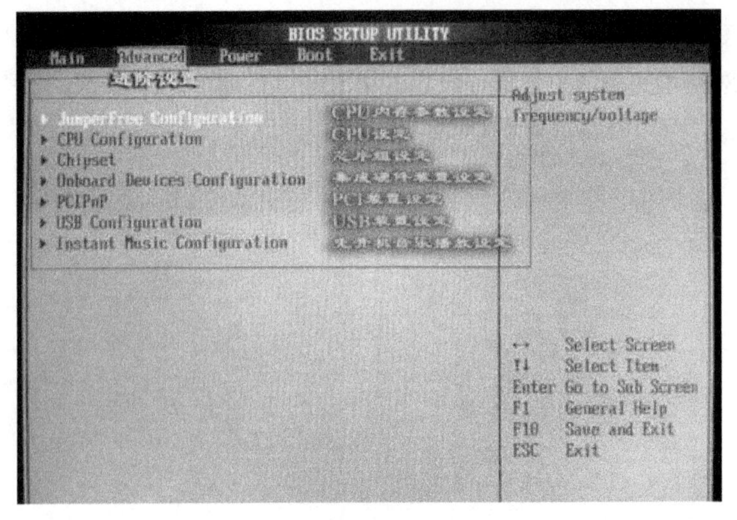


图 2-3-14

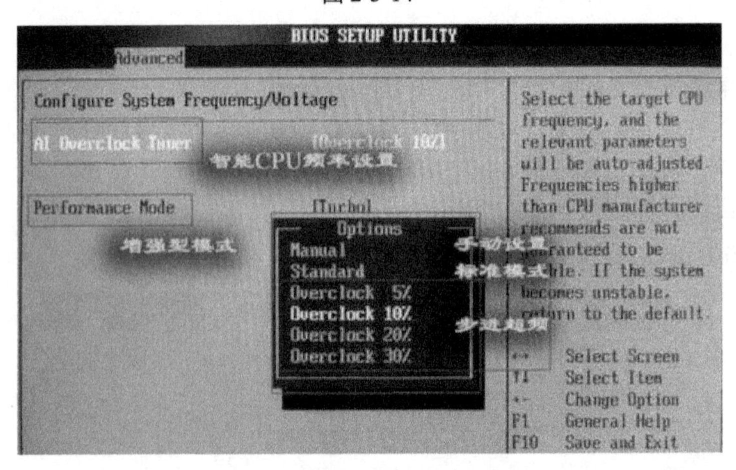


图 2-3-15

大家可以看到有一个“AI Overclock Tumer”的选项，其中有一些选项，如图 2-3-15 所示，其中又以“Manual”为关键，选择后会看到如图 2-3-16 所示界面。

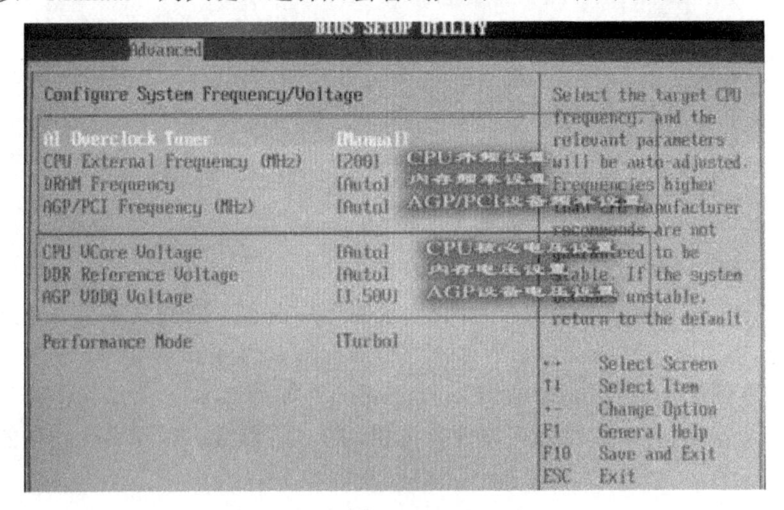


图 2-3-16

超频爱好者对 CPU 应该了如指掌，CPU 的外频设置（CPU External Frequency）是超频的关键，CPU 的主频（即平时所说的 P4 3.0G 等之内的频率）是由外频和倍频相乘所得的值，比如一颗 3.0G 的 CPU 在外频为 200 的时候它的倍频就是 15，（200MHz×15＝3000MHz）。外频一般可以设定的范围为 100MHz 到 400MHz，但是能真正上 300 的 CPU 并不多，所以不要盲目地设置高外频，一般设定的范围约为 100～250，用户在设定中要有耐心地一点点加高，最好是以 1MHz 为步进，一点点加，以防一次性加到过高而导致系统无法正常使用，甚至损坏 CPU！

内存频率设定（DRAM Frequency），使用此项设定所安装内存的时钟，设定选项为：200MHz，266MHz，333MHz，400MHz，Auto。

AGP/PCI 设备频率设定（AGP/PCI Frequency），本项目可以修改 AGP/PCI 设备的运行频率，以获得更快的系统性能或者超频性能，设定值有：[Auto]，[66.66/33.33]，[72.73/36.36]。但是请用户适当设置，如果设置不当可能导致 AGP/PCI 设备不能正常使用！

电压设置就是设置设备的工作电压，建议一般用户不要轻易修改，以防导致设备因为电压不正确而损坏。若用户要修改也一定不能盲目地修改，以步进的方式一点点加压，最高值最好不要超过±0.3V。

（2）CPU Configuration（CPU 设定），本项可以让你知道 CPU 的各项指数和更改 CPU 的相关设定，如图 2-3-17 所示。

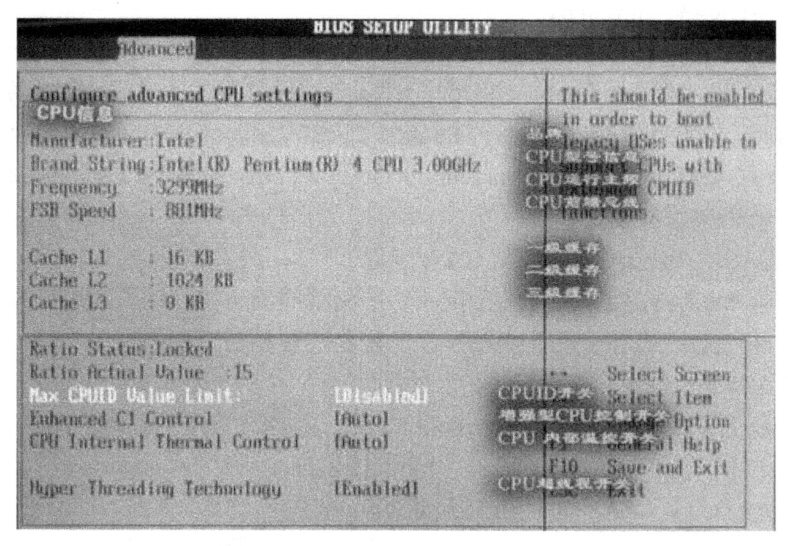


图 2-3-17

这里可以了解 CPU 的各种信息，因为这是华硕最新的 BIOS 程序，所以其增加了一些对新 CPU 的信息，比如有三级缓存显示，还有增加了对 Intel64 位 CPU 的增强型选项。这些项目对于一般的 CPU 没有什么意义，这里的选项基本上不用更改，但是，这里最有意义的选项就是最后一个 Hyper Threading Technology 选项，这是开启 P4 CPU 超线程的开关，用 P4 超线程 CPU 的用户应该知道有些程序并不能完好地支持超线程技术，甚至有时导致死机，比如用 WinXP SP1 的 IE 上网的 P4 超线程用户就有频繁死机的 CPU 占用率为 100% 的情况，这就是因为其不能完全支持超线程技术（但是只要更新到 SP2 或者更新升级系统就没有此问题了），这时就可以关闭 CPU 的超线程技术，只要把其值设为 Disabled 就可以，但是这样就不能完全发挥 P4 超线程 CPU 的性能了。

（3）Chipset（高级芯片组特征设置）如图 2-3-18 所示，使用此菜单可以修改芯片组寄存器的值，优化系统的性能表现。

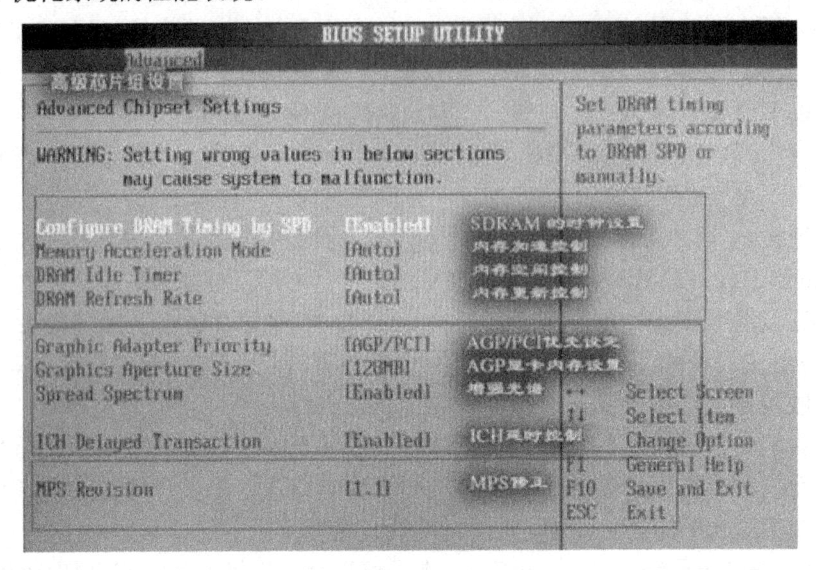


图 2-3-18

Configure SDRAM Timing by

设置决定 SDRAM 的时钟设置是否由读取内存模组上的 SPD（SerialPresence Detect）EEPROM 内容决定。设置为 Enabled 将根据 SPD 自动设置其中的项目，如果你把其选项选择未为 Disabled，则会出现以下项目：SDRAM CAS# Latency、DRAM RAS# Precharge、DRAM RAS# to CAS Delay、DRAM precharge Delay 和 DRAM Burst Length。如果您对芯片组不熟悉请不要修改这些设定。

SDRAM CAS# Latency（SDRAM CAS#延迟）

本项控制在 SDRAM 接受并开始读指令后的延迟时间（在时钟周期内）的。设定值为：2，2.5，3.0（clocks）。值越小则性能越强，但是稳定性相对下降。

DRAM RAS# Precharge（Precharge 命令延时）

本项目控制当 SDREM 送出 Precharge 命令后，多少时间内不再送出命令。设定值有：4，3，2（clocks）。

RAS to CAS Delay（RAS 至 CAS 的延迟）

当 DRAM 刷新后，所有的行列都要分离寻址。此项设定允许您决定从 RAS（行地址滤波）转换到 CAS（列地址滤波）的延迟时间。更小的时钟周期会使 DRAM 有更快的性能表现。设定值有：4，3，2（clocks）。

DRAM precharge Delay（脉冲周期）

这个设置是用来控制提供给 SDRAM 参数使用的 SDRAM 时钟周期。设定值有：8，7，6，5，（clocks）。

SDRAM Burst Length（SDRAM 爆发存取长度）

此设置允许你设置 DRAM 爆发存取长度的大小。爆发特征是 DRAM 在获得第一个地址后自己预测下一个存取内存位置的技术。使用此特性，你必须要定义爆发长度，也就是开始地址爆发脉冲的实际长度。同时允许内部地址计数器能正确地产生下一个地址位置。尺寸越大读取内存越快。设定值：4，8（clocks）。

AGP Aperture Size（AGP 内存分配）

此项用来控制有多少系统内存可分配给 AGP 卡显示使用。孔径是用于图形内存地址空间一部分 PCI 内存地址范围。进入孔径范围内的主时钟周期会不经过翻译直接传递给 AGP。设定值为：4MB，8MB，16MB，32MB，64MB，128MB 和 256MB。

（4）OnBoard Devices Configuration（集成设备设定）如图 2-3-19 所示。

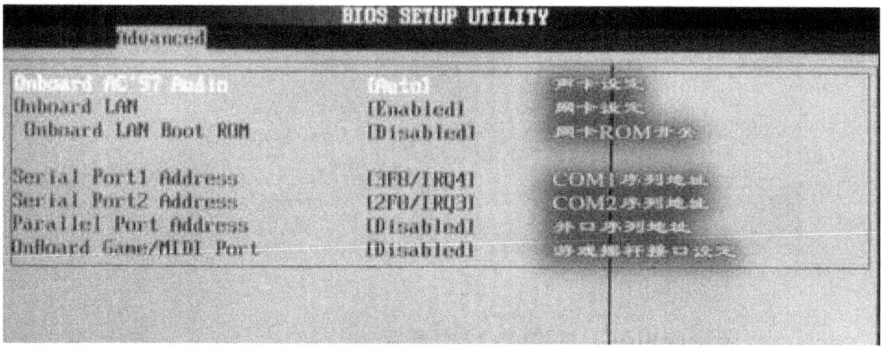

BIOS SETUP UTILITY
Advanced
Onboard AC'97 Audio [Auto]
Onboard LAN [Enabled]
Onboard LAN Boot ROM [Disabled]
Serial Port1 Address [3F8/IRQ4] COM1序列地址
Serial Port2 Address [2F8/IRQ3] COM2序列地址
Parallel Port Address [Disabled] 并口序列地址
OnBoard Game/MIDI Port [Disabled] 游戏摇杆接口设定

图 2-3-19

这里是管理各种主板集成硬件设施的一些选项，用户基本上不用更改其设置。所以在此不再赘述，如需改动，请查看主板说明书。

（5）PCI Pnp（即插即用设备设置）如图 2-3-20 所示。

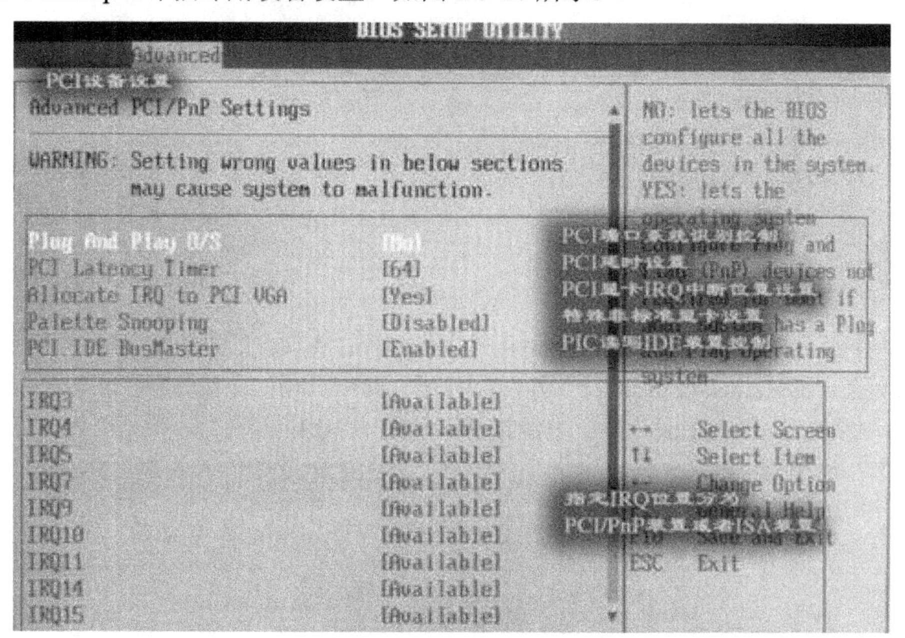


图 2-3-20

这里是设置即插即用和 PCI 的高级设定项目，一般用户不需要改动任何项目，都保持默认就可以了。在进行本设置设定时，不正确的数值将导致系统损坏。

（6）USB Configuration（USB 装置设置）如图 2-3-21 所示。

USB 端口装置设定，大家一看就明白，无须多讲。只是那个传输模式里面有个 FullSpeed 和 HiSpeed，如果大家是 USB2.0 的就把它设置成 HiSpeed，FullSpeed 是模拟高速传输，没有 HiSpeed 快。

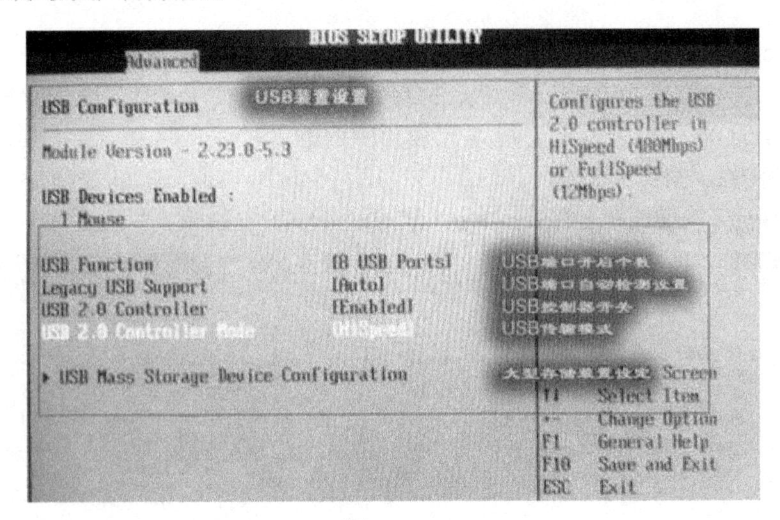


图 2-3-21

3．Power（电源管理设置）如图 2-3-22 所示

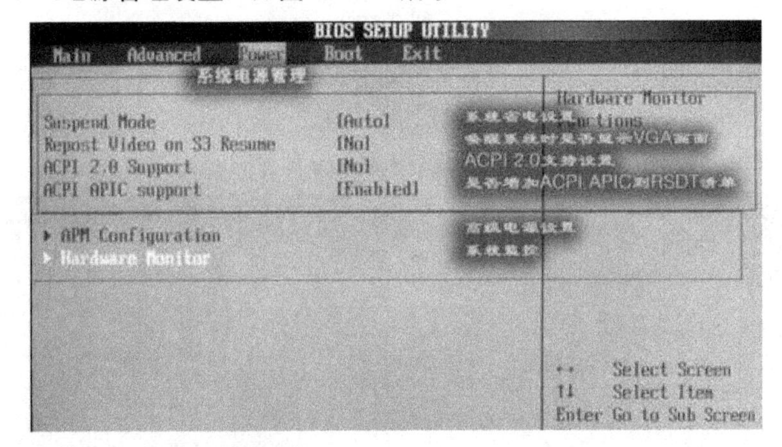


图 2-3-22

因为主板品牌不同，所以可能有些用户没有上面的选项，主要有 APM Configuration（高级电源设置）和 Hardware Monitor（硬件监视器）两个选项。

（1）APM Configuration（高级电源设置）如图 2-3-23 所示。

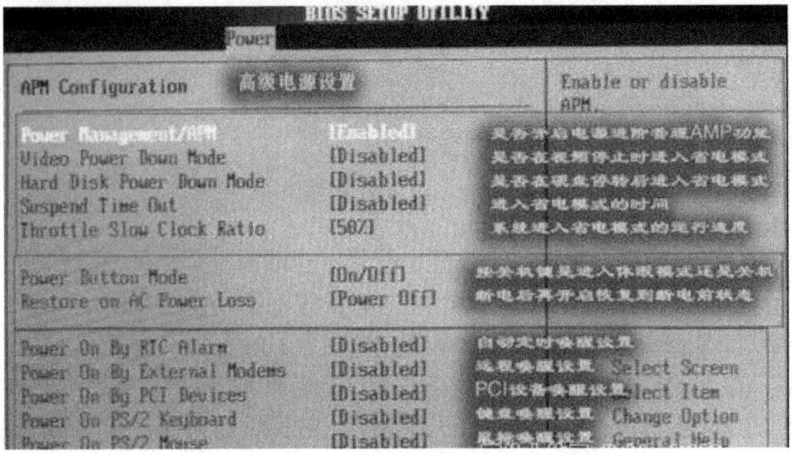

图 2-3-23

（2）Hardware Monitor（硬件监视器）如图 2-3-24 所示。

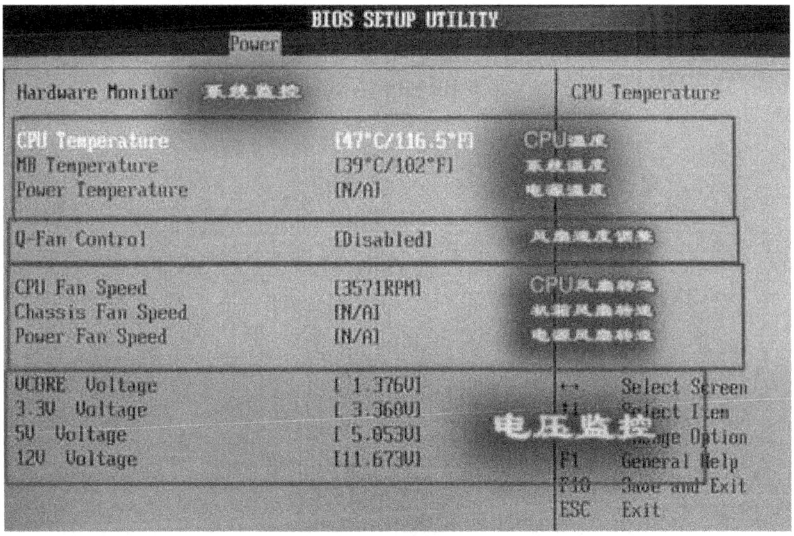

BIOS SETUP UTILITY
Power

Hardware Monitor　系统监控　　CPU Temperature

CPU Temperature　[47°C/116.5°F]　CPU温度
MB Temperature　[39°C/102°F]　系统温度
Power Temperature　[N/A]　电源温度

Q-Fan Control　[Disabled]　风扇速度调整

CPU Fan Speed　[3571RPM]　CPU风扇转速
Chassis Fan Speed　[N/A]　机箱风扇转速
Power Fan Speed　[N/A]　电源风扇转速

VCORE Voltage　[ 1.376V]
3.3V Voltage　[ 3.360V]
5V Voltage　[ 5.053V]
12V Voltage　[11.673V]
电压监控

←→ Select Screen
↑↓ Select Item
+- Change Option
F1 General Help
F10 Save and Exit
ESC Exit

图 2-3-24

4．Boot（启动设备设置）如图 2-3-25 所示

本选单是更改系统启动装置和相关设置的，在 BIOS 中较为重要。

（1）Boot Device Priority（启动装置顺序）如图 2-3-26 所示。

本项目是设置开机时系统启动存储器的顺序，比如大家在安装操作系统时要从光驱启动，就必须把 1st Device Priority 设置成为你的光驱，图上设置的是硬盘，所以当系统开机时第一个启动的是硬盘，建议大家如果不是要从光驱启动，就把第一启动设置成为硬盘，其他的启动项目设置成为 Disable，这样系统启动就会相对快一点，因为系统不用去搜索其他多余的硬件装置。

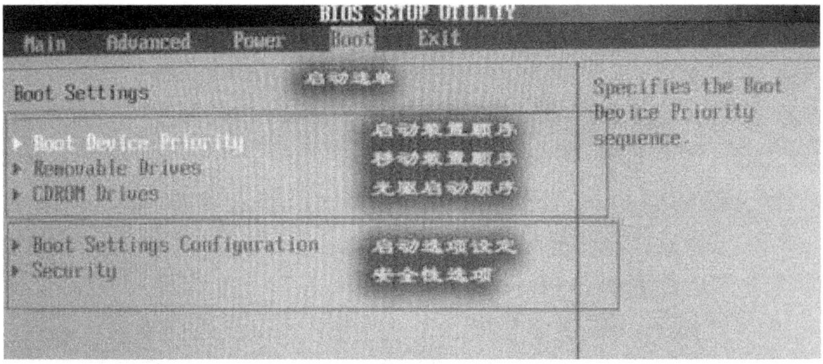

BIOS SETUP UTILITY
Main　Advanced　Power　Boot　Exit

Boot Settings　启动选单　　Specifies the Boot Device Priority sequence.

▸ Boot Device Priority　启动装置顺序
▸ Removable Drives　移动装置顺序
▸ CDROM Drives　光驱启动顺序

▸ Boot Settings Configuration　启动选项设定
▸ Security　安全性选项

图 2-3-25

BIOS SETUP UTILITY
Boot

Boot Device Priority　启动设备顺序　　Specifies the boot sequence from the available devices.

1st Boot Device　[3M-Maxtor 6Y160M0]　第一启动盘
2nd Boot Device　[Disabled]　第二启动盘

A device enclosed in

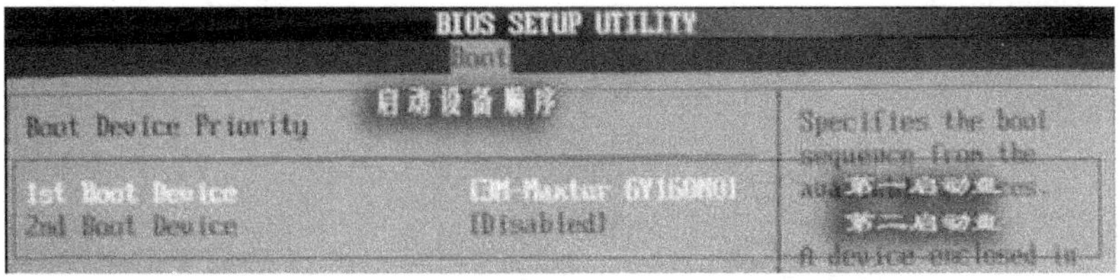

图 2-3-26

（2）Boot Settings Configuration（启动选项设置）如图 2-3-27 所示。

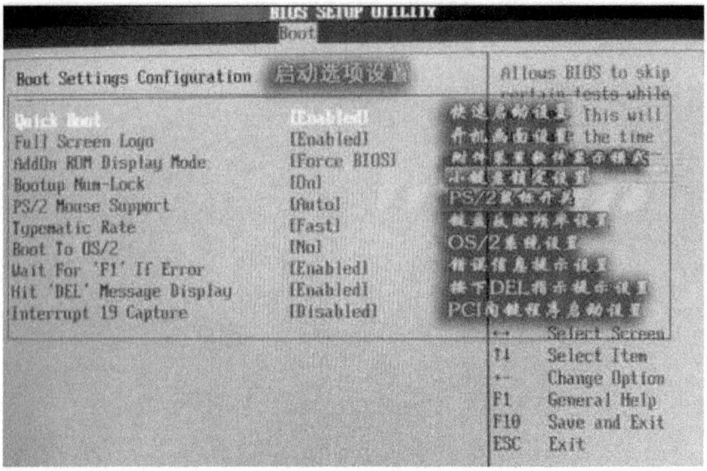

图 2-3-27

这里是设置系统启动时的一些项目，它可以更好地方便用户的习惯或者提升系统性能。

QuickBoot（快速启动）设置

本项目可以设置计算机是否在启动时进行自检功能，从而来加速系统启动速度，如果设置成“Disable”系统将会在每次开机时执行所有自检，但是这样会减慢启动速度！一般设置为“Enabled”。

Full Screen Logo（全屏开机画面显示设置）

这里是设置是否开启开机 Logo 的设置，如果你不想要开机 Logo，就可以设置为“Disable”。

Add On ROM Display Mode（附件软件显示模式）

本项目是让你设定的附件装置软件显示的模式，一般设置成“Force BIOS”就可以了。

Bootup Num－Lock（小键盘锁定开关）

就是设置开机时是否自动打开小键盘上的 Num－Lock。一般设置为 On。

PS/2 Mouse Support

此项目是设置是否支持 PS/2 鼠标功能。设定为 Auto 就可以。

Typematic Rate（键盘反映频率设置）

这个就是让你选择键盘反映快慢频率的选项，一般设置为“Fast”。

Boot To OS/2（OS/2 系统设置）

本项目让你选择是否启动 OS/2 作业系统兼容模式，一般设置为“No”。

Wait For“F1”If Error（错误信息提示）

本项目是设置是否在系统启动时出现错误显示，按下“F1”键确认才继续进行开机，一般设置为“Enabled”。

Hit“DEL”Messgae Display（按“DEL”键提示）

这个选项选择是否在开机时显示按下“Del”键进入 BIOS 设定的提示，如果选择“Disable”将不会看到本文章开头的那句“Press DEL to Run Steup,Presss TAB to display BIOS Post Message”的提示，一般设置为“Enabled”。

Interrupt 19 Capture（PCI 内建程序启动设置）

当你使用 PCI 卡有自带软件时请将此设置为“Enabled”。

（3）Security（安全性能选项）如图 2-3-28 所示。

Change Supervisor Password（管理员密码设定）

管理员密码设定，当设定好密码后会多出几个选项，其中有一个“User Password”选项，这是用户密码设定，就像 Windows 的用户密码，他们可以设置成多种不同的访问权限（Use Access Level），其中有：

No Access 使用者无法存储 BIOS 设置；

View Only 使用者仅能查看 BIOS 设置，不能变更设置；

Limited 允许使用者更改部分设置；

Full Access 使用者可以更改全部的 BIOS 设置。

还有几个常用的选项

Clear User Password 清除密码；

Password Check 更改密码。

Boot Sector Virus Protection（防病毒设置）

本选项可以开启 BIOS 防病毒功能，默认值为关闭“Disabled”。

图 2-3-28

5. EXIT（退出 BIOS 程序设置）如图 2-3-29 所示

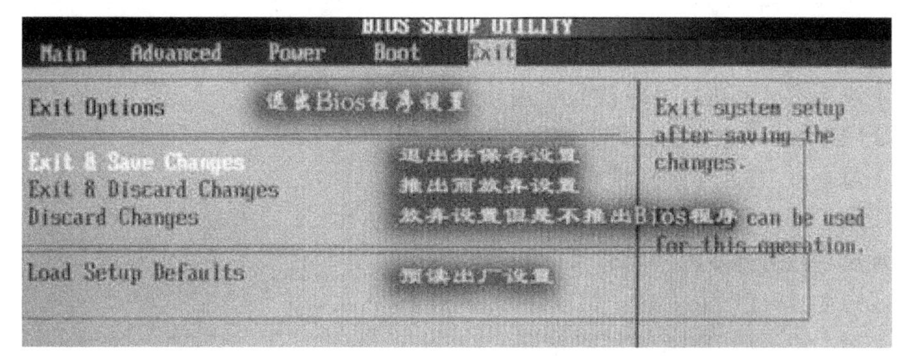


图 2-3-29

退出有一个更快捷的方法就是不管在哪个设置里面都可以随时按“F10”保存退出。

### 2.3.4 BIOS 自检响铃含义

1. Award BIOS 自检响铃含义：

1 短：系统正常启动。恭喜，你的机器没有任何问题。

2 短：常规错误，请进入 CMOS Setup，重新设置不正确的选项。

1 长 1 短：RAM 或主板出错。换一条内存试试，若还是不行，只好更换主板。

1 长 2 短：显示器或显示卡错误。

1 长 3 短：键盘控制器错误。检查主板。

1 长 9 短：主板 Flash RAM 或 EPROM 错误，BIOS 损坏。换块 Flash RAM 试试。

不断地响（长声）：内存条未插紧或损坏。重插内存条，若还是不行，只好更换一条内存。

不停地响：电源、显示器未和显示卡连接好。检查一下所有的插头。

重复短响：电源有问题。

无声音无显示：电源有问题。

**2．AMI BIOS 自检响铃含义：**

1 短：内存刷新失败。更换内存条。

2 短：内存 ECC 较验错误。在 CMOS Setup 中将内存关于 ECC 校验的选项设为“Disabled”就可以解决，不过最根本的解决办法还是更换一条内存。

3 短：系统基本内存（第 1 个 64KB）检查失败。换内存。

4 短：系统时钟出错。

5 短：中央处理器（CPU）错误。

6 短：键盘控制器错误。

7 短：系统实模式错误，不能切换到保护模式。

8 短：显示内存错误。显示内存有问题，更换显卡试试。

9 短：ROM BIOS 检验和错误。

1 长 3 短：内存错误。内存损坏，更换即可。

1 长 8 短：显示测试错误。显示器数据线没插好或显示卡没插牢。

**3．Phoenix BIOS 自检响铃含义：**

1 短：系统启动正常。

1 短 1 短 2 短：主板错误。

1 短 1 短 4 短：ROM BIOS 校验错误。

1 短 2 短 2 短：DMA 初始化失败。

1 短 3 短 1 短：RAM 刷新错误。

1 短 3 短 3 短：基本内存错误。

1 短 4 短 2 短：基本内存校验错误。

1 短 4 短 4 短：EISA NMI 口错误。

3 短 1 短 1 短：从 DMA 寄存器错误。

3 短 1 短 3 短：主中断处理寄存器错误。

3 短 2 短 4 短：键盘控制器错误。

3 短 4 短 2 短：显示错误。

4 短 2 短 2 短：关机错误。

4 短 2 短 4 短：保护模式中断错误。

4 短 3 短 3 短：时钟 2 错误。

4 短 4 短 1 短：串行口错误。

4 短 4 短 3 短：数字协处理器错误。

1 短 1 短 1 短：系统加电初始化失败。

1 短 1 短 3 短：CMOS 或电池失效。
1 短 2 短 1 短：系统时钟错误。
1 短 2 短 3 短：DMA 页寄存器错误。
1 短 3 短 2 短：基本内存错误。
1 短 4 短 1 短：基本内存地址线错误。
1 短 4 短 3 短：EISA 时序器错误。
2 短 1 短 1 短：前 64K 基本内存错误。
3 短 1 短 2 短：主 DMA 寄存器错误。
3 短 1 短 4 短：从中断处理寄存器错误。
3 短 3 短 4 短：屏幕存储器测试失败。
3 短 4 短 3 短：时钟错误。
4 短 2 短 3 短：A20 门错误。
4 短 3 短 1 短：内存错误。
4 短 3 短 4 短：时钟错误。
4 短 4 短 2 短：并行口错误。

### 2.3.5 BIOS 常见错误信息和解决方法

1．CMOS battery failed（CMOS 电池失效）

原因：说明 CMOS 电池的电力已经不足，请更换新的电池。

2．CMOS check sum error-Defaults loaded（CMOS 执行全部检查时发现错误，因此载入预设的系统设定值）

原因：通常发生这种状况都是因为电池电力不足所造成，所以不妨先换个电池试试。如果问题依然存在，那就说明 CMOS RAM 可能有问题，最好送回原厂处理。

3．Display switch is set incorrectly（显示形状开关配置错误）

原因：较旧型的主板上有跳线可设定显示器为单色或彩色，而这个错误提示表示主板上的设定和 BIOS 里的设定不一致，重新设定即可。

4．Press ESC to skip memory test（内存检查，可按 ESC 键跳过）

原因：如果在 BIOS 内并没有设定快速加电自检的话，那么开机就会执行内存的测试，如果你不想等待，可按“ESC”键跳过或到 BIOS 内开启 Quick Power On Self Test。

5．Secondary Slave hard fail（检测从盘失败）

原因：① CMOS 设置不当（例如没有从盘但在 CMOS 里设有从盘）；② 硬盘的线、数据线可能未接好或者硬盘跳线设置不当。

6．Override enable-Defaults loaded（当前 CMOS 设定无法启动系统，载入 BIOS 预设值以启动系统）

原因：可能是你在 BIOS 内的设定并不适合你的计算机（像你的内存只能跑 100MHz，但你让它跑 133MHz），这时进入 BIOS 设定重新调整即可。

7．Press TAB to show POST screen（按 TAB 键可以切换屏幕显示）

原因：有一些 OEM 厂商会以自己设计的显示画面来取代 BIOS 预设的开机显示画面，而此提示就是要告诉使用者可以按“TAB”键来把厂商的自定义画面和 BIOS 预设的开机画面进行切换。

8．Resuming from disk，Press TAB to show POST screen（从硬盘恢复开机，按 TAB 显示开机自检画面）。

原因：某些主板的 BIOS 提供了 Suspend to disk（挂起到硬盘）的功能，当使用者以 Suspend to disk 的方式来关机时，那么在下次开机时就会显示此提示消息。

## 实训九　BIOS 常用设置

**【实训目的】**

1．掌握 BIOS 常用项目的设置。

2．了解 BIOS 各项的含义。

**【实训内容】**

1．系统日期和时间设置。

2．超级用户密码和用户密码的设置。

3．启动设备顺序设置、保存修改、不保存修改等。

4．对照主板说明书和 BIOS 设置程序的帮助了解各选项的含义。

**【实训器材】**

能开启的计算机。

**【实训步骤】**

1．设置系统日期和时间

步骤简述：

（1）启动计算机，按“F2”进入 BIOS 设置界面。

（2）通过左右方向键切换到菜单 Main。

（3）通过上下方向键将高亮度条切换到 Mian 菜单中的 System Time 项，记录方框中的时间值（时：分：秒）。

2．超级用户密码、用户密码的设置、更改与取消

步骤简述：

（1）通过左右方向键切换到菜单 Security 选择 Set Supervisor Password（设置超级用户密码），将高亮条移到该项，按下回车键后输入密码，需要输入两次以确认密码，按下回车后将弹出对话框提示密码已设置成功。若不希望设置密码则按下“Esc”键。

若要取消原密码设置，只需在密码设置对话框中先输入原密码，再在新密码栏中直接按下回车键两次，即可取消密码设置。

（2）通过左右方向键切换到菜单 Security 选择 Set User Password（设置用户密码），将高亮条移到该项，按下回车键后输入密码，需要输入两次以确认密码，若要取消同第一步一样。但必须先设置超级用户密码，才能设置用户密码。

3．启动设备顺序设置

步骤简述：

第一步：启动计算机，在计算机刚通过自检时按“F2”键进入 BIOS 设置。

第二步：通过左右方向键切换到菜单 BOOT，选择第二项 first boot device 的选项，按“pagedown”或“pageup”，或加减号键来选择，直到出现 CDROM 选项，然后按“ESC”，保存更改，重新启动。

4．保存修改退出、不保存修改退出

步骤简述：

第一步：启动计算机，在计算机刚通过自检时按“F2”键进入 BIOS 设置。

第二步：在 Exit 菜单选择“Save & Exit Setup”（保存后退出）/“Exit Without Saving”（不保存退出）选项。

5．了解 BIOS 各选项的功能

列举几个选项并描述其含义：

（1）Advanced Chipset Features（高级芯片组特征）：使用此菜单可以修改芯片组寄存器的值、优化系统的性能表现。

（2）Integrated Peripherals（省电功能设定）：使用此菜单可以对周边设备进行特别设定。

（3）PC Health Status（PC 当前状态）：使用此菜单可以显示计算机的当前状态。

**【实训总结】**

初步了解了BIOS各选项的含义，并能够在书本的指引下正确地进行BIOS优化的设置，同时也熟悉了其中的各项功能。

## 习　题

**一、选择题**

1．BIOS 指计算机的（　　）。

A．基本输入输出系统　　B．接口

C．硬盘　　D．外设

2．常见的 BIOS 有（　　）。

A．AMI BIOS　　B．AWARD BIOS

C．PHOENIX BIOS　　D．CMOS

3．BIOS 的新技术 EFI 指（　　）。

A．扩展内存接口　　B．有效固件接口

C．可扩展固件接口　　D．扩展硬件接口

4．Hard Disk Boot Priority 是指（　　）。

A．硬盘扩展选项　　B．硬盘为开机首选项

C．光盘扩展选项　　D．光盘为开机首选项

5．用光盘安装系统时需要如何设置（　　）。

A．First Boot Device 设置成 CD-ROM

B．Second Boot Device 设置成 CD-ROM

C．Third Boot Device 设置成 CD-ROM

D．Boot Other Device 设置成 CD-ROM

6．Exit Without Setup 的含义是（　　）。

A．保存且退出　　B．不保存且退出

C．保存但不退出　　D．不保存也不退出

7．Set Supervisor Password 的含义是（　　）。

A．设定最高权限密码　　B．设定用户密码

C．设定 CMOS 密码　　D．设定开机密码

8．下列哪些不是常见的 BIOS 品牌（　　）。

A．AMI　　B．Phoenix　　C．Award　　D．Asus

9．下列哪种品牌的 BIOS 常用来控制笔记本电脑内的设置（　　）。

A．AMI　　B．Phoenix　　C．Award　　D．Asus

10．下列哪种不是常见的进入 BIOS 方式（　　）。

A．按下“F2”键　　B．按下“Ctrl+Alt+Esc”组合键

C．按下“Delete”键　　D．按下“Shift+Esc”组合键

11．启动计算机后，计算机自动搜索所有安装在计算机上的硬件设备状态的步骤，称为（　　）。

A．快速自我监控　　B．病毒扫描

C．系统重整　　D．开机自我检测

12．不属于更新 BIOS 之前的准备动作（　　）。

A．在系统中执行硬盘重组

B．下载计 BIOS 更新文件与记录程序

C．确认主板品牌与 BIOS 版本

D．制作 BIOS 备份

13．要在开机进入任何设置前，系统出现输入密码提示，可以在 BIOS 特性设置的“Security Option”中，选择（　　）。

A．Setup　　B．System　　C．Disabled　　D．Enabled

14．如果用户不经意更改了某些设置值，可以选择（　　）来恢复，以便于发生故障时进行调试。

A．Advanced Chipset Features　　B．PNP/PCI Configuration

C．Load Turbo Defaults　　D．Load Setup Default

## 二、解释下面选项的含义和作用

Standard CMOS Features

Advanced BIOS Features

Advanced Chipset Features

Integrated Peripherals

Power Management Setup

PNP/PCI Configurations

H/W Monitor

Cell Menu

Load Fail-Safe Defaults

Load Optimized Defaults

Set Supervisor Password

Set User Password

Save & Exit Setup

Exit Without Saving

## 三、填空题

1．BIOS 的全称是________。

2．BIOS 的基本功能有________和________。

3．目前市面上常见的 BIOS 主要有________，________，________三种。

4．目前常见的进入 BIOS 的按键有________，________，________三种。

## 四、简答题

1．BIOS 中有什么内容？

2．BIOS 的主要功能是什么？

3．简述 BIOS 与 CMOS 的区别。

4．BIOS 升级需要做哪些准备工作？

5．Supervisor Password 与 User Password 的区别。

6．设置从光驱启动与设置从硬盘启动的区别。

## 五、简述下列设置 BIOS 常用功能的步骤

1．设置系统日期和时间。

2．超级用户密码、用户密码的设置、更改与取消。

3．启动设备顺序设置。

4．保存修改退出、不保存修改退出。

# 项目三

# 计算机系统安装

## 任务一　U 盘启动盘制作与使用

### 任务描述

学会利用 U 盘制作 Windows 启动安装盘，学会使用 U 盘启动盘。

### 任务知识

#### 3.1.1　U 盘启动盘

启动盘（Startup Disk），又称紧急启动盘（Emergency Startup Disk）或安装启动盘。它是写入了操作系统镜像文件的具有特殊功能的移动存储介质（U 盘、光盘、移动硬盘以及早期的软盘），主要用来在操作系统崩溃时进行修复或者重装系统。

早期的启动盘主要是光盘或者软盘，随着移动存储技术的成熟，逐渐出现了 U 盘和移动硬盘作为载体的启动盘，它们具有移动性强、使用方便等特点。

启动盘是在操作系统制作的，它只起到“引导”“启动”的作用。如进入 BIOS、DOS 界面和进入到操作系统的硬盘开始点，这个程序占用空间较小，可以复制、可放进光盘、移动硬盘、U 盘。

微软的操作系统版本众多，对于不同的操作系统而言，它的启动盘特性及用途也各不相同。而微软对启动盘的叫法有多种，如：紧急启动盘（Emergency Startup Disk，ESD）、紧急引导盘（Emergency Boot Disk，EBD）、紧急修复磁盘（Emergency Repair Disk，ERD）、安装启动盘（Instauation Boot Disk，IBD）、系统引导盘（System Boot Disk，SBD）等。另外，不少杀毒软件也提供创建应急杀毒启动盘的功能。这些不同类型的启动盘之间有区别和用途差异，本部分主要介绍的是安装启动盘。

#### 3.1.2　Windows PE

Windows Preinstallation Environment（Windows PE，Windows 预安装环境），是带有有限服务的最小 Win32 子系统，基于以保护模式运行的 Windows XP Professional 及以上内核。

它包括运行 Windows 安装程序及脚本、连接网络共享、自动化基本过程以及执行硬件验证所需的最小功能。

Windows PE 不是设计为计算机上的主要操作系统，而是作为独立的预安装环境和其他安装程序和恢复技术（例如 Windows 安装程序、Windows 部署服务（Windows DS)、系统管理服务器（SMS）操作系统（OS）部署功能包以及 Windows 恢复环境（Windows RE）的完整组件）使用的。

### 3.1.3　获取 Windows 10

Windows 10 可以从微软的官方网站下载最新版本和获取更新补丁，如图 3-1-1 所示。

第一步：首先在浏览器中访问网址：

https://www.microsoft.com/zh-cn/software-download/Windows 10 ISO/

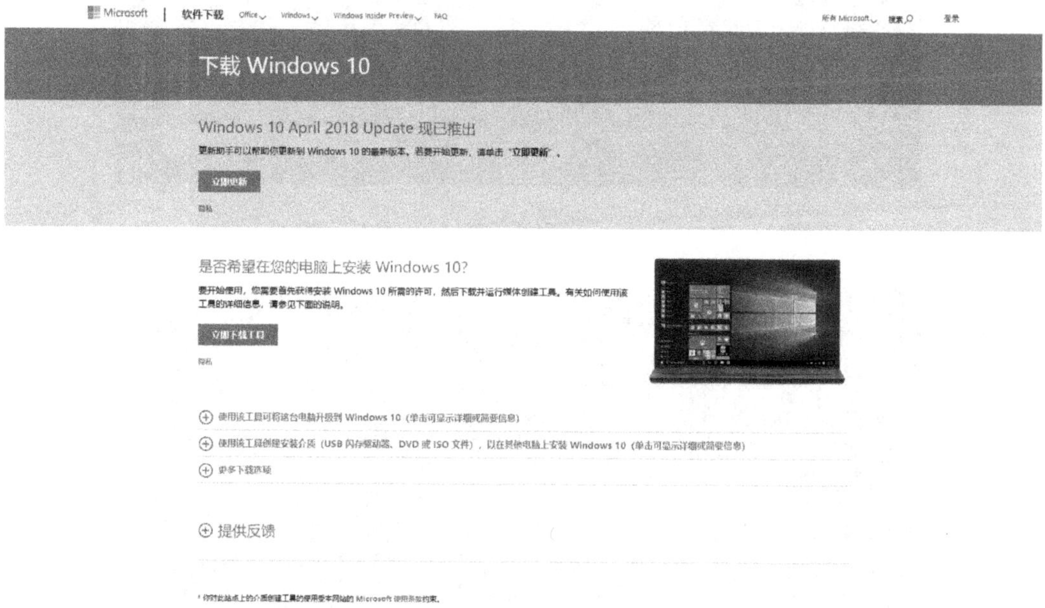

图 3-1-1

第二步：单击立即下载工具。

第三步：打开如图 3-1-2 所示的 Windows 下载工具。

图 3-1-2

第四步：阅读“使用声明和许可条款”，并单击“接受”，如图 3-1-3 所示。

第五步：在“你想执行什么操作？”中选择为另一台电脑创建安装介质。并单击“下一步”。如图 3-1-4 所示。

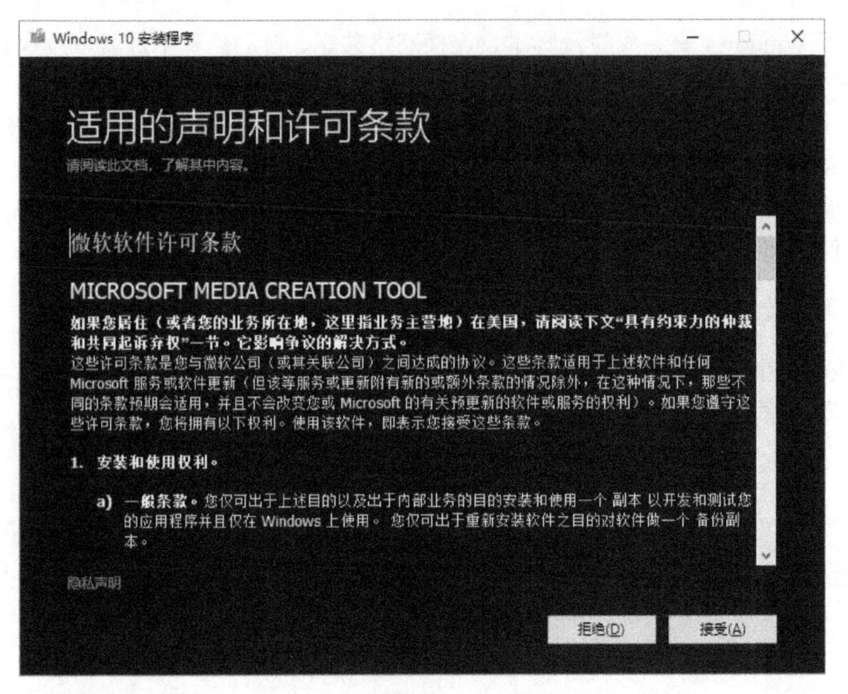


图 3-1-3

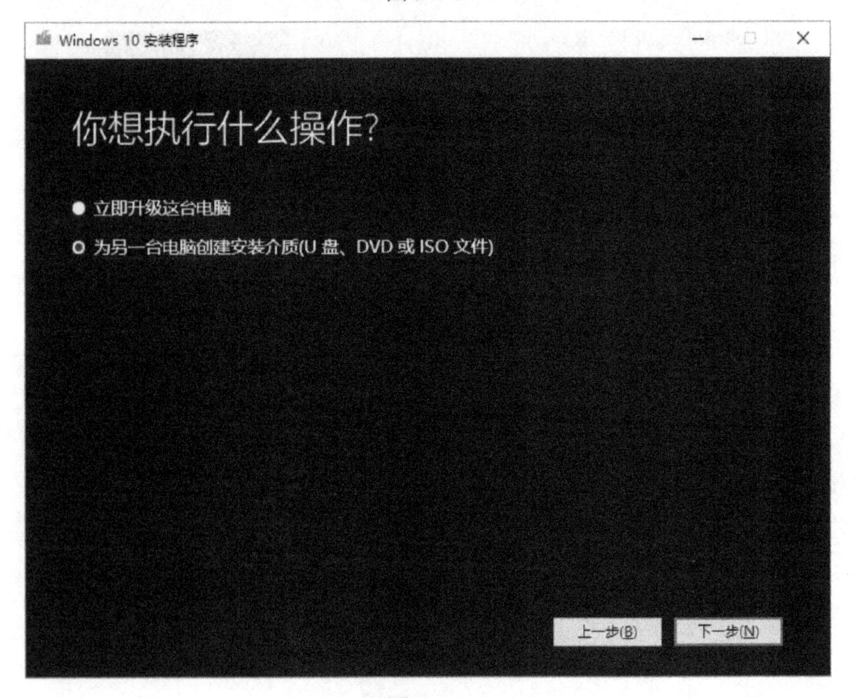


图 3-1-4

第六步：选择相应的语言、版本、体系结构如图 3-1-5 所示。这个选择和所下载的系统有对应关系，64 位的操作系统只能安装在拥有 64 位处理器的计算机上，64 位的操作系统可以进行更大范围的整数运算；可以支持更大的内存。需要根据安装计算机的实际情况来选择，选择完毕后单击下一步。

第七步：选择要使用的介质如图 3-1-6 所示。如果使用 U 盘安装，选择 U 盘。如果准备使用刻录光盘安装，或是直接在 Windows 下安装，则选择 ISO 文件。这里要制作 U 盘启动盘，选择 U 盘。单击下一步。

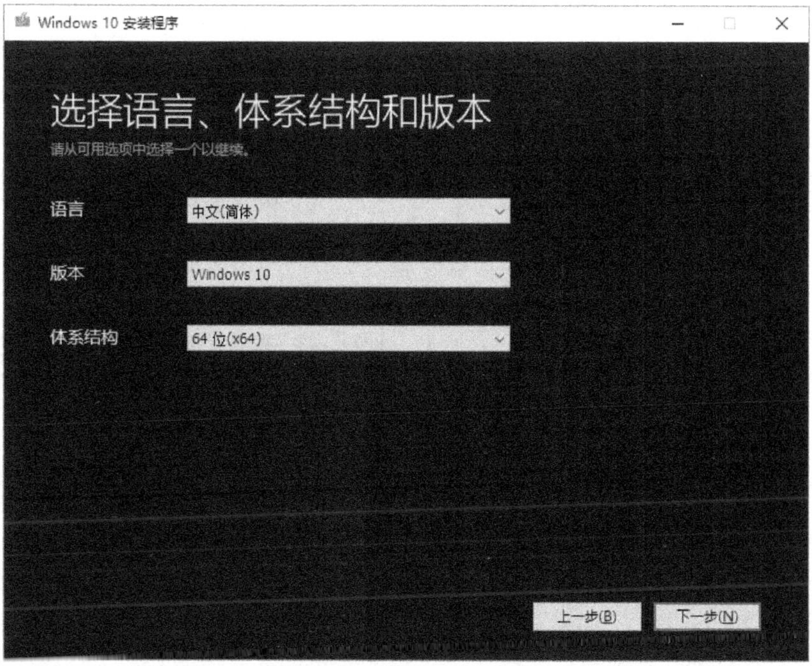

图 3-1-5

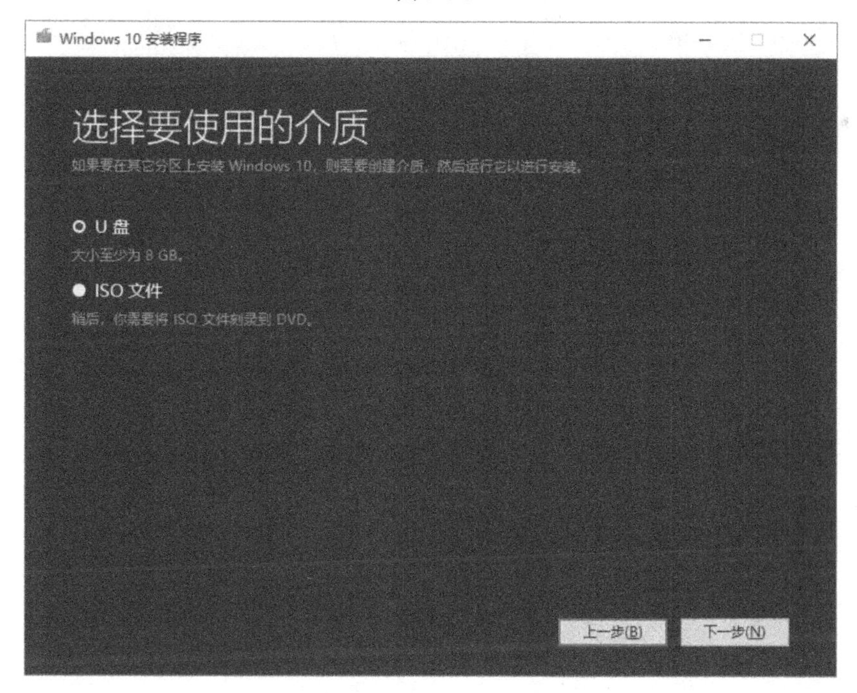


图 3-1-6

第八步：选择 U 盘如图 3-1-7 所示。选择相应要制作成启动盘的 U 盘，U 盘需要符合一定的条件，U 盘空间必须足够系统安装文件的存放。并且制作的过程中会清除 U 盘内的所有文件数据，需提前做好备份。选择相应的 U 盘后，单击下一步。

第九步：经过下载创建的过程后，完成 U 盘启动盘的制作如图 3-1-8 所示，在这个过程中，速度取决于计算机的性能和网络速度，并且在创建的过程中，不要拔出 U 盘。

图 3-1-7

图 3-1-8

### 3.1.4 使用 U 盘启动盘

使用 U 盘启动时，各种不同品牌的主板设置各不相同，下面以华硕主板为例，可以通过以下步骤设置 U 盘启动：

第一步：当看到开机画面时，连续按下“Del”键，会进入 BIOS 设置界面如图 3-1-9

所示。

第二步：使用鼠标拖拽或键盘将 U 盘作为第一启动顺序。

第三步：重启计算机，进入安装界面。

通过快捷启动也可以从 U 盘启动设备，见表 3-1-1。

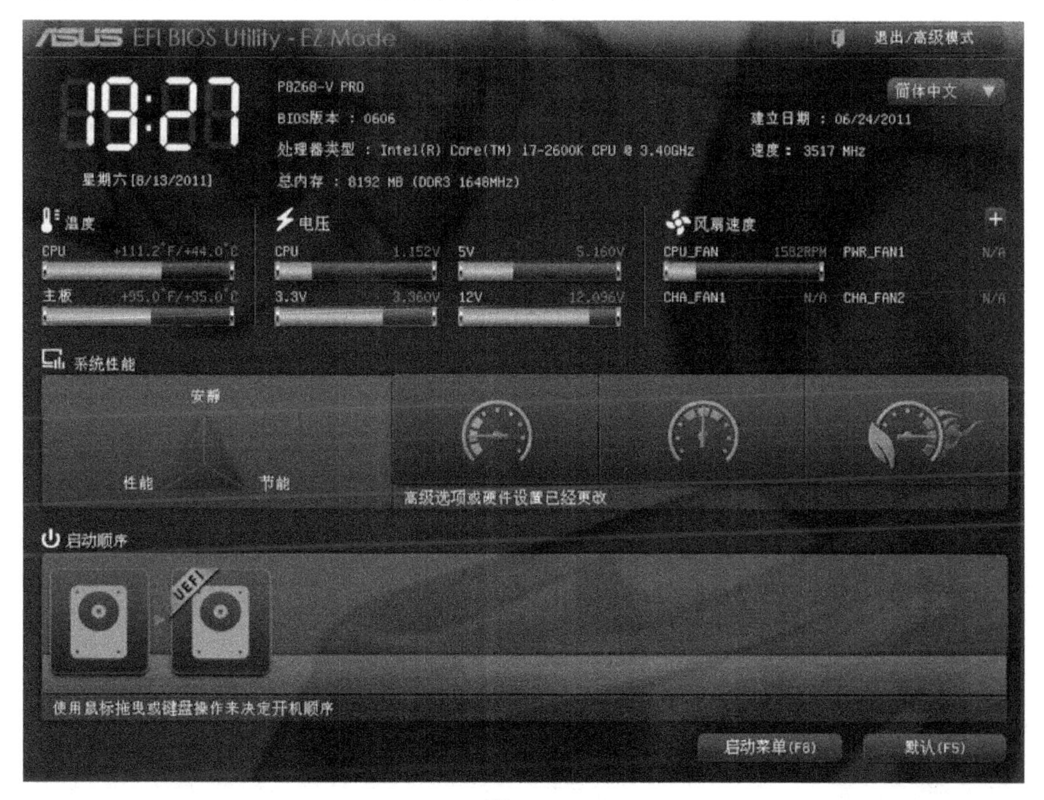


图 3-1-9

表 3-1-1

| 主板品牌 | 启动快捷键 | 主板品牌 | 启动快捷键 | 主板品牌 | 启动快捷键 |
|---|---|---|---|---|---|
| 华硕主板 | F8 | 技嘉主板 | F12 | 微星主板 | F11 |
| 映泰主板 | F9 | 梅捷主板 | ESC 或者 F12 | 七彩虹主板 | ESC 或者 F11 |
| 华擎主板 | F11 | 斯巴达克主板 | ESC | 昂达主板 | F11 |
| 双敏主板 | ESC | 翔升主板 | F10 | 精英主板 | ESC 或者 F11 |
| 冠盟主板 | F11 或者 F12 | 富士康主板 | ESC 或者 F12 | 顶星主板 | F11 或者 F12 |
| 铭瑄主板 | ESC | 盈通主板 | F8 | 捷波主板 | ESC |
| Intel 主板 | F12 | 杰微主板 | ESC 或者 F8 | 致铭主板 | F12 |

### 3.1.5　创建 Windows PE 系统启动盘

Windows PE 由于它的开放性和便捷性，可以为系统安装提供很多方便。由于 Windows PE 不要求运行在硬盘上，而且不占用现有的计算机存储设备，对驱动程序的依赖性低，所以它可以自由地在所有的计算机上运行。特别是还没有安装操作系统或操作系统已经损坏的计算机，使用 Windows PE 系统都可以便捷地安装。并且由于 Windows PE 系统的特性，在 Windows PE 上有很多可以使用的应用软件，能更好地进行硬盘分区和系统还原的工作。

原版的 PE 中没有应用丰富的应用软件，所以在创建 Windows PE 系统启动盘的时候，可以选择一些经过开发的 Windows PE 系统，比如 LMT 系统等，可以从他们的官方网站（https://www.laomaotao.net/）来免费获取。

由于现在很多的计算机已经不再配备光盘驱动器了，所以 U 盘相比较起来，适用性更广，速度更快，成了制作 U 盘启动盘的重要材料。

第一步：安装 LMT 软件，如图 3-1-10 所示。

图 3-1-10

第二步：插入 U 盘，选择 U 盘，单击“一键制作”建立 U 盘启动盘等待完成即可。

## 实训十　U 盘启动盘的制作与启动

**【实训目标】**

学会如何制作 Windows PE U 盘启动盘，并正常使用。

**【实训准备】**

8G 以上 U 盘一个，计算机一台，Windows PE 启动盘制作软件。

**【实训任务】**

制作 Windows PE 启动盘。

**【实训步骤】**

第一步：打开 Windows PE 启动盘制作软件。

第二步：插入 U 盘。

第三步：制作 U 盘启动盘。

第四步：制作完成后，重启计算机，进入 BIOS 设置为 U 盘启动。

第五步：进入 Windows PE 系统。

# 任务二　虚拟机的安装与使用

## 任务描述

学会安装和使用虚拟机，了解虚拟机，掌握建立虚拟机的方法。

## 任务知识

### 3.2.1　虚拟机

虚拟机（Virtual Machine）指通过软件模拟的具有完整硬件系统功能的、运行在一个完全隔离环境中的完整计算机系统。

虚拟系统通过生成现有操作系统的全新虚拟镜像，它具有与真实 Windows 系统完全一样的功能，进入虚拟系统后，所有操作都是在这个全新的、独立的虚拟系统里面进行，可以独立安装运行软件，保存数据，拥有自己的独立桌面，不会对真正的系统产生任何影响，而且能够在现有系统与虚拟镜像之间灵活切换的一类操作系统。

### 3.2.2　虚拟化

虚拟机使用了虚拟化的技术，是指通过虚拟化技术将一台计算机虚拟为多台逻辑计算机。在一台计算机上同时运行多个逻辑计算机，每个逻辑计算机可运行不同的操作系统，并且应用程序都可以在相互独立的空间内运行而互不影响，从而显著提高计算机的工作效率。

虚拟化使用软件的方法重新定义划分 IT 资源，可以实现 IT 资源的动态分配、灵活调度、跨域共享，提高 IT 资源利用率，使 IT 资源能够真正成为社会基础设施，服务于各行各业中灵活多变的应用需求。

流行的虚拟机软件有 VMware（VMWare ACE）、Virtual Box 和 Virtual PC，它们都能在 Windows 系统上虚拟出多个计算机。

### 3.2.3　VMware Workstation

VMware Workstation（中文名“威睿工作站”）是一款功能强大的桌面虚拟计算机软件，提供用户可在单一的桌面上同时运行不同的操作系统和进行开发、测试、部署新的应用程序的最佳解决方案。VMware Workstation 可在一部实体机器上模拟完整的网络环境以及可便于携带的虚拟机器，其更好的灵活性与先进的技术胜过了市面上其他的虚拟计算机软件。对于企业的 IT 开发人员和系统管理员而言，VMware 在虚拟网路、实时快照、拖曳共享文件夹、支持 PXE 等方面的特点使它成为必不可少的工具。

VMware Workstation 允许操作系统（OS）和应用程序（Application）在一台虚拟机内部运行。虚拟机是独立运行主机操作系统的离散环境。在 VMware Workstation 中，你可以在一个窗口中加载一台虚拟机，它可以运行自己的操作系统和应用程序。你可以在运行于桌面上的多台虚拟机之间切换，通过一个网络共享虚拟机（例如一个公司局域网），挂起和恢复虚拟机以及退出虚拟机，这一切不会影响你的主机操作和任何操作系统或者其他正在运行的应用程序。

### 3.2.4 安装虚拟机

第一步：单击安装包 Vmware Worksta 11 进入安装界面如图 3-2-1 所示。

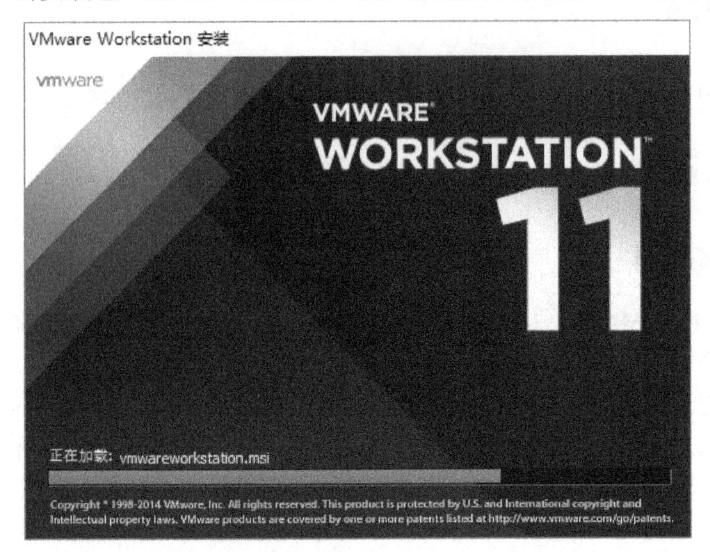


图 3-2-1

第二步：第一步完成后，进入安装向导界面。在安装向导界面，单击下一步继续，如图 3-2-2 所示。

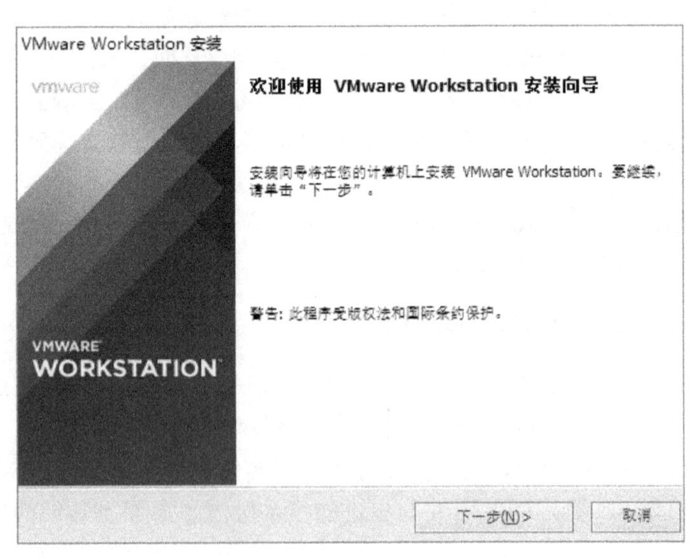


图 3-2-2

第三步：许可协议，选择“我接受许可协议中的条款”单击下一步，如图 3-2-3 所示。

第四步：选择安装类型。安装类型有自定义和典型安装两个选择，这个时候单击典型安装会自动的安装基本组件，而自定义安装可以选择需要的模块进行安装。这里选择典型安装，单击下一步，如图 3-2-4 所示。

第五步：选择安装路径。输入所需要的安装路径，单击下一步，如图 3-2-5 所示。

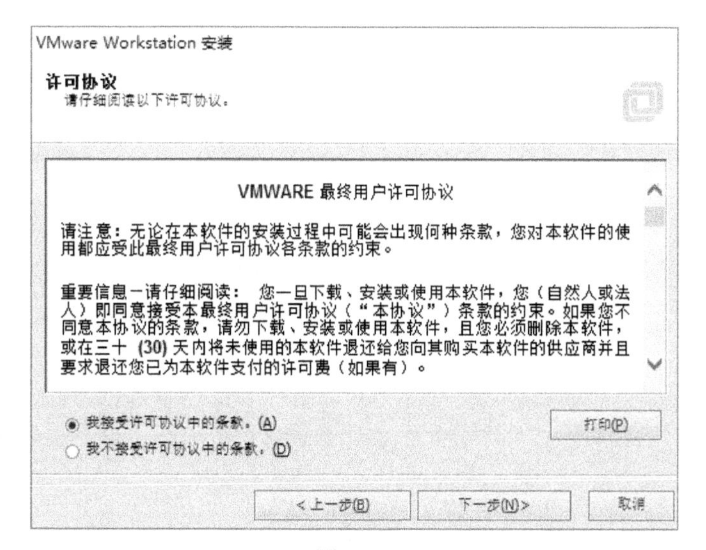


图 3-2-3

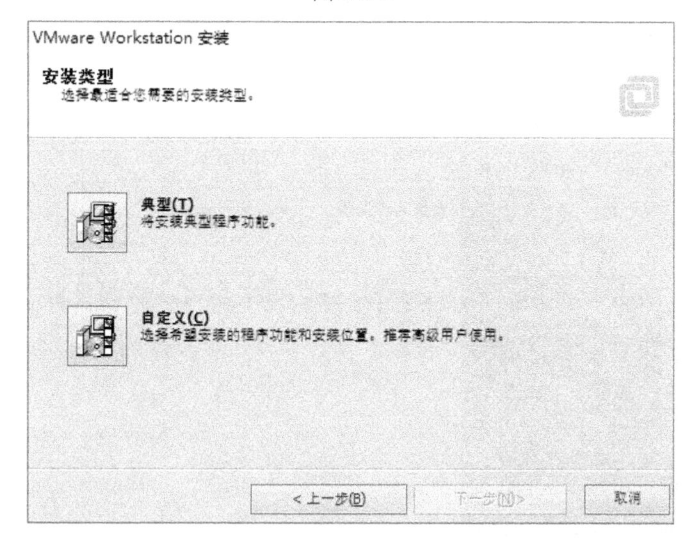


图 3-2-4

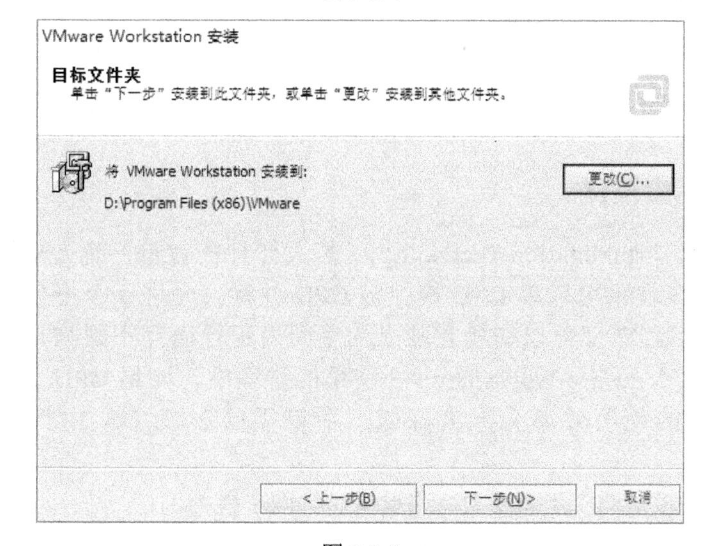


图 3-2-5

第六步：已准备好执行请求的操作。完成所有准备选择，单击继续，如图 3-2-6 所示。

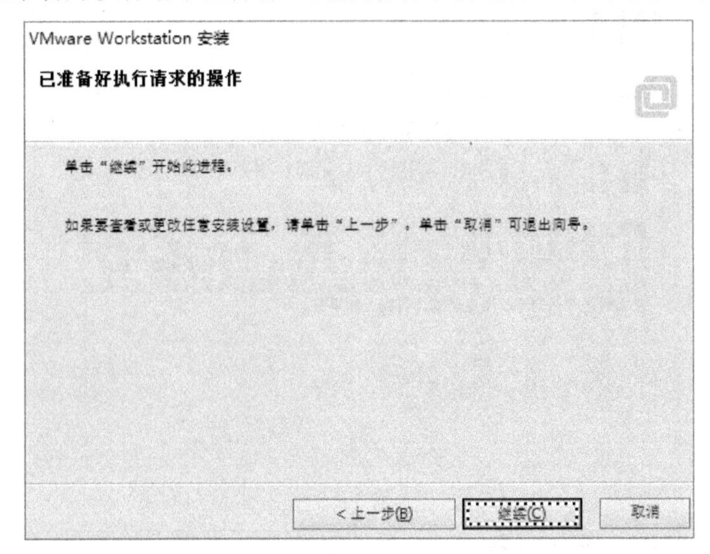


图 3-2-6

第七步：执行安装、完成安装，如图 3-2-7 所示。

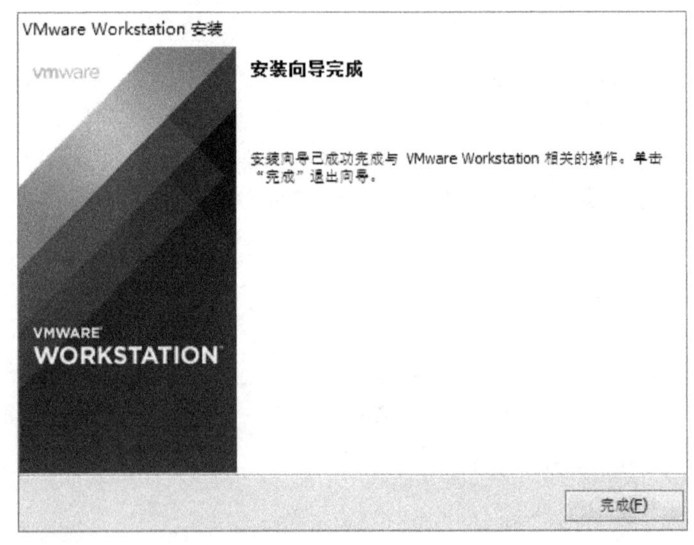


图 3-2-7

### 3.2.5 开启虚拟化

虚拟化技术（Virtualization Technology）扩大硬件的容量，简化软件的重新配置过程。CPU 的虚拟化技术可以单 CPU 模拟多 CPU 并行，允许一个平台同时运行多个操作系统，并且应用程序都可以在相互独立的空间内运行而互不影响，从而显著提高计算机的工作效率。Vmware Workstation 在使用的过程中，如果 CPU 支持 VT 的情况下而未开启，软件的使用效率会大大降低。所以需要在 BIOS 中打开 Virtualization Technology。

各个品牌的主板 BIOS 区别很大，这里仅以华硕主板为例：

第一步：进入 BIOS。在开机的时候按“F2”键，进入 BIOS 中，如图 3-2-8 所示。

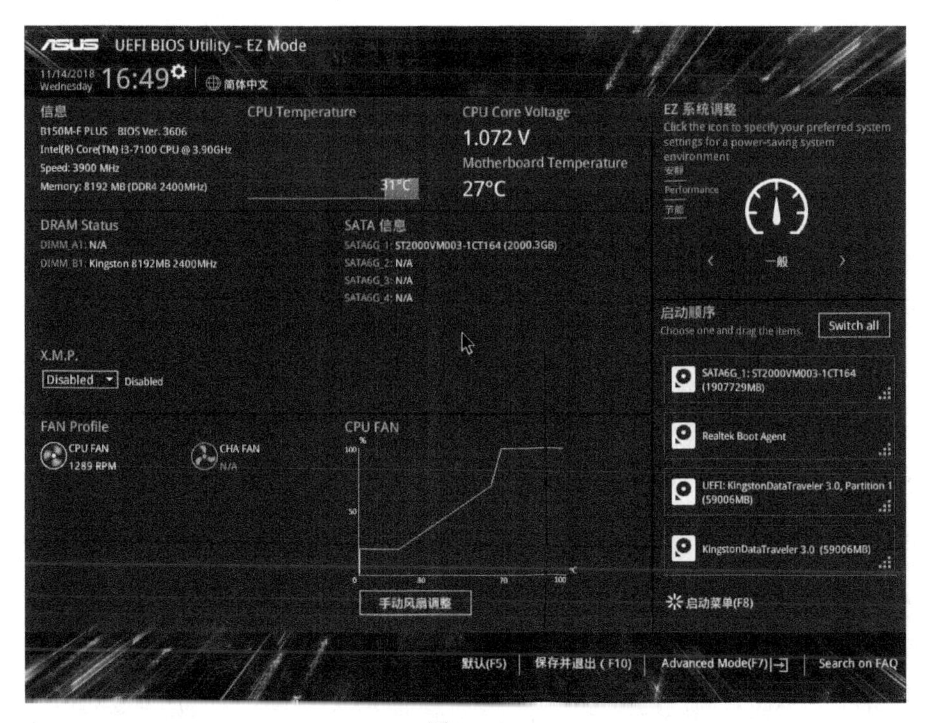


图 3-2-8

第二步：进入“高级模式”。单击“高级模式”（如图 3-2-9 所示），进入高级模式页面，或直接按“F7”也可以进入高级模式页面。

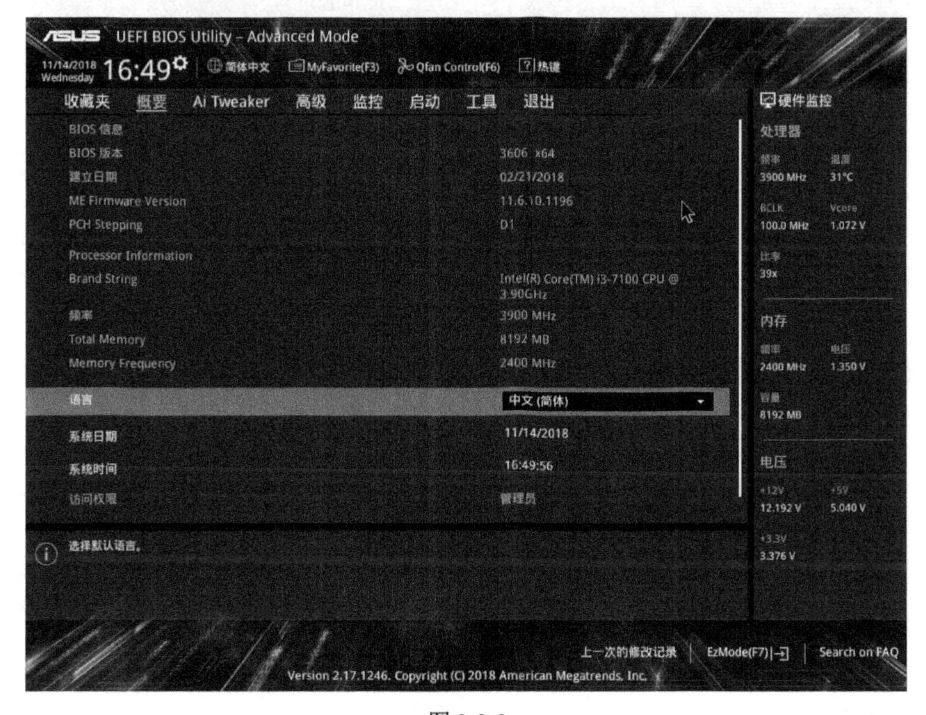


图 3-2-9

第三步：进入 CPU 设置。单击“CPU 设置”选项如图 3-2-10 所示，进入处理器设置页面，找到“Intel 虚拟技术”选项。如图 3-2-11 所示。

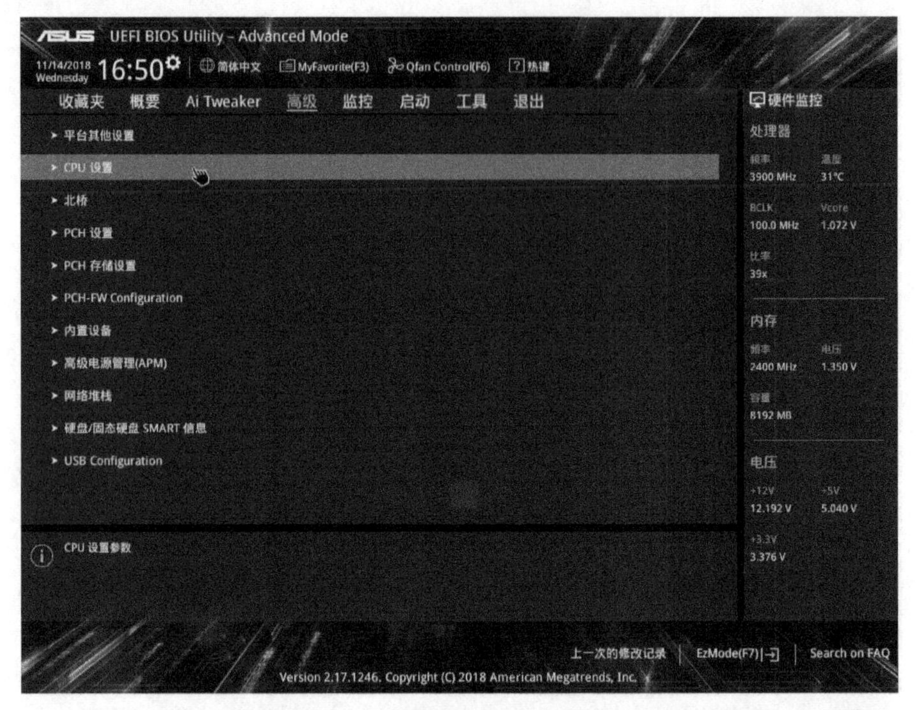


图 3-2-10

图 3-2-11

第四步：开启虚拟化。单击“Intel Virtualization Technology”选项，选择开启，如图 3-2-12 所示。

第五步：退出并保存。开启后，需要按“F10”保存设置，按“F10”弹出的窗口选择“是”即可保存设置。

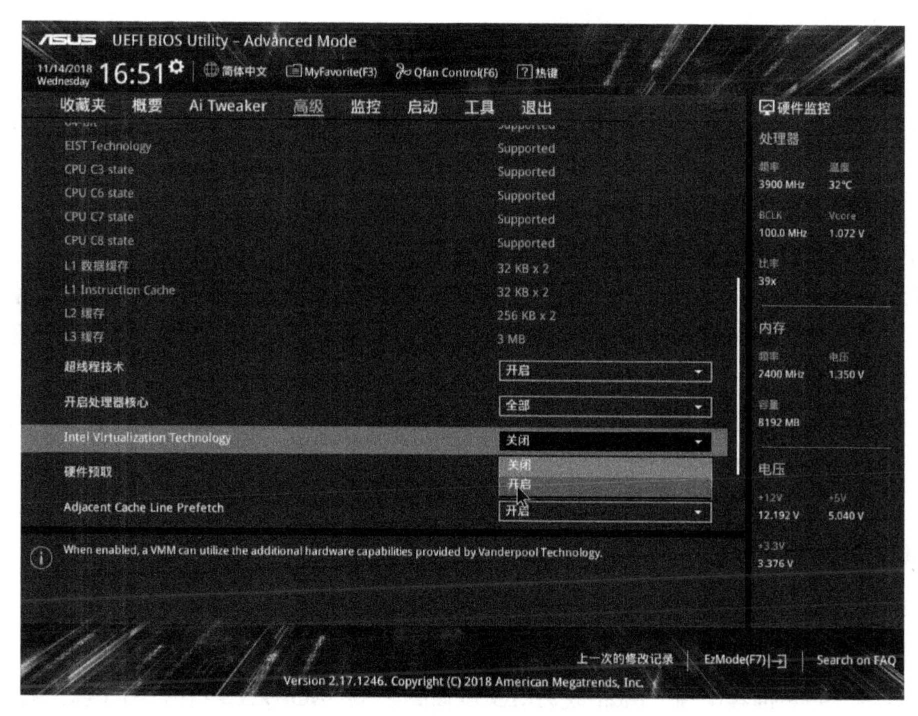


图 3-2-12

## 3.2.6　创建和删除虚拟机

在使用虚拟机之前，需要首先创建一个虚拟机。

第一步：单击“创建虚拟机”，如图 3-2-13 所示。

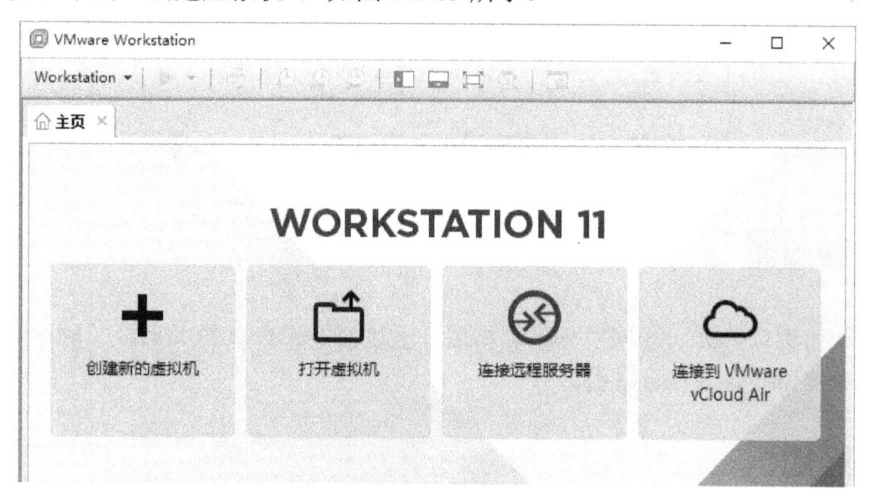


图 3-2-13

第二步：选择“自定义”，单击“下一步”。

第三步：选择虚拟机硬件兼容性。选择“Workstation 11.0”单击“下一步”。

第四步：安装客户机操作系统。虚拟机可以自动安装操作系统，这里选择“稍后安装操作系统”，单击“下一步”。

第五步：选择客户机操作系统。由于各种系统对于计算机硬件的要求各不相同，所以要在创建虚拟机的过程中首先选择将要安装的操作系统。

### 3.2.7 快照保存与恢复

VMware Workstation 拥有建立快照的功能，这个功能可以很方便地记录操作系统现在的状况。

下面来讲一讲如何保存和恢复快照：

第一步：在开启的虚拟机中，单击快照保存。

第二步：在输入框内输入快照名称和描述，单击创建快照，等待快照保存完毕。

第三步：单击挂起。默认会保存现在虚拟计算机的状态，挂起的虚拟机直接单击启动就可以恢复。

第四步：单击快照，即可以恢复到保存的状态。

## 实训十一　虚拟机的安装与使用

**【实训目标】**

掌握虚拟机的安装方式，并且熟练建立虚拟机。

**【实训准备】**

计算机一台，推荐配置：Intel 或 AMD 多核处理器，4G 以上内存，16G 以上存储空间。

**【实训任务】**

安装 VMware Workstation 11，并建立一个新的虚拟机。

**【实训步骤】**

第一步：安装 VMware workstation 软件。

第二步：打开软件，建立新的虚拟机。

第三步：采用自动安装，为虚拟机安装 Windows 操作系统。

# 任务三　硬盘的分区与格式化

## 任务描述

学会如何进行分区，掌握主分区和扩展分区以及逻辑分区的关系，了解不同的文件系统，修改盘符和挂载、移除磁盘。

## 任务知识

### 3.3.1 主分区

早先的磁盘容量很小，装载的文件也不多，所有文件都放在一起。

随着磁盘容量的加大，文件数量也急剧增加，基于方便文件管理、提高磁盘使用效率和数据安全方面考虑，微软公司在设计磁盘操作系统时，加进了磁盘分区的概念，就是把一个大容量的物理硬盘划分为多个逻辑磁盘，这些逻辑磁盘在使用者看来就像是一个个独立的物理硬盘一样。通常一个物理磁盘最多可以划分为四个主分区，也就是说，可以把一个物理硬盘划分为四个逻辑磁盘。

一个硬盘的主分区包含操作系统启动所必需的文件和数据的硬盘分区，要在硬盘上安装操作系统，则硬盘必须有一个主分区。

### 3.3.2　扩展分区和逻辑分区

随着计算机应用方面的进展，四个主分区已经不能满足需要，于是微软又提出了“扩展分区”的概念，就是先划出一部分作为主分区，把磁盘的剩余空间交给扩展分区管理。在扩展分区里再进行一级扩展、二级扩展……这样就突破了一个磁盘只能设置四个逻辑分区的限制。

### 3.3.3　MBR和GPT

MBR，全称为Master Boot Record，即硬盘的主引导记录。

一般把它和分区联系起来的时候，就会代表一种分区的制式。

由于硬盘的主引导记录中仅仅为分区表保留了64个字节的存储空间，而每个分区的参数占据16个字节，故主引导扇区中总计只能存储4个分区的数据。也就是说，一块物理硬盘只能划分为4个主分区磁盘。并且MBR最大仅支持2TB的硬盘，在现在这个连4T都不稀奇的时代，MBR出场的机会恐怕会越来越少。

GPT，即Globally Unique Identifier Partition Table Format，全局唯一标识符的分区表的格式，这种分区模式相比MBR有着非常多的优势。

首先，它至少可以分出128个分区，完全不需要扩展分区和逻辑分区来帮忙就可以分出任何想要的分区。其次，GPT最大支持18EB的硬盘，几乎就相当于没有限制。

### 3.3.4　NTFS和FAT32

NTFS和FAT32对比表见表3-3-1。

表3-3-1

| 文件系统 | 操作系统 | 最小扇区 | 最大扇区 | 最大单一文件 | 最大格式化容量 | 档案数量 |
|---|---|---|---|---|---|---|
| FAT32 | Win 95之后 | 512B | 64KB | 2B～4GB | 2TB | 4194304 |
| NTFS | Win 2000之后 | 512B | 64KB | 受最大分割容量 | 2～256TB | 无 |

#### 1. FAT32

在Win 9X下，FAT16支持的分区最大为2GB。计算机将信息保存在硬盘上称为“簇”的区域内。使用的簇越小，保存信息的效率就越高。在FAT16的情况下，分区越大簇就相应地要大，存储效率就越低，势必造成存储空间的浪费。并且随着计算机硬件和应用的不断提高，FAT16文件系统已不能很好地适应系统的要求。在这种情况下，推出了增强的文件系统FAT32。同FAT16相比，FAT32主要具有以下特点：

（1）同FAT16相比，FAT32最大的优点是可以支持的磁盘大小达到32GB，但是不能支持小于512MB的分区。

（2）基于FAT32的Win 2000可以支持分区最大为32GB；而基于FAT16的Win 2000支持的分区最大为4GB。

（3）由于采用了更小的簇，FAT32文件系统可以更有效率地保存信息。如两个分区大小都为2GB，一个分区采用了FAT16文件系统，另一个分区采用了FAT32文件系统。采用

FAT16 的分区的簇大小为 32KB，而 FAT32 分区的簇只有 4KB 的大小。这样 FAT32 就比 FAT16 的存储效率要高很多，通常情况下可以提高 15%。

（4）FAT32 文件系统可以重新定位根目录和使用 FAT 的备份副本。另外 FAT32 分区的启动记录被包含在一个含有关键数据的结构中，减小了计算机系统崩溃的可能性。

2. NTFS

NTFS 文件系统是一个基于安全性的文件系统，是 Windows NT 所采用的独特的文件系统结构，它建立在保护文件和目录数据基础上，同时照顾节省存储资源、减少磁盘占用量的一种先进的文件系统。使用非常广泛的 Windows NT 4.0 采用的就是 NTFS 4.0 文件系统，相信它所带来的强大的系统安全性一定给广大用户留下了深刻的印象。Win 2000 采用了更新版本的 NTFS 文件系统 NTFS 5.0，它的推出使得用户不仅可以像 Win 9X 那样方便快捷地操作和管理计算机，同时也可享受到 NTFS 所带来的系统安全性。

NTFS 特点主要体现在以下几个方面：

（1）NTFS 可以支持的 MBR 分区（如果采用动态磁盘则称为卷）最大可以达到 2TB，GPT 分区则无限制。而 Win 2000 中的 FAT32 支持单个文件最大为 2GB。

（2）NTFS 是一个可恢复的文件系统。在 NTFS 分区上用户很少需要运行磁盘修复程序。NTFS 通过使用标准的事物处理日志和恢复技术来保证分区的一致性。发生系统失败事件时，NTFS 使用日志文件和检查点信息自动恢复文件系统的一致性。

（3）NTFS 支持对分区、文件夹和文件的压缩。任何基于 Windows 的应用程序对 NTFS 分区上的压缩文件进行读写时不需要事先由其他程序进行解压缩，当对文件进行读取时，文件将自动进行解压缩；文件关闭或保存时会自动对文件进行压缩。

（4）NTFS 采用了更小的簇，可以更有效率地管理磁盘空间。NTFS 的文件系统，当分区的大小在 2GB 以下时，簇的大小都比相应的 FAT32 簇小；当分区的大小在 2GB 以上时（2GB～2TB），簇的大小都为 4KB。相比之下，NTFS 可以比 FAT32 更有效地管理磁盘空间，最大限度地避免了磁盘空间的浪费。

（5）在 NTFS 分区上，可以为共享资源、文件夹以及文件设置访问许可权限。许可的设置包括两方面的内容：一是允许哪些组或用户对文件夹、文件和共享资源进行访问；二是获得访问许可的组或用户可以进行什么级别的访问。

（6）NTFS 文件系统可以进行磁盘配额管理。磁盘配额就是管理员可以为用户所能使用的磁盘空间进行配额限制，每一用户只能使用最大配额范围内的磁盘空间。设置磁盘配额后，可以对每一个用户的磁盘使用情况进行跟踪和控制，通过监测可以标识出超过配额报警阈值和配额限制的用户，从而采取相应的措施。

### 3.3.5 盘符和分区格式化

盘符是 DOS、Windows 系统对于磁盘存储设备的标识符。一般使用 26 个英文字母加上一个冒号来标识。早期的计算机一般装有两个软盘驱动器，所以，"A："和"B："这两个盘符就用来表示软驱，早期的软盘尺寸有 8 寸、5 寸、3.5 寸等。而硬盘设备从字母“C：”开始，一直到“Z:”。对于 UNIX，LINUX 系统来说，则没有盘符的概念，但是目录和路径的概念是相同的。

格式化（Format）是指对磁盘或磁盘中的分区（Partition）进行初始化的一种操作，这种操作通常会导致现有的磁盘或分区中所有的文件被清除。格式化通常分为低级格式化和高级格式化。如果没有特别指明，对硬盘的格式化通常是指高级格式化，而对软盘的格式化则通常同时包括这两者。

（1）低级格式化

低级格式化（Low-Level Formatting）又称低层格式化或物理格式化（Physical Format），对于部分硬盘制造厂商，它也被称为初始化（Initialization）。最早，伴随着应用 CHS 编址方法、频率调制（FM）、改进频率调制（MFM）等编码方案的磁盘的出现，低级格式化指对磁盘进行柱面、磁道、扇区划分的操作。随着软盘逐渐退出日常应用，应用新的编址方法和接口的磁盘的出现，这个词已经失去了原本的含义，大多数的硬盘制造商将低级格式化（Low-Level Formatting）定义为创建硬盘扇区（Sector），使硬盘具备存储能力的操作。现在人们对低级格式化存在一定的误解，在多数情况下，提及低级格式化，往往是指硬盘的填零操作。

对于一张标准的 1.44 MB 软盘，其低级格式化将在软盘上创建 160 个磁道（Track）（每面 80 个），每磁道 18 个扇区（Sector），每扇区 512 位组（Byte）；共计 1474560 位组。需要注意的是：软盘的低级格式化通常是系统所内置支持的。通常情况下，对软盘的格式化操作即包含了低级格式化操作和高级格式化操作两个部分。

（2）高级格式化

高级格式化又称逻辑格式化，它是指根据用户选定的文件系统（如 FAT12、FAT16、FAT32、NTFS、EXT2、EXT3 等），在磁盘的特定区域写入特定数据，以达到初始化磁盘或磁盘分区、清除原磁盘或磁盘分区中所有文件的一个操作。高级格式化包括对主引导记录中分区表相应区域的重写，根据用户选定的文件系统，在分区中划出一片用于存放文件分配表、目录表等用于文件管理的磁盘空间，以便用户使用该分区管理文件。

### 3.3.6　使用 Windows 磁盘管理分区

第一步：打开“计算机管理”。按控制面板→系统和安全→管理工具→计算机管理路径，打开“计算机管理”。

第二步：打开“磁盘管理”。在“计算机管理中”打开“磁盘管理”。

第三步：建立主分区。在磁盘中的空白分区里右击，选择新建简单卷。

第四步：指定卷大小。输入所在卷的大小，单位为 MB。数据的换算关系为：1GB=1024MB，1TB=1048576MB。卷的大小应该适当，在安装操作系统的时候对于系统的安装分区有着空间大小的要求。具体见表 3-3-2。

表 3-3-2

| 操作系统 | Windows XP | | Windows 7 | | Windows 8/8.1 | | Windows 10 | |
|---|---|---|---|---|---|---|---|---|
| 版本 | 32 位 | 64 位 | 32 位 | 64 位 | 32 位 | 64 位 | 32 位 | 64 位 |
| 最低空间 | 1.5GB | 2GB | 16GB | 20GB | 16GB | 20GB | 16GB | 20GB |
| 推荐空间 | 5GB | 10GB | 20GB | 30GB | 30GB | 40GB | 40GB | 50GB |

第五步：建立逻辑分区。如果想要建立逻辑分区，那么首先需要建立扩展分区，但是扩展分区只能在使用 MBR 的引导模式的硬盘上使用。如果是 GPT 的引导模式，那么就只能建立主分区。单击右键建立扩展分区，再在扩展分区中建立逻辑分区。

### 3.3.7 在 Windows PE 下使用 DiskGenius 分区

在 Windows PE 下使用 DiskGenius 分区的方便之处在于可以自由地调整所有的分区，DiskGenius 拥有强大的文件系统和分区的管理能力，但是为了保证操作系统的安全性，在 Windows 10 环境下是不能对系统安装盘进行操作的。所以有关安装系统的磁盘操作，在第三方系统中进行分区是最好的选择。

第一步：打开 DiskGenius。进入 Windows PE 系统后，打开 DiskGenius 如图 3-3-1 所示。

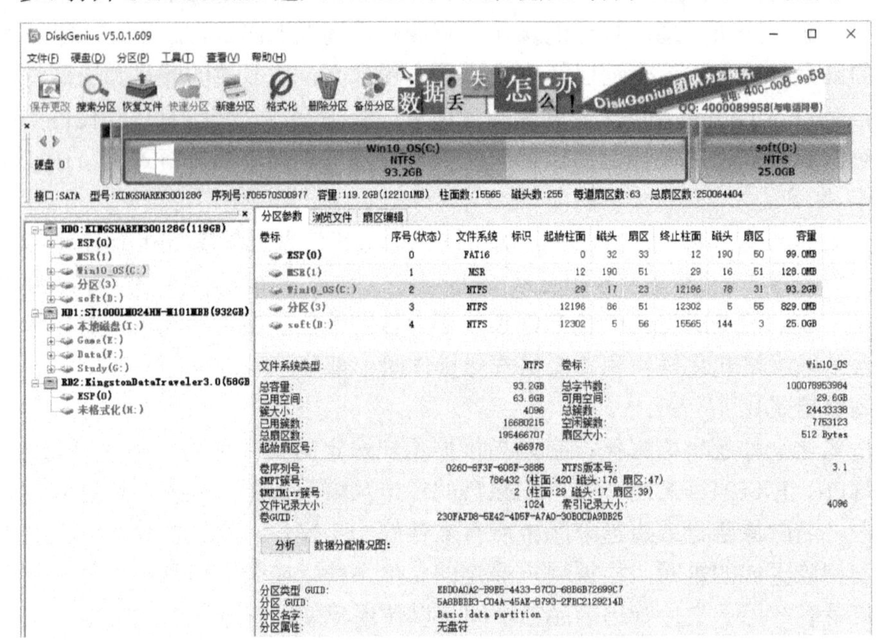


图 3-3-1

第二步：单击快速分区，选择分区数目和分区表类型如图 3-3-2 所示。

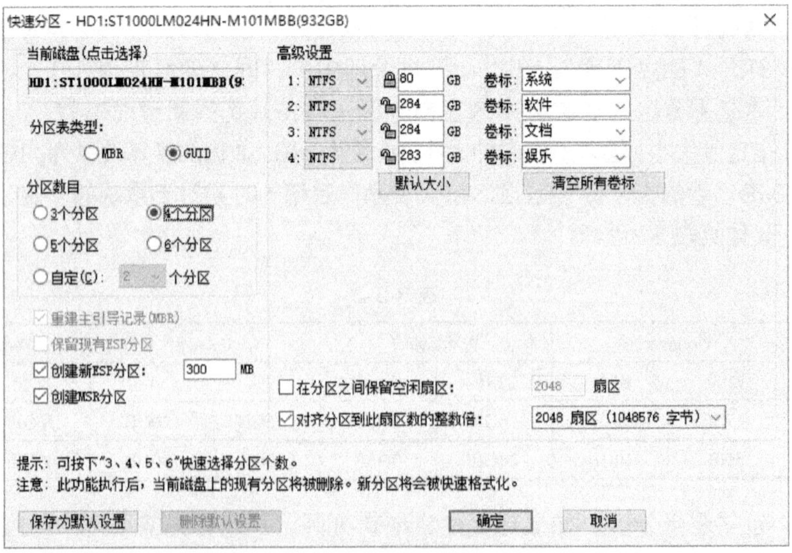

快速分区 - HD1:ST1000LM024HN-M101MBB(932GB)

当前磁盘(点击选择)　HD1:ST1000LM024HN-M101MBB(9

分区表类型：MBR　GUID

分区数目：3个分区　4个分区　5个分区　6个分区　自定(C)：2 个分区

重建主引导记录(MBR)　保留现有ESP分区　创建新ESP分区：300 MB　创建MSR分区

高级设置

1: NTFS 80 GB 卷标: 系统

2: NTFS 284 GB 卷标: 软件

3: NTFS 284 GB 卷标: 文档

4: NTFS 283 GB 卷标: 娱乐

默认大小　清空所有卷标

在分区之间保留空闲扇区：2048 扇区

对齐分区到此扇区数的整数倍：2048 扇区 (1048576 字节)

提示：可按下"3、4、5、6"快速选择分区个数。

注意：此功能执行后，当前磁盘上的现有分区将被删除。新分区将会被快速格式化。

保存为默认设置　删除默认设置　确定　取消

图 3-3-2

第三步：分别确定每一个分区的文件系统类型和分区大小、卷标。单击确定，完成分区。

同时还可以在空闲分区中直接建立新的分区，选择文件系统和分区类型，调整大小，完成分区。

### 3.3.8　使用系统安装盘分区

Windows 系统的安装盘为了方便为裸机安装操作系统，所以在安装程序中内置了分区功能，可以将空闲的分区划分为操作系统所需要安装分区。

第一步：进入分区界面。启动安装盘，选择自定义安装，进入分区界面，如图 3-3-3 所示。

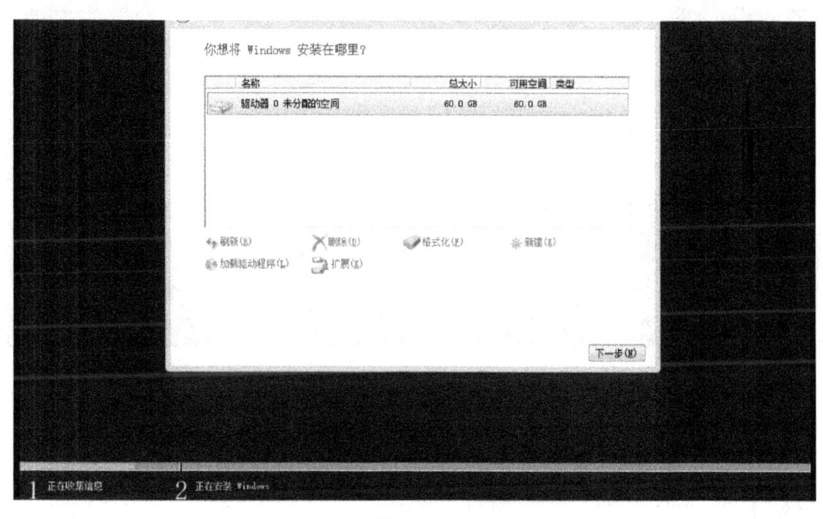


图 3-3-3

第二步：新建系统分区。单击“新建”输入新建分区的大小如图 3-3-4 所示。单击“应用”，Windows 10 的安装系统中默认会为你建立引导分区，并且采用 GPT 的引导方式。

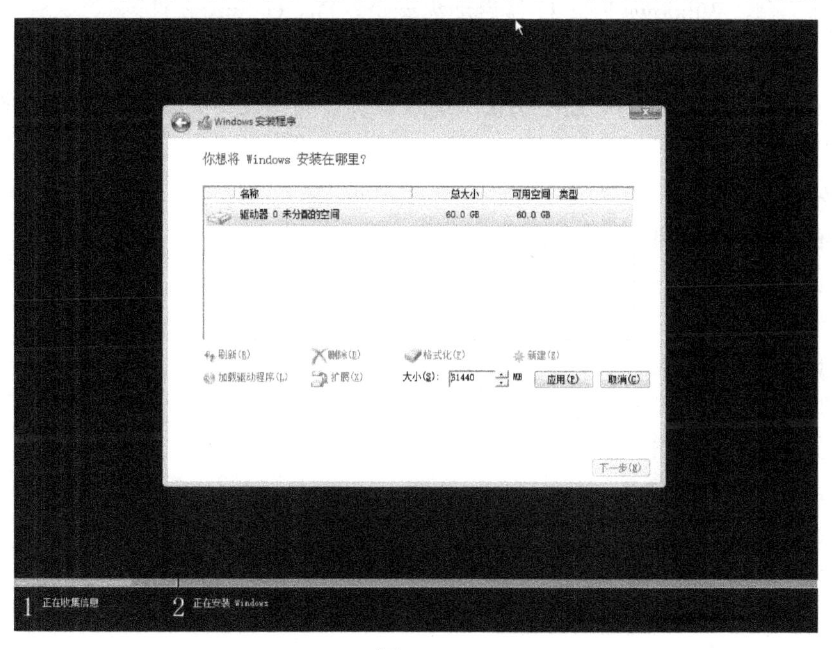


图 3-3-4

第三步：新建其他分区。单击“新建”建立第二个分区如图 3-3-5 所示。

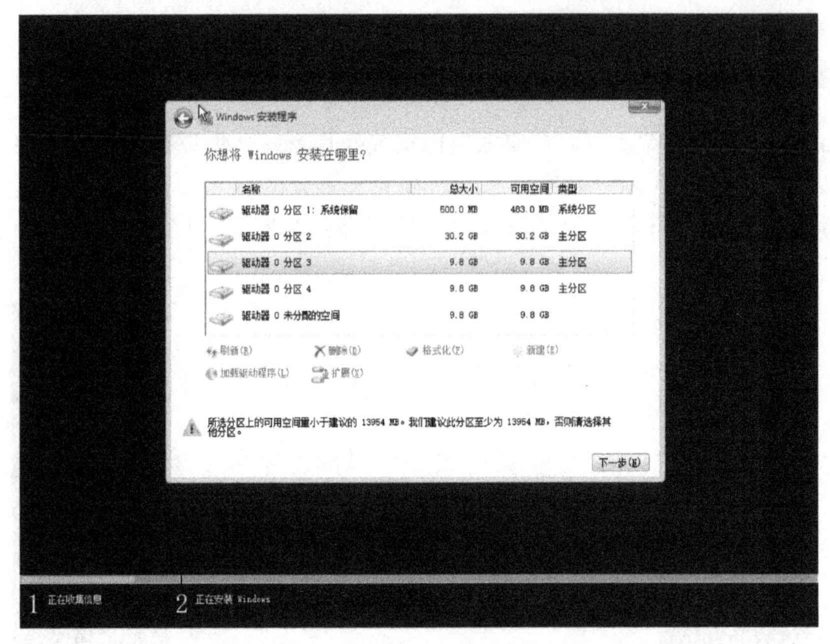


图 3-3-5

## 实训十二　硬盘分区与格式化

**【实训目标】**

掌握计算机的分区。

**【实训准备】**

计算机一台，Windows PE、U 盘启动盘一个，DiskGenius 软件。

**【实训任务】**

在 Windows PE 系统下，使用 DiskGenius 软件，将系统分为使用 GUID 文件系统。

**【实训步骤】**

硬盘分区：

第一步：进入 WinPE 环境运行 DiskGenius。

第二步：选择要分区的硬盘。

第三步：新建分区。

第四步：先建立主磁盘分区。

第五步：建立扩展磁盘分区。

第六步：建立逻辑分区。

第七步：检查分区对齐。

分区格式化：

第一步：选择分区。

第二步：设置格式化选项（如文件类型、快速格式化）。

第三步：开始格式化。

# 任务四 安装原版 Windows 系统、Ghost 还原 Windows 系统

## 任务描述

学会安装全新 Windows 10 操作系统、在现有系统上升级或重装 Windows 10 操作系统和使用 Ghost 软件还原保存的 Windows 10。

## 任务知识

### 3.4.1 Windows 10 操作系统

Windows 10 是美国微软公司研发的跨平台及设备应用的操作系统。是微软发布的最后一个独立 Windows 版本。Windows 10 相比之前版本增加了以下功能。

生物识别技术：Windows 10 所新增的 Windows Hello 功能将带来一系列对生物识别技术的支持。除了常见的指纹扫描之外，系统还能通过面部或虹膜扫描来让你进行登入。当然，你需要使用新的 3D 红外摄像头来获取这些新功能。

Cortana 搜索功能：Cortana 可以用它来搜索硬盘内的文件，系统设置，安装的应用，甚至是互联网中的其他信息。作为一款私人助手服务，Cortana 还能像在移动平台那样帮你设置基于时间和地点的备忘。

平板模式：微软在照顾老用户的同时，也没有忘记随着触控屏幕成长的新一代用户。Windows 10 提供了针对触控设备优化的功能，同时还提供了专门的平板电脑模式，开始菜单和应用都将以全屏模式运行。如果设置得当，系统会自动在平板电脑与桌面模式间切换。

桌面应用：微软放弃激进的 Metro 风格，回归传统风格，用户可以调整应用窗口大小，久违的标题栏重回窗口上方，最大化与最小化按钮也给了用户更多的选择和自由度。

多桌面：如果用户没有多显示器配置，但依然需要对大量的窗口进行重新排列，那么 Windows 10 的虚拟桌面应该可以帮到用户。在该功能的帮助下，用户可以将窗口放进不同的虚拟桌面当中，并在其中进行轻松切换。使原本杂乱无章的桌面变得整洁起来。

开始菜单进化：微软在 Windows 10 当中带回了用户期盼已久的开始菜单功能，并将其与 Windows 8 开始屏幕的特色相结合。单击屏幕左下角的 Windows 键打开开始菜单之后，你不仅会在左侧看到包含系统关键设置和应用列表，标志性的动态磁贴也会出现在右侧。

任务切换器：Windows 10 的任务切换器不再仅仅显示应用图标，而是通过大尺寸缩略图的方式对内容进行预览。

任务栏的微调：在 Windows 10 的任务栏当中，新增了 Cortana 和任务视图按钮，与此同时，系统托盘内的标准工具也匹配上了 Windows 10 的设计风格。可以查看到可用的 Wi-Fi 网络，或是对系统音量和显示器亮度进行调节。

贴靠辅助：Windows 10 不仅可以让窗口占据屏幕左右两侧的区域，还能将窗口拖曳到屏幕的四个角落使其自动拓展并填充 1/4 的屏幕空间。在贴靠一个窗口时，屏幕的剩余空间内还会显示出其他开启应用的缩略图，单击之后可将其快速填充到这块剩余的空间当中。

通知中心：Windows Phone 8.1 的通知中心功能也被加入 Windows 10 当中，让用户可以方便地查看来自不同应用的通知，此外，通知中心底部还提供了一些系统功能的快捷开关，比如平板模式、便签和定位等。

命令提示符窗口升级：在 Windows 10 中，用户不仅可以对 CMD 窗口的大小进行调整，还能使用辅助粘贴等熟悉的快捷键。

文件资源管理器升级：Windows 10 的文件资源管理器会在主页面上显示出用户常用的文件和文件夹，让用户可以快速获取到自己需要的内容。

新的 Edge 浏览器：为了追赶 Chrome 和 Firefox 等热门浏览器，微软淘汰掉了老旧的 IE，带来了 Edge 浏览器。Edge 浏览器虽然尚未发展成熟，但它的确带来了诸多的便捷功能，比如和 Cortana 的整合以及快速分享功能。

计划重新启动：在 Windows 10 会询问用户希望在多长时间之后进行重启。

设置和控制面板：Windows 8 的设置应用同样被沿用到 Windows 10 当中，该应用会提供系统的一些关键设置选项，用户界面也和传统的控制面板相似。而从前的控制面板也依然会存在于系统当中，因为它依然提供着一些设置应用所没有的选项。

兼容性增强：只要能运行 Windows 7 操作系统，就能更加流畅地运行 Windows 10 操作系统。针对固态硬盘、生物识别、高分辨率屏幕等硬件都进行了优化支持与完善。

安全性增强：除了继承旧版 Windows 操作系统的安全功能，还引入了 Windows Hello、Microsoft Passport、Device Guard 等安全功能。

新技术融合：在易用性、安全性等方面进行了深入的改进与优化。针对云服务、智能移动设备、自然人机交互等新技术进行融合。

Windows 10 共有家庭版、专业版、企业版、教育版、移动版、移动企业版和专业工作站版，见表 3-4-1。

**表 3-4-1**

| 版　本 | 功　能 |
|---|---|
| 家庭版<br>Home | Cortana 语音助手（选定市场）、Edge 浏览器、面向触控屏设备的 Continuum 平板电脑模式、Windows Hello（脸部识别、虹膜、指纹登录）、串流 Xbox One 游戏的能力、微软开发的通用 Windows 应用（Photos、Maps、Mail、Calendar、Groove Music 和 Video）、3D Builder |
| 专业版<br>Professional | 以家庭版为基础，增添了管理设备和应用，保护敏感的企业数据，支持远程和移动办公，使用云计算技术。另外，它还带有 Windows Update for Business，微软承诺该功能可以降低管理成本、控制更新部署，让用户更快地获得安全补丁软件 |
| 企业版<br>Enterprise | 以专业版为基础，增添了大中型企业用来防范针对设备、身份、应用和敏感企业信息的现代安全威胁的先进功能，供微软的批量许可（Volume Licensing）客户使用，用户能选择部署新技术的节奏，其中包括使用 Windows Update for Business 的选项。作为部署选项，Windows 10 企业版将提供长期服务分支（Long Term Servicing Branch） |
| 教育版<br>Education | 以企业版为基础，面向学校职员、管理人员、教师和学生。它将通过面向教育机构的批量许可计划提供给客户，学校将能够升级 Windows 10 家庭版和 Windows 10 专业版设备 |
| 移动版<br>Mobile | 面向尺寸较小、配置触控屏的移动设备，例如智能手机和小尺寸平板电脑，集成有与 Windows 10 家庭版相同的通用 Windows 应用和针对触控操作优化的 Office。部分新设备可以使用 Continuum 功能，因此连接外置大尺寸显示屏时，用户可以把智能手机用作 PC |
| 移动企业版<br>Mobile Enterprise | 以 Windows 10 移动版为基础，面向企业用户。它将提供给批量许可客户使用，增添了企业管理更新，以及及时获得更新和安全补丁软件的方式 |

续表

| 版　本 | 功　能 |
| --- | --- |
| 专业工作站版 Windows 10 Pro for Workstations | Windows 10 Pro for Workstations 包括许多普通版 Win10 Pro 没有的内容，着重优化了多核处理以及大文件处理，面向大企业用户以及真正的“专业”用户，如 6TB 内存、ReFS 文件系统、高速文件共享和工作站模式 |

## 3.4.2　操作系统的安装方式

### 1．使用安装盘，直接安装

如果硬盘中没有操作系统，可以通过安装盘安装操作系统，这种安装方法适用于所有的计算机，并且安装的过程中是全新的安装。推荐使用这种方式进行安装。

安装盘可以使用在 Microsoft 官方网站下载 ISO 文件刻录光盘，或是建立 U 盘安装盘。

### 2．升级安装

当用户需要以覆盖原有系统的方式进行升级安装时，可以从 Windows 7 和 Windows 8.1 等老版本升级成最新版的 Windows 10。2015 年 1 月 21 日，微软在华盛顿发布新一代 Windows 系统，并表示向运行 Windows 7、Windows 8.1 以及 Windows Phone 8.1 的所有设备提供，用户可以在 Windows 10 发布后的第一年享受免费升级服务。但是升级安装的模式，会留下大量原有的系统文件，并且升级的时候不适合 32 位和 64 位的切换。

## 3.4.3　Ghost 还原软件

诺顿克隆精灵(Norton Ghost)，英文名 Ghost 为 General Hardware Oriented System Transfer（通用硬件导向系统转移）的首字母缩略字。该软件能够完整而快速地复制备份、还原整个硬盘或单一分区。

Ghost 常被用来备份操作系统，同时也可以用于快速地部署计算机操作系统。

## 3.4.4　安装原版 Windows 10 操作系统

首先获取 Windows 10 的操作系统，刻录成光盘或者制作 U 盘启动盘。

第一步：在 BIOS 中设置为从 CD/DVD 光驱启动，或者在开机时打开 BBS POPUP。

第二步：进入 Windows 10 安装界面后，单击“现在安装”，如图 3-4-1 所示。

图 3-4-1

第三步：输入秘钥，单击“下一步”，如图 3-4-2 所示。

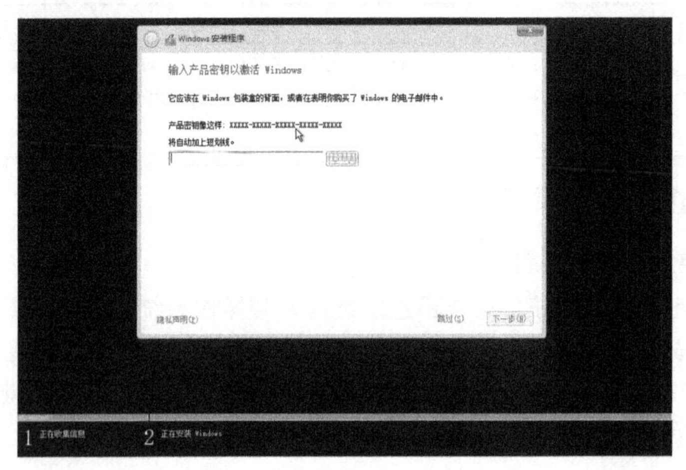


图 3-4-2

第四步：根据自己的需要选择要安装的操作系统，然后单击“下一步”如图 3-4-3 所示。

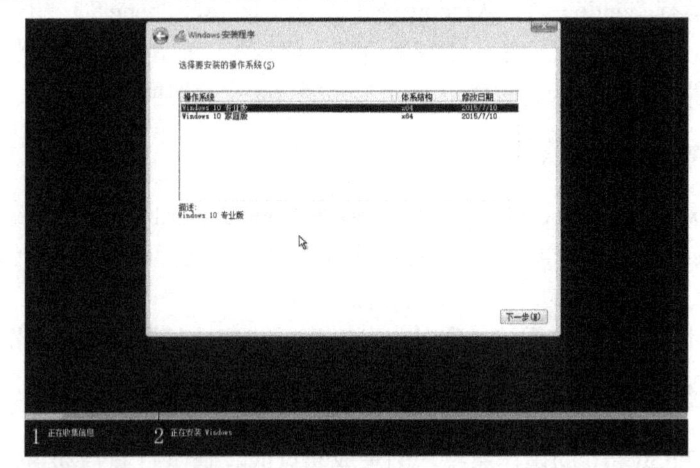


图 3-4-3

第五步：阅读许可条款，勾选“我接受许可条款”，单击“下一步”如图 3-4-4 所示。

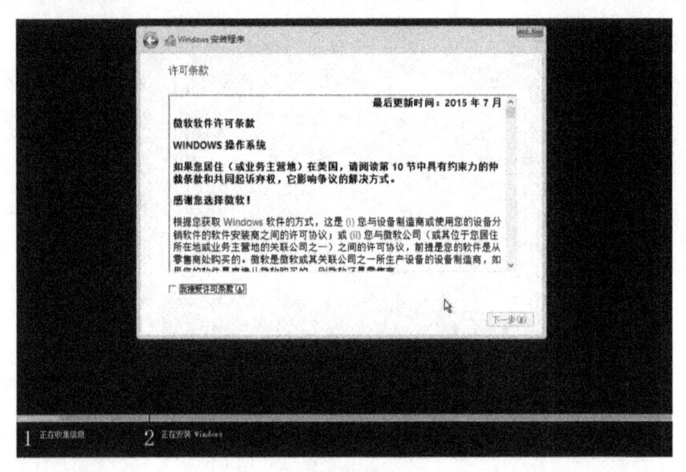


图 3-4-4

第六步：选择执行的安装类型，新计算机选择自定义安装如图 3-4-5 所示。

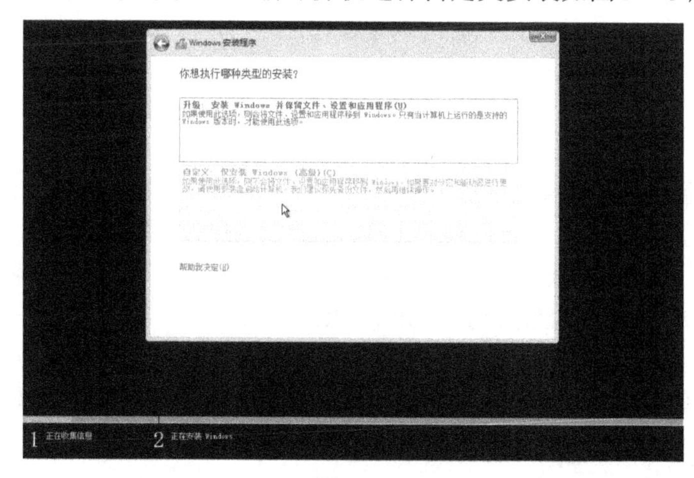


图 3-4-5

第七步：选择安装位置，Windows 系统必须安装在主分区中，并且 MBR 中必须是活动分区如图 3-4-6 所示。

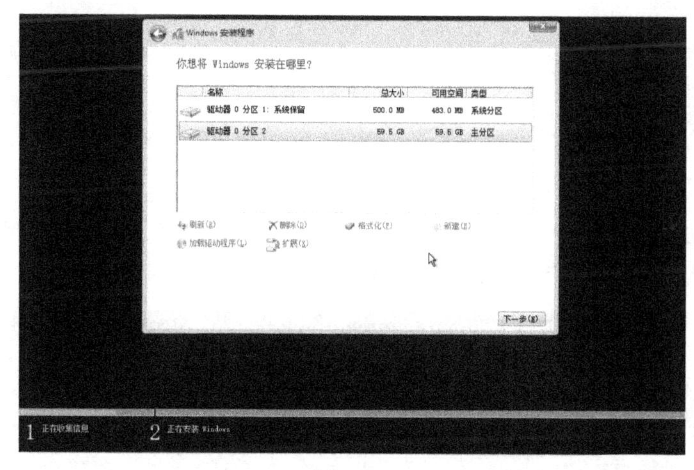


图 3-4-6

第八步：完成安装部署，如图 3-4-7 所示。

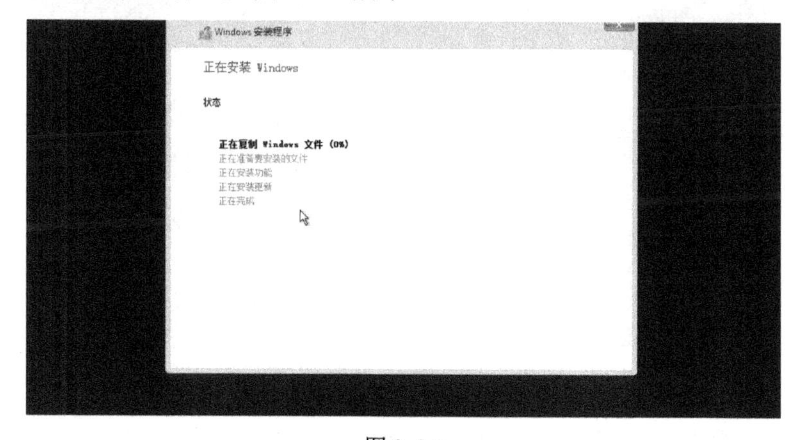


图 3-4-7

第九步：系统会在重启后安装一些必要的驱动，实现操作系统的基本功能。安装盘内会集成一些通用驱动，支持操作系统的基本运行。

第十步：完成安装后，重启、继续安装。

### 3.4.5 使用 Ghost 还原备份的操作系统

Ghost 还原系统可以直接在硬盘上安装后进行，也可以在 Windows PE 中实现安装，在硬盘上直接还原，比较简单，而且必须在拥有操作系统的计算机上实现，所以不再进行实践。任务是利用 Windows PE 系统来实现系统的还原。

第一步：使用 U 盘启动盘启动 Windows PE 系统。

第二步：进入 PE 系统后，使用分区软件进行分区，要求分区引导方式采用 MBR，并且拥有主分区和活动分区，此处不再叙述。运行 Ghost11 还原软件，如图 3-4-8 所示。

图 3-4-8

第三步：启动之后第一个弹出界面如图 3-4-9 所示是关于 Ghost 的相关版本版权信息，直接单击“OK”，关闭该界面进入下一步骤。

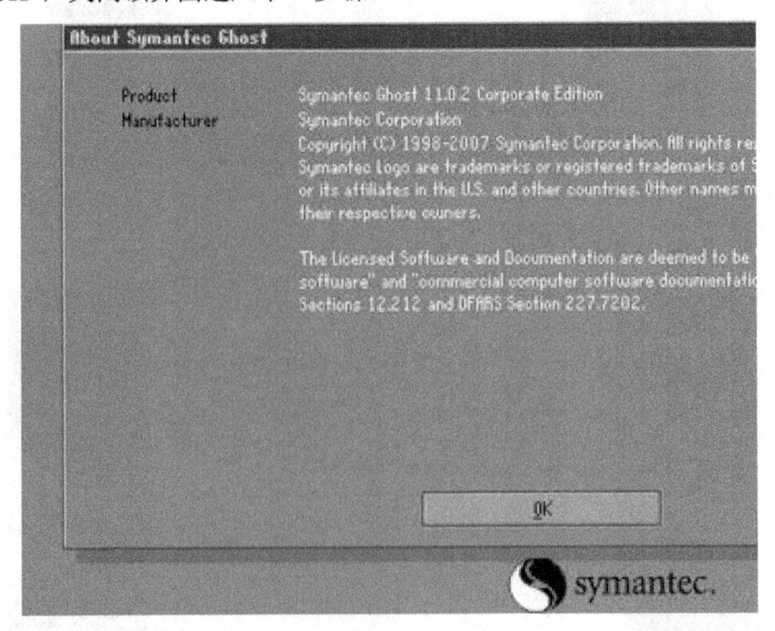


图 3-4-9

第四步：以恢复光盘镜像到指定的本地磁盘分区为例，单击“Local”，然后选择“Partition”，最后选择“From Image”，如图 3-4-10 所示。

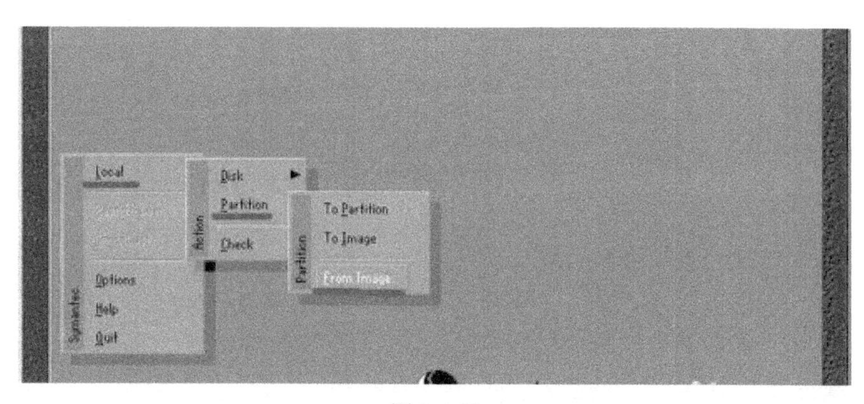


图 3-4-10

第五步：这时会弹出窗口要我们选择需要恢复的镜像文件，找到我们需要的系统镜像文件（一般就是体积最大的 gho 后缀文件），然后单击选中它，如图 3-4-11 所示。

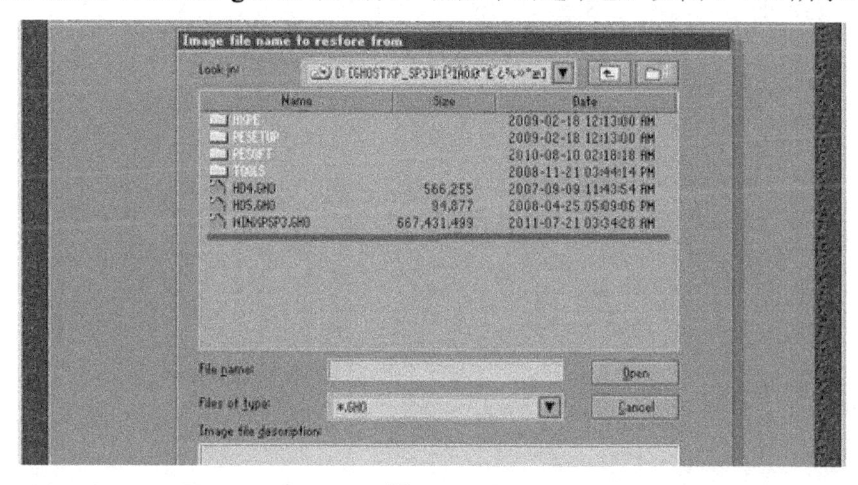


图 3-4-11

第六步：从镜像文件中选择源分区，由于一般只有一个源分区，直接单击“OK”即可，如图 3-4-12 所示。

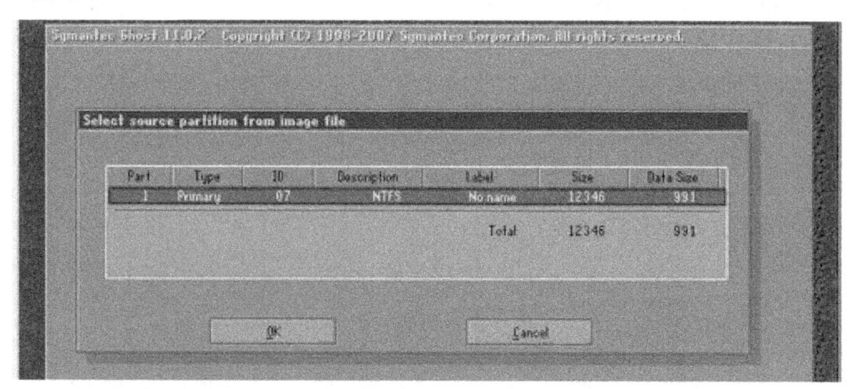


图 3-4-12

第七步：选择要把刚才选中的镜像源分区恢复到哪个本地磁盘，一般用户如果只装有一个硬盘，那么直接单击“OK”，如图 3-4-13 所示。

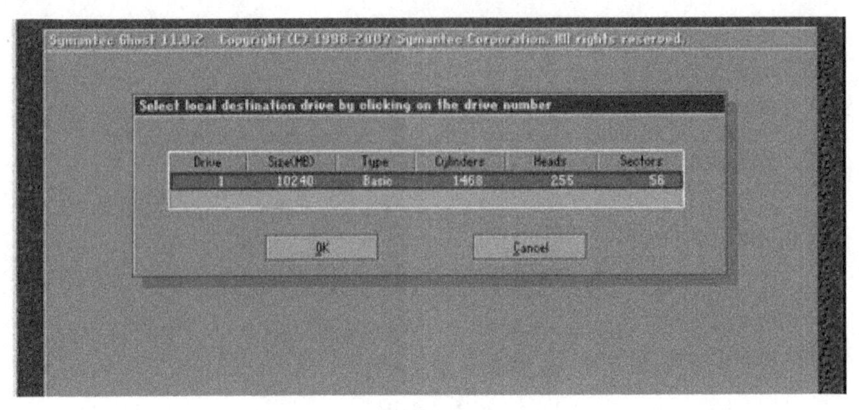


图 3-4-13

第八步：选择要恢复到哪个分区，一般用户都把系统装在 C 盘，也就是 Type 为 Primary 的分区，不确定的话可以通过 Size（容量）大小判断，选好之后单击“OK”，如图 3-4-14 所示。

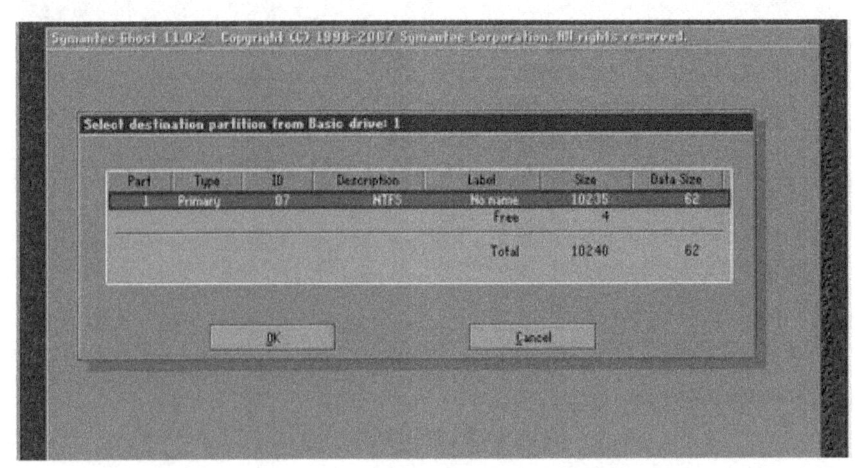


图 3-4-14

第九步：Ghost11 便开始执行上述操作，待进度条走完 Ghost11（如图 3-4-15 所示），提示需要重启，我们重启就可以完成系统的恢复了，要记得重启之后启动盘要改成硬盘。

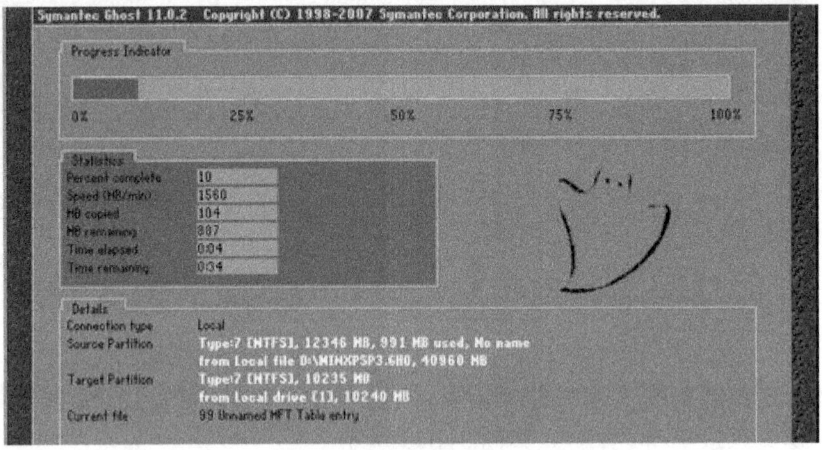

图 3-4-15

### 实训十三　Windows 系统安装

【实训目标】

掌握安装 Windows 操作系统的方法。

【实训准备】

Windows 10 系统安装盘，计算机，U 盘。

【实训任务】

安装 Windows 10 操作系统。

【实训步骤】

1．使用 Windows 10 操作系统安装盘制作 U 盘启动盘。
2．在 BIOS 中设置为使用 U 盘启动。
3．安装 Windows 10 操作系统。
4．完成账户配置等设置，即完成了系统安装。

## 任务五　驱动程序的安装

### 任务描述

掌握安装和升级驱动程序的方法。

### 任务知识

#### 3.5.1　驱动程序的相关概念

驱动程序一般指的是设备驱动程序（Device Driver），是一种可以使计算机和设备通信运行的特殊程序。相当于硬件的接口，操作系统只有通过这个接口，才能控制硬件设备的工作，假如某一个设备的驱动程序未能正确安装，便不能正常工作。

因此，驱动程序被比作“硬件的灵魂”“硬件的主宰”和“硬件和系统之间的桥梁”等。

Windows 10 的系统安装盘内置了大量的通用驱动，能够控制操作系统的基本运行，但是如果想要完全实现硬件的性能还需要安装相对应的驱动程序。

#### 3.5.2　查看设备和驱动信息

在 Windows 中可以通过设备管理器来查看本机的设备信息和驱动程序，如果驱动程序没有正确安装，那么在设备管理器中就不能正常查看设备信息。

设备管理器的打开方式：在“此电脑”上单击右键的菜单中的“管理”，在“计算机管理”中的“系统工具”里，单击“设备管理器”，列出了本机设备的驱动程序，如图 3-5-1 所示。

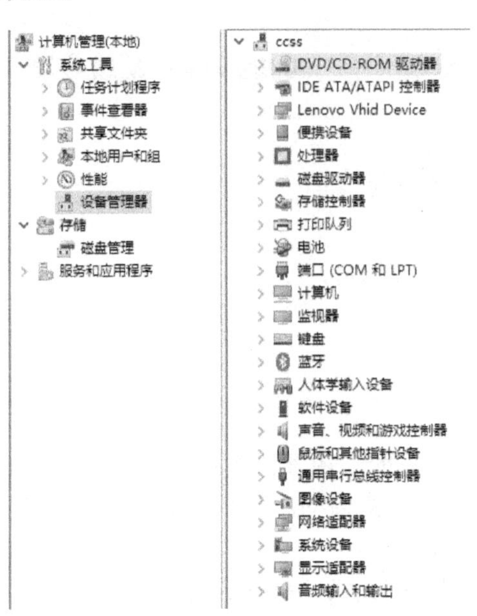


图 3-5-1

### 3.5.3 获取驱动程序

驱动程序的获取有几个基本途径：

（1）查询硬件生产厂家的官方网站下载。

（2）使用驱动修复类软件下载安装。

（3）使用 Windows 10 中的设备管理器从网络搜索驱动程序。

### 3.5.4 使用 Windows 系统获取驱动程序

第一步：打开设备管理器。

第二步：选择相应的硬件设备，如图 3-5-2 所示。

图 3-5-2

第三步：单击右键，选择更新驱动程序。

### 3.5.5 安装驱动程序

#### 1．使用驱动精灵安装驱动程序

现在有很多的驱动修复软件可以很方便地一站式解决驱动问题。比如“驱动精灵”“驱动人生”“鲁大师”都可以作为驱动的安装软件。下面以驱动精灵作为例子，安装驱动程序。

第一步：下载安装驱动精灵，如图 3-5-3 所示。

图 3-5-3

第二步：打开驱动精灵，如图 3-5-4 所示。

图 3-5-4

第三步：单击“立即检测”，检测本机硬件，会自动发现需要安装和需要更新的驱动程序的设备，如图 3-5-5 所示。

第四步：单击升级、安装，对硬件驱动进行升级、安装、修复。

图 3-5-5

**2．从官网获取驱动程序**

以华硕主板为例，首先可以从华硕的官方网站获取驱动程序，如图 3-5-6 所示。

图 3-5-6

第一步：输入主板的型号信息。

第二步：下载相应的驱动程序。

第三步：打开安装包，开始安装驱动程序。

## 实训十四　驱动程序的安装

**【实训目标】**

掌握驱动程序的安装方法。

**【实训准备】**

已安装好 Windows 操作系统的计算机一台。

**【实训任务】**

为你的主板安装驱动程序。

**【实训步骤】**

第一步：查询主板型号，登录主板生产厂家的官方网站。

第二步：下载和你的操作系统相匹配的驱动程序。

第三步：打开安装包，安装驱动程序。

第四步：重启计算机，完成安装。

# 项目四

# 计算机系统的维护

## 任务一　硬件的日常维护

在使用计算机过程中，对各个部件进行及时的日常维护非常重要，它能使用户准确地判断和处理故障，从而避免更大的损失。良好的维护和保养不仅可以保证计算机稳定运行，还可以延长各部件的使用寿命，同时可以有效降低故障的发生率。

### 任务描述

计算机只有在合适的环境中工作，并且平时适当注意日常维护才能长时间正常运行。如何进行日常维护？应注意什么？

### 任务知识

#### 4.1.1　工作环境

在计算机使用过程中，环境条件对计算机的正常运行有着很大影响。环境因素包括温度、湿度、清洁度、锈蚀、电磁干扰和静电等。

（1）理想的温度

计算机的安放位置应尽可能地远离热源，因为当温度超过 26℃时，内存中丢失数据的可能性开始出现，逻辑运算、算术运算的结果，甚至显示屏上的数据都可能出现错误。一般情况下，机房的温度要控制在开机时 18～24℃，关机时 0～40℃。

（2）适合的湿度

适合的湿度是指 30%～80%的相对湿度，相对温度过低，容易产生静电，对计算机造成干扰。相对湿度过高，会使计算机内部焊点和插座的焊点的接触电阻增大，也容易使计算机的元器件锈蚀。

（3）清洁度

主机和显示器中的静电会吸附灰尘，灰尘对计算机的损害很大，如造成键盘不能正常输入，磁盘、光盘上的数据无法读出等，因此应保持清洁的工作环境。

（4）锈蚀

各种扩展槽、芯片插座都会因氧化作用而锈蚀，从而造成接触不良或短路。为了防止空气的氧化作用，空气越干燥越好。但空气干燥，静电也随之增多，元器件容易受到破坏。所以应尽可能让计算机在低温、散热好的环境下工作。

（5）电磁干扰

计算机放置在有较强磁场的环境中，就有可能造成数据损失、显示器产生花斑抖动等一些莫名其妙的现象，这是由电磁干扰引起的。这种电磁干扰主要由音响设备、电机、电源静电以及较大功率的变压器等产生。因此，应尽量使计算机远离 UPS、日光灯、电扇这些干扰源。

（6）静电

静电干扰会对计算机元器件造成损害，是计算机操作和维修人员必须注意的一个问题。

（7）防震

计算机工作时不要搬动主机或使其受到冲击震动，对于硬盘来讲这是非常危险的动作。

（8）开关机

不能频繁地开、关机，因为这样对各配件的冲击很大，尤其是对硬盘的损伤更严重。一般关机后距下一次开机时间至少应为 10 秒钟。

特别注意当计算机工作时，应避免进行关机操作。如计算机正在读写数据时突然关机，很可能会损坏驱动器（硬盘、光驱等）；更不能在机器正常工作时搬动机器。如果电压不够稳定，最好给计算机配一个稳定的电源。如果经常停电，考虑数据的安全，最好给计算机配一个 UPS 电源，有些 UPS 电源还具稳压功能。不要对各种配件或接口在开机的状态下插拔（支持热插拔的设备除外，如 USB 设备），否则，可能会造成烧毁相关芯片或电路板的严重后果。

（9）保管相关物品

应妥善保管计算机各种板卡及外设的驱动程序光盘及说明书，尤其是主板说明书。

### 4.1.2 清洁工具

（1）防静电毛刷。主要用于清洁各种元器件，不会损坏元器件。

（2）皮老虎（或小型吸尘器、吹气球）。主要用于清除灰尘、毛发等污物。

（3）清洁剂。去除难清洁的污垢，保证部件正常工作。

（4）清洁小毛巾/镜头试纸。配合清洁剂擦拭，可以保持各部件的清洁和正常功能。

（5）铁刷。去除电路、铁丝、引脚上的一些锈蚀物，或是部件上日久积聚的难清洁的污物。

### 4.1.3 基本硬件的维护

#### 1. 灰尘、水、震动、静电是电脑的要害。日常使用时应注意下列事项

（1）防尘：防止灰尘进入电脑机箱及显示器内。使用过程尽量保持环境清洁，并定期清理电脑主机内的灰尘（带封条机箱除外）。

（2）防水：防止液体进入电脑的任何部分，保持室内通风。不要将电脑放在湿度较大的房间内使用。

（3）防震：在使用的过程中要防止对电脑的震动，应将电脑平稳放置在电脑桌或台上，以防不小心摔落等。

（4）防静电：在触碰电脑机箱及显示器前可以将手掌放在墙壁、地面上去除静电。

2．电脑主机的使用

（1）电脑是由许多紧密的电子元件组成的。因此务必要将电脑放置在干燥的地方，以防止潮湿引起电路短路。

（2）电脑在运行过程中 CPU 会产生大量的热，如果不及时将其散发，则有可能导致 CPU 过热、工作异常、死机等故障。因此最好将电脑放置在通风凉爽的位置以便电脑散热。

（3）电脑在刚加电和断电的瞬间（开关机）会有较大的电冲击，容易使主机出现异常。因此在开机前应该先给外部设备加电（主机 USB 等接口设备有自带电源的设备）。关机时则相反，应该先关主机（有特殊要求的设备除外），然后关闭外部设备的电源。这样可以避免主机中的部位受到大的电冲击。

（4）在使用计算机的过程中还应该注意以下两点：

① Windows 系统不能任意开关，一定要正常关机（屏幕左下角开始－关机－确定）；② 如果死机，应先设法“软启动”（同时按住三键 Ctrl+Alt+Del），如无效再使用“硬关机”（按电脑电源开关数秒钟）。

（5）在计算机运行过程中，计算机的各种设备不要随便移动，不要拔插各种接口卡，也不要装卸外部设备和主机之间的信号电缆。如果需要做上述改动的话，则必须在关机且断开电源线的情况下进行。

（6）不要频繁地开、关计算机。关机后立即开机会使电源装置中的器件被损坏，也有可能造成硬盘的损坏导致无法开机或数据丢失。在这里建议如果要重新启动计算机，则应该在关闭计算机后等待 10 秒钟以上。

（7）大多数电脑上都储存了一些重要的文件，而一般硬盘的正常寿命是数千小时。为了提高硬盘的使用速度和寿命，可以定期地对硬盘进行磁盘整理。

① 磁盘清理：开始－附件－系统工具－磁盘清理

② 碎片整理：我的电脑－右击（C、D、E、F）磁盘－属性－开始整理

（8）数据建议存放在不同分区，减少对硬盘某一扇区的经常读写，导致这一扇区的损坏。

（9）建议对重要的数据进行备份，并存放在不同的地方。如：U 盘、移动硬盘或服务器。

3．液晶显示器的日常维护

（1）液晶显示器最大的禁忌在于触摸液晶面板。液晶面板表面有专门的涂层，可以防止反光，增加观看效果。人手上有一定的腐蚀性油脂，会轻微的腐蚀面板涂层，时间长了会造成面板永久性的损害。

（2）杜绝没事喜欢用手去压、按液晶面板，这样会导致压坏和暗斑。

（3）日常中对液晶显示器的清洁也是很必要的，但千万不要用酒精来擦拭，因为酒精会腐蚀涂层。正确方法应该是在关闭电源的情况下，可用棉布代替专业擦拭纸巾，沾少许纯净水轻轻擦拭，哪里脏了就擦哪里，原则上不要扩大范围，完成后再用干的棉布轻拭一遍，去掉水印即可。

4．电脑主机的定期维护

（1）把电脑放置在干燥通风、有阳光处。

（2）用螺丝刀将主机箱打开。

（3）将风扇拆下来单独清理。

（4）用抹布和酒精进行擦拭，酒精不可过多。

（5）卫生纸二次擦拭。

（6）吹风机二次吹风，防止酒精残留。

（7）用吹风机或吸尘机吹、吸走附着在机箱内部和硬件上的灰尘。

（8）首次按编号顺序进行。后序按定期时间（附表）距离进行，在循环内完成对所有电脑的维护工作。

## 习　题

### 一、单选题

1．使用计算机的次数少或使用的时间短，就能延长使用寿命（　　）。

A．对　　B．错

2．将笔记本电池拆下保存可以提高电池寿命（　　）。

A．对　　B．错

3．主板可以安装不平，只要不与机箱接触就行（　　）。

A．对　　B．错

4．使用电烙铁、电风扇一类电器时可以不接地线（　　）。

A．对　　B．错

5．灰尘对显示器影响不大，不必买防尘罩（　　）。

A．对　　B．错

6．鼠标的灵活性下降时将鼠标底座四角垫高一些就没问题了（　　）。

A．对　　B．错

7．显示器接触不良将会导致显示颜色减少或者不能同步（　　）。

A．对　　B．错

8．计算机理想的工作温度是（　　）。

A．0～10℃　　B．10～30℃　　C．30～60℃　　D．50～100℃

9．生活中使用最为广泛的键盘是（　　）键盘。

A．薄膜式　　B．机械式　　C．静电容量式　　D．导电橡胶式

10．对（　　）接口鼠标进行热插拔，有可能损坏鼠标和接口。

A．USB　　B．PS/2　　C．串口　　D．任何接口

11．计算机理想的工作湿度应为（　　）。

A．10%～30%　　B．30%～60%　　C．45%～65%　　D．60%～80%

12．下列部件在安装时，需要用螺丝进行固定的是（　　）。

A．CPU　　B．内存　　C．显卡　　D．U 盘

13．下列部件在安装时，不需要用螺丝进行固定的是（　　）。

A．网卡　　B．硬盘　　C．声卡　　D．CPU

14．清洁下列计算机零部件时，（　　）部件不是以清理灰尘为主。

A．CPU 散热器　　B．主板　　C．内存条　　D．PCI 插槽

15．室内相对湿度大于（　　）时，显示器会有漏电的危险。

A．80%　　B．70%　　C．50%　　D．30%

16．室内相对湿度小于（　　）时，计算机会有产生静电干扰的危险。

A．40%　　B．30%　　C．60%　　D．70%

17．在打开机箱之前，双手要触摸一下地面或者墙壁，原因是（　　）。

A．去掉灰尘　　B．清洁手部　　C．释放静电　　D．增大摩擦

18．计算机电源的交流电正常的范围应在220V±（　　）%。

A．10　　B．20　　C．30　　D．40

19．可以用（　　）来擦拭金手指，除去尘土。

A．砂纸　　B．酒精　　C．清洁剂　　D．油画笔

20．显示器工作时湿度应保持在（　　）之间。

A．10%～50%　　B．30%～80%　　C．45%～85%　　D．60%～100%

21．计算机电源的输入电压频率是（　　）Hz。

A．20　　B．30　　C．40　　D．50

22．与台式机硬盘相比，笔记本硬盘（　　）。

A．容量更大　　B．抗震性能好　　C．读取速度快　　D．寿命长

23．当内存条的金手指出现氧化层或沾上油污，可以用（　　）来擦拭清洁。

A．砂纸　　B．卫生纸　　C．橡皮　　D．毛笔

24．以下（　　）接口鼠标可以热插拔。

A．USB　　B．PS/2　　C．串口　　D．以上都可以

25．一般计算机关机后距离下一次开机的时间间隔至少应有（　　）。

A．1分钟　　B．3秒　　C．20秒　　D．10秒

26．笔记本计算机需要注意“三防”，下列选项中，（　　）不属于“三防”。

A．防水　　B．防尘　　C．防热　　D．防震

27．计算机硬盘要轻拿轻放，是害怕（　　）部位受到震动。

A．盘片　　B．磁头　　C．电路板　　D．主轴电机

28．ATX电源插头是双排（　　）针插头。

A．10　　B．20　　C．30　　D．40

29．计算机的所有部件中，寿命最长的部件是（　　）。

A．CPU　　B．硬盘　　C．显示器　　D．内存

30．对于笔记本电脑，下列操作不正确的是（　　）。

A．笔记本使用中进水，立即除去水分

B．从室外移动到温暖环境，20分钟不开机

C．笔记本可以拆开，用电吹风烘干

D．吃东西的时候，不使用笔记本

31．在日常的使用中，不会导致硬盘损坏的是（　　）。

A．电磁干扰　　B．潮湿　　C．震动　　D．电压不稳

**二、不定项选择题**

1．下列（　　）针对喷墨打印机喷头维护的说法是正确的。

A．不要将喷头从主机上拆下并单独放置

B．避免用手指和工具碰撞喷嘴面

C．最好不要在打印机处于打印过程中关闭电源

D．不要将汗、油、药品（酒精）等沾污到喷嘴上

2．激光打印机的清洁步骤有（　　）。

A．用微湿的布清洁打印机外部，只能用清水将布沾湿

B．用刷子或者光滑的干布清洁打印机内部，擦去机内所有的灰尘和碎屑

C．若衣服上沾染了碳粉，可用干布擦掉，然后用冷水清洗

D．用热水清洗

3．计算机软件系统的日常维护内容有（　　）。

A．病毒防治　　　　B．数据整理

C．计算机操作系统维护　　　　D．数据备份

E．计算机网络维护

4．软件维护包括（　　）步骤。

A．删除系统中不需要的软件

B．清除系统中的临时文件

C．磁盘碎片整理

D．清理注册表

5．目前在预防病毒工具中采用的技术主要有（　　）。

A．智能判断型

B．智能监察型

C．监测写盘操作，对引导区 BR 或主引导区 MBR 的写操作报警

D．检测一些病毒经常要改变的系统信息，以判断是否存在病毒行为

6．打印机的电源连接良好，打开电源开关，电源指示灯不亮，造成该现象的原因通常是（　　）。

A．控制电路损坏　　　　B．自测结构损坏

C．电源电路损坏　　　　D．驱动电路损坏

# 任务二　软件的日常维护

计算机系统维护指的是：为保证计算机系统能够正常运行而进行的定期检测、修理和优化。主要从硬件和软件两方面入手，硬件维护包括计算机主要部件的保养和升级；软件维护包括计算机操作系统的更新和杀毒等，以维护软件系统的正常运行。

## 任务描述

计算机系统，除了必要的硬件以外，软件系统的高效和稳定运行是影响整个计算机正常工作的关键，软件维护的作用是保证软件系统的正常工作，计算机的维护首先是软件维护。计算机系统由软件系统和硬件系统构成，软件系统负责管理、协调计算机各个部分的运行；硬件系统就是计算机系统上的部件。计算机的功能一般来说以硬件为基础，在硬件的基础上用软件来实现。软件故障一般是造成文件、信息的丢失，但不至于把故障扩大到不可修复的程度，硬件故障就有可能造成毁灭性的损失。因此，计算机系统的维护与管理，

首先应该是软件的维护，只有在确切证明不是软件故障之后再作硬件故障的处理。

软件系统维护内容包括系统或相关应用软件的备份；应用软件、操作系统、杀毒软件、病毒库和木马库的更新和完善等。在软件系统维护与管理时可下载相应的系统优化软件和设备管理软件，优化系统的运行速度，提高计算机的运行效率，节约运行时间，确保计算机系统的健康安全运行。

## 任务知识

### 4.2.1 病毒的防治

计算机不仅要安装一些常用的功能软件，而且还要安装一些具有防护功能和杀毒功能的软件，这样计算机才能正常安全的工作。由于U盘的盛行和网络软件及邮箱的普及，无孔不入的病毒如“冲击波”“熊猫烧香”等破坏计算机系统的病毒和木马，使得计算机没有杀毒软件简直就无法使用。

计算机系统安装正版的操作系统一方面有利于系统的稳定和安全，另一方面也有利于病毒的防治，制止导致系统崩溃的病毒入侵。同时规范常用软件的安装也能从根源上进行病毒的防治，另外，一定要安装正版的杀毒软件，目前大部分的防治系统和杀毒软件实行免费，如360安全卫士和360杀毒等病毒防治软件和程序，只需下载安装就能实现一般病毒和木马程序的防治，从而维护计算机系统的安全。由于相关资料的传送一般通过互联网作为载体，人为产生病毒通过U盘互传。

防治病毒的传播可通过修改计算机系统中的注册表，禁止计算机系统中各磁盘的自动运行功能。可通过在“开始”菜单中“运行”框输入“gpedit.msc”，在“组策略”下的“计算机配置”和“用户配置”的“管理模板”中，打开“系统”菜单中的“关闭自动播放”的设置，选择“所有驱动器”，最后保存即可。

### 4.2.2 软件的维护与管理

（1）不要轻易删除或修改系统文件。系统文件是计算机操作系统正常运行的基础，不要对系统文件的数据信息随意地修改，预防误操作引起系统崩溃。

（2）可利用注册表编辑器对部分功能进行手工修改，隐藏驱动器图标和控制面板等相关功能单元，起到对系统文件的预防性非法操作；另外，下载安装操作系统的升级程序，对加强系统运行的安全性和可靠性是十分必要的。

（3）早期版本的漏洞。由于软件漏洞很多，在第一次运行新软件前，有必要对应用软件进行更新或是病毒的检测，确保安全后再安装使用。

### 4.2.3 加强软件安全维护

#### 1．权限设置

计算机系统采用密钥口令来控制授权访问，设置口令应当复杂且方便自己记忆，有必要定期更换口令密钥。根据系统访问用户的不同可以设置不同的访问权限，用户需要对系统的所有数据资源进行权限控制，合理分配出不同用户的权限能力。

#### 2．软件防御

加强系统软件本身的防御能力，如设置防火墙技术可以构成系统对外防御的第一道屏障。防火墙技术也是网络访问的入口，但是不能对内部网络进行完全保护，必须结合其他有效措施，合理的防御方法才能提高系统整体的防御能力。同时把计算机软件安全检查和漏洞修补以及系统备份安全作为辅助软件防御措施。对于操作系统本身的漏洞来说，定期升级系统补丁，可以有效提高系统的安全防御能力，弥补系统本身的漏洞缺陷。

**3．软件维护操作**

（1）必要的备份措施是软件维护的关键，备份包括注册表信息备份，系统初始化程序备份等，安全管理必须建立恢复文档资料。

（2）掌握快速高效系统恢复的方法，如使用 ghost 恢复系统就是一个方便快速的途径，周期性地对系统进行备份，这样在数据恢复的时候可以恢复到最近使用的时间内。

（3）Windows 操作系统包含了多种帮助功能和磁盘分析整理工具，在遇到各种问题的时候，这些系统自带的信息可以方便查阅，系统日志会记录各种操作，在操作系统遇到破坏修改时，是重要的参考信息。

**4．软件维护方法**

出现软件故障时常用维护方法如下：

（1）遇到故障时，先进行观察，根据一些异常现象，如听到的异常声音以及电脑给出的错误提示，进行简单的判断。

（2）对于软件故障，应先判断是属于系统故障，还是正在运行的应用程序的故障，或者是否被病毒侵入了。一般情况下，系统程序比较稳定，出现故障的概率比较小。大部分故障是出于应用程序本身设计上的问题或操作的问题，如没有按规定打开、关闭应用程序，同时打开多个应用程序等。不要随意删除系统程序，打开一个应用程序时，最好把其他应用程序先关闭，这样就不会引起系统冲突。

（3）安装系统时系统盘分区不要太大，系统盘的文件格式尽可能选择 NTFS 格式。

（4）应用程序经常出错时，最好重新安装一下程序。

（5）定制好自动更新。自动更新可以为计算机的许多漏洞打上补丁，也可以免受一些利用系统漏洞攻击的病毒。

（6）安装防病毒软件和防流氓软件。

### 4.2.4　软件的日常维护与管理

软件系统的日常维护与管理在计算机维护中是非常重要的内容。Windows 本身是一个非常开放、同时也是非常脆弱的系统，稍微使用不慎就可能会导致系统受损，甚至瘫痪。因此做好系统日常维护，是确保计算机系统健康安全运行的关键，也是对计算机硬件本身最好的保护。

**1．磁盘日常维护**

在软件系统日常维护中，很重要的一部分内容就是磁盘的管理和维护。当磁盘经过一段时间使用后，经常会出现一些垃圾文件，这些文件没有任何作用却占据磁盘空间，导致磁盘可用空间不足。可使用 Windows 系统自身提供的“磁盘清理”安全地删除系统各路径下存放的垃圾文件，完全释放磁盘空间。在磁盘中，数据的存储有时并不完全按照顺序进行，因此在使用一段时间以后，在磁盘中会出现文件碎片。而磁盘在读取含有碎片的程序时，速度也会明显变慢。因此，定期使用 Windows 系统自身提供的“磁盘碎片整理”对磁盘进行优化。

### 2. 添加/删除程序

定期删除不再使用的应用程序非常重要，当系统中安装了过多的应用程序时，对系统的运行速度是有影响的，应用程序不用时就应该及时将其删除。正确删除程序的方法是利用程序本身提供的自动卸载功能，或者进入“添加/删除程序”界面进行删除。

### 3. 文件备份

备份即保存有用的数据，数据包括用户的有关资料和各种相关的硬件驱动。系统恢复之前，一定要备份，备份后再安装系统。

### 4. 调整显示模式

显示模式的调整是非常重要的，如果显卡速度不快，不要使用过高的显示刷新速率设置，一般 75Hz 是一个不错的选择。

### 5. 删除顽固文件

删除系统中的顽固文件，可进入“安全模式”执行删除文件的操作；还可以利用 Windows 资源管理器的第三方工具删除，例如 360 安全卫士等软件。

### 6. C 盘占满的问题

清除系统盘下杀毒删除病毒后备份的文件。U 盘感染病毒后，杀毒软件对 U 盘进行杀毒时会将所杀 U 盘文件，自动进行备份到系统盘。经过多次杀毒后会发现系统盘已经满了，从而系统无法使用。解决这个问题也很简单，只需删除这些备份文件即可，这些存储在 C:\Users\用户名\AppData\ Roaming 和 C:\Users\用户名\AppData\Local 这些目录中，只需清除其中的文件即可，有些文件删不掉，不用担心，这时大量的不需要的文件已经被清掉了，此过程需要 10 分钟左右，请耐心等待。

## 习　题

### 一、填空题

1．常见计算机病毒有________、________等。

2．计算机系统采用密钥口令应遵循的原则有________和________原则。

3．系统盘的文件格式尽可能选择________格式。

4．删除系统中的顽固文件，可进入________模式执行删除文件的操作。

5．系统恢复之前，一定要先________后再安装系统。

### 二、简答题

1．计算机安装正版的操作系统有哪些好处？

2．如何加强计算机的软件防御？

# 任务三　常见故障的处理

计算机由硬件和软件两部分组成，任何一部分出现问题都会导致故障，平时使用中常见的故障大致可分为以下几种：按开机键电脑不通电、主机通电但显示器不显示、开机正常但无法启动系统、可登录系统但系统反应迟钝、死机、蓝屏或反复重启等，以下就这些故障分析一下常见的原因和处理方法。此外，也可以通过电脑、手机百度等工具在网络上搜索查找相关的问题及解决方法。

## 任务描述

常见的组成部分：主机、显示器及外设操作（键盘、鼠标、手写录入及其他操控设备）。

其中主机内包括：电源、主板、CPU（中央处理器）、散热器、内存、集成显卡或独立显卡、硬盘、光驱、PCI 接口其他扩展设备等。

主板、CPU、内存及显卡设备的硬件类型非常多，相互之间存在是否兼容的问题，不兼容的设备无法组装在一起使用。电源的选择也很重要，不匹配的电源会导致硬件供电不正常，此外，主机在使用过程中应注意保护，不可强烈震动，防潮湿、防静电，内部设备应保持清洁，积灰需要经常处理。

## 任务知识

### 4.3.1　按开机键主机不通电

（1）检查电源连接情况：包括插线板接口是否有电源输出，主机电源线是否完好，连接主机的电源接口是否完全接入等检查。需要的工具有万用表或电笔。

（2）如果电源线输出正常，则检查主机电源本身是否损坏，这里有一个跳线测试法，如图 4-3-1 所示。

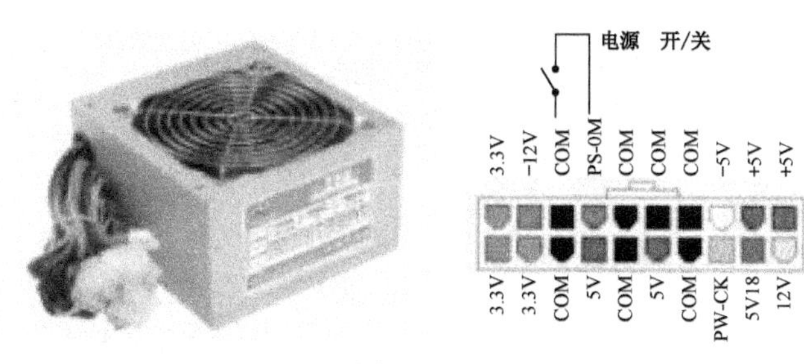


图 4-3-1

将电源 20 针接口中的绿色线束接口与其相邻的黑色线束接口短路即可触发启动电源，可以看到电源风扇转动，如果电源不启动则是电源损坏，主机需要更换电源。

（3）如果测试电源完好，主机还是不加电，则检查机箱面板上的开机按扭是否正常，如果按扭接触不良或连接主板的触发线中断则无法启动主板电源。方法是找到主板上的开机跳线针脚，通常标有 PWE SW 字样，通过短路两个针脚即可启动主板，如果主板启动则说明电脑开机按扭有故障，如果主板仍然没有反应则进一步检查电脑主板。如图 4-3-2 所示为主板上的开机针脚。

图 4-3-2

（4）最后，判断电脑主板是否有问题，主板故障的原因很复杂，有时不加电，有时也能通电。这里可以先目测，查看主板外观是否有明显的损坏，各元器件是否有烧毁的痕迹，主板电容是否有鼓泡和漏液的现象，如果主板有烧毁现象也能闻出有刺鼻的气味。其次可以通过万用表工具测量主板各供电转换元件是否有电压输出或短路。如果是主板问题，那么只能更换电脑主板才能继续使用。

### 4.3.2 按开机键主机通电但显示屏不亮

（1）开机后主机发出“滴”的一声，这种情况一般是系统通过了自检且已启动，如果显示器黑屏则首先检查显示器是否有电源，如果显示器有电源且屏幕显示“无信号输入”，此时应检查主机的 VGA 视频输出线是否连接到显示器，如果没有充分连接显示屏就会出现“无信号输入”的提示，或者是出现偏色，即屏幕有显示但是全是红色、蓝色或是绿色，此时连接好视频线即可。

（2）开机后主机有一阵连续短鸣的报警声，显示器黑屏，通常这种报警声都是由于主板上的内存接触不良或松动后主板没有检测到内存造成的，这是较为常见的现象，通常取下内存重新插拔一下即可。如果发现内存的金手指很脏，需要用橡皮擦干净后才能安装，否则仍然接触不良。安装时需要注意内存卡口的位置，不同型号的内存卡口位置不同（如图 4-3-3 所示），否则安装不上。

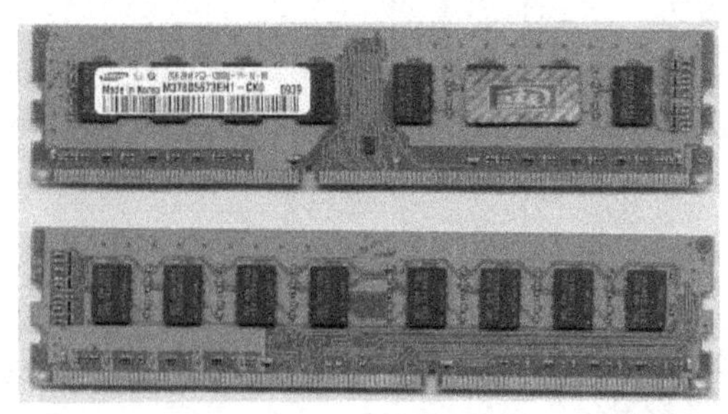

图 4-3-3

（3）开机后主机发出一阵持续长鸣声，这种情况一般是主机内独立安装的显卡接触不良或没有检测到显卡，打开主机箱重新插拔显卡，一般能解决问题。

（4）开机没有报警且显示器黑屏，这种情况无法直接判断哪个部件有问题，需要打开机箱逐一检查。

① 首先，重新插拔内存，有些内存问题或兼容性问题会导致黑屏且无报警声，此时只能通过重插拔或更换来排除是否内存问题；

② 如果主机内有独立显卡，拔掉独立显卡开机，如果出现报警声有可能是显卡故障或损坏，如果主板自带显示接口，那么就拔掉独立显卡使用自带显示接口，如果没有就只能更换显卡试试；

③ 主板放电和 CMOS 放电，主板放电即拔掉主机电源线，然后按一下开机按扭，再次插上电源线开机。COMS 放电即是拔掉主板上的纽扣电池，一是通过短路正负极 10 秒，二是开机通电，两种方式都可以还原 BIOS 设置（注：BIOS－基本输入输出程序是软件，CMOS－保存系统硬件配置和参数的 RAM 芯片是硬件），放电后安装好电池或更换电池后再次开机；

④ 如果内存和显卡等部件都没有问题且 BIOS 已还原设置后还是黑屏，接下来可以将连接主板的硬盘及光驱的电源线和数据线拔掉，PCI 接口上如果有扩展设备也一并拿掉后

再次试着开机，如果可以显示则有可能是主机的电源供电不足或 PCI 设备故障，此时应更换主机电源或拿掉 PCI 设备后再次尝试开机；

⑤ 如果以上操作还是不能解决问题，接下来就是检查主板故障。同样需要查看主板外观是否有明显的损坏，各元器件是否有烧毁的痕迹，主板电容是否有鼓泡和漏液的现象，即使主板的外观无任何明显异常也有可能是主板上的某个元件器损坏或其他 PCB 板线路故障导致不能启动，这里需要进行专业的芯片级检测和维修才能解决。对于普通用户只能通过更换主板进行检测和解决，另外，也有可能是 CPU 故障导致的问题，但是真正因为 CPU 导致的黑屏非常少见。

### 4.3.3　开机后系统启动常见故障

（1）开机后显示屏一直停留在第一个界面不动，且屏幕中出现如图 4-3-4 所示的字符图。

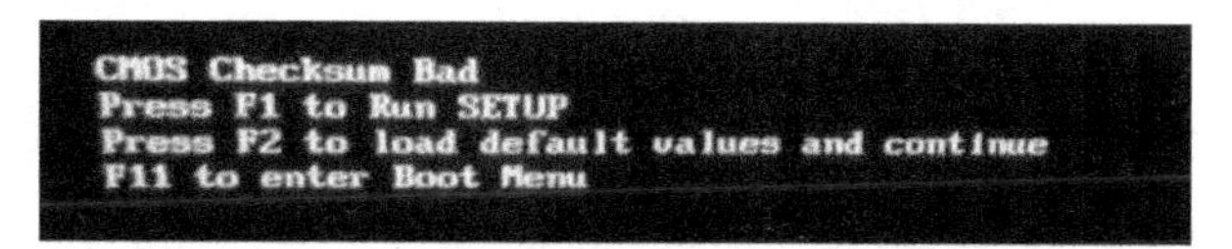


图 4-3-4

原因：主板 CMOS 电池失效或电量低，无法保存 BIOS 设置参数，应及时更换主板上的纽扣电池，然后按“F1”键进入 BIOS 设置正确的系统硬件参数，如果没有特殊设置可直接按“F2”恢复默认设置并启动系统。“F11”则是进入系统的启动菜单，可根据需要选择不同的存储和外设启动系统，比如可以选择光驱中的光盘启动，选择外接的 USB 设备、网络设备等。

更换主板电池时注意保护正、负极弹片触角：如图 4-3-5 所示。

图 4-3-5

原因：系统没有识别到键盘如图 4-3-6 所示，需要重新连接好键盘。键盘有 PS/2 接口和 USB 接口两种，通常 PS/2 接口即圆形接口的键盘如果在系统启动前没有检测到，进入系统后无论如何重新插拔都无法使用，需要重新启动系统后才能正常使用，但是 USB 接口可即插即用。

图 4-3-6

开机报 SMART BAD，SMART 错误如图 4-3-7 所示。

原因：开机报 SMART BAD，SMART 是统一标准的硬盘保护技术，自我监测、分析与报告。如果测检失败，可能是硬盘出现坏道或其他故障，需要备份硬盘数据并更换新硬盘。另一种方法是进入 BIOS 设置，找到 MASTER IED 主硬盘接口选项，回车进入找到 SMART 选项将 AUTO 改为 DISABLE。这样系统将不再提示报错，但忽略到最后的结果有可能就是硬盘报废。通常在系统启动时按“DEL”“F1”或“ESC”等键进入，不同品牌主板有不同的操作方式，进入后可以对系统的硬件配置和参数进行更改，如果不明白里面的设置参数可以选择图中红色标识选项，回车后按“Y”键，再按“F10”键，这样系统可以恢复，并保存默认设置，重新启动系统。

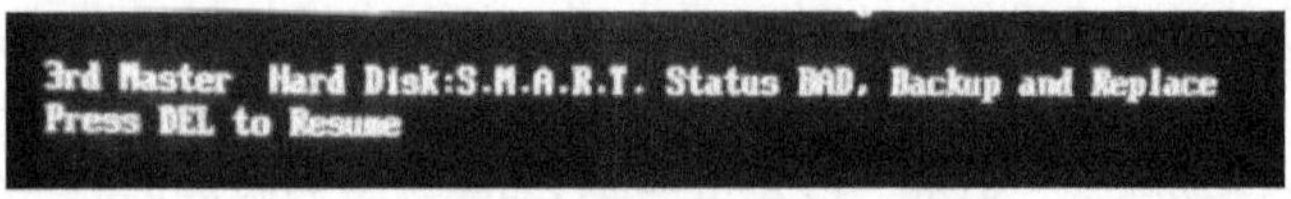

3rd Master Hard Disk:S.M.A.R.T. Status BAD, Backup and Replace
Press DEL to Resume

图 4-3-7

（2）开机后系统可自检完成，但在启动系统时，屏幕中出现如图 4-3-8 所示的字符图。

Missing operating system_

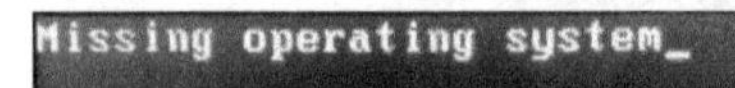

图 4-3-8

原因：系统丢失、找不到启动系统或引导出错。这个报错基本上是对启动系统的报错，一般情况是硬盘没有安装系统或安装失败，没有正常的系统可用于启动，解决的方法只有重新安装系统。

若出现如图 4-3-9 所示的字符。

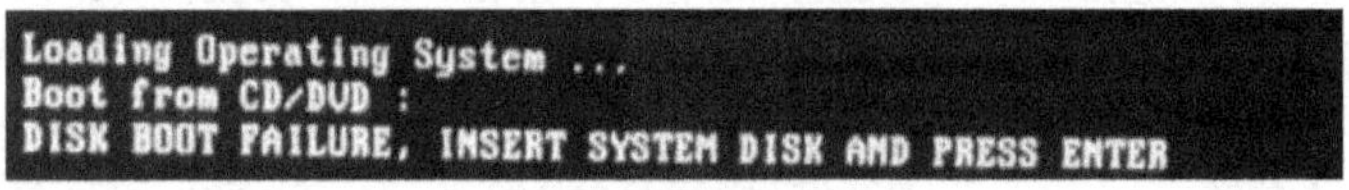

Loading Operating System ...
Boot from CD/DVD :
DISK BOOT FAILURE, INSERT SYSTEM DISK AND PRESS ENTER

图 4-3-9

原因：没有找到系统硬盘。这种情况通常是硬盘在安装时没有连接好数据线或是电源线，系统在启动时没有检测到硬盘和可以引导的启动系统，如果电源和数据线都连接完好就是硬盘本身损坏，解决方法是检查连接线或更换硬盘。

若出现如图 4-3-10 所示的字符。

NTLDR is missing
Press Ctrl+Alt+Del to restart

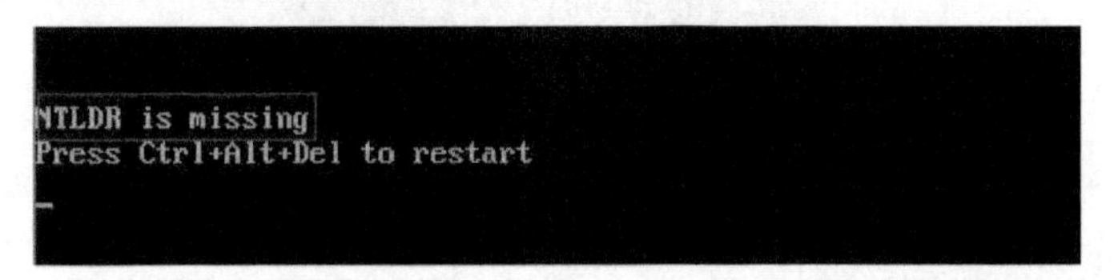

图 4-3-10

原因：系统损坏或系统引导文件丢失。NTLDR 即 NTLOADER，是系统加载程序，主要作用是解析系统启动文件即 BOOT 文件，然后加载 BOOT 信息里的所记录的操作系统并进行启动，如果丢失系统则无法正常启动。解决方法是用系统安装光盘尝试修复或进入 PE 系统下进行复制拷贝，然后尝试启动，如果系统继续报错那么只能重新安装或是完全修复系统了。

若出现如图 4-3-11 所示的字符。

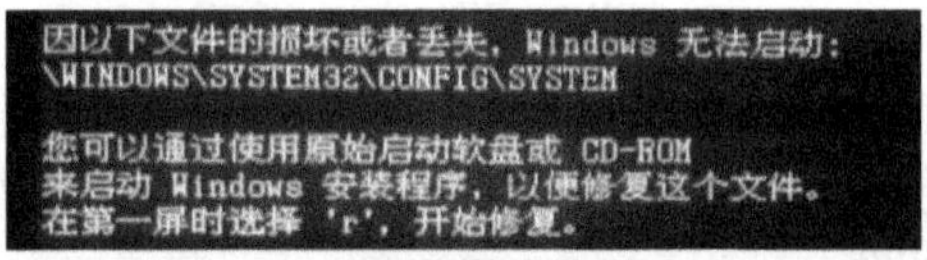

因以下文件的损坏或者丢失，Windows 无法启动：
\WINDOWS\SYSTEM32\CONFIG\SYSTEM
您可以通过使用原始启动软盘或 CD-ROM
来启动 Windows 安装程序，以便修复这个文件。
在第一屏时选择 'r'，开始修复。

图 4-3-11

原因：系统在启动过程中检测到某些系统文件丢失无法正常启动。这种报错较为常见，并且丢失的文件名称经常不同，但基本上都在系统的 SYSTEM32 这个文件目录下，造成的原因有系统文件损坏或病毒感染，或者由硬件的兼容性或硬件更改造成的。解决的方法通常是先关机，将主板上的内存拔下，检查一下金手指并且重新安装，或更换内存再次开机尝试，如果问题解决最好，如果还是同样的报错，就用系统安装光盘尝试修复或进入 PE 系统下进行复制，但是通常都需要重新安装系统来解决问题。

## 4.3.4　系统反复重启或蓝屏不能进入登录界面

（1）最后一次正确配置或安全模式启动，系统在启动时跳过第一个画面后按住键盘上的“F8”键，会出现高级启动菜单，通过键盘的上下方向键选择“最后一次正确配置启动系统”，如果可以正常进入系统则问题解决。如果不行再次尝试选择“安全模式”启动，如果安全模式能成功登录系统，则检查是否有新安装的硬件或软件造成的系统不兼容问题，在卸载硬件或软件后通常能解决问题。

（2）重新插拔内存和检查外接 USB 设备，系统启动缓慢或无法完成启动。这时可将主机断电，打开主机箱，将内存条重新拔插一下，或换个插槽安装，再次开机尝试。另外检查主机的 USB 接口是否连接着其他硬件设备，如果有，将其拿下开机试试，这些原因不常见，但也确实存在，所以需要通过排除法解决问题。

（3）电脑开机进入启动滚动条的界面后，又立即重启或蓝屏重启，这种情况先到 BIOS 设置中查看硬盘的接口模式，通常由 GHOST 完成的系统安装后，接口模式通常是 SATA，如果系统恢复默认后接口模式会变回 AHCI，这时将 AHCI 改为 IDE 或 SATA 模式后保存重启即可。这里需要了解的是，并非所有 GHOST 完成的系统安装后，其硬盘接口都是 IDE 模式，由此 PE 可在 AHCI 模式下读盘，并且完成 GHOST 安装，所以在解决问题时需要判断。

（4）在 PE 系统下重建主引导记录，用 PE 工具启动进入系统如图 4-3-12 所示，打开系统里自带的 Diskgenius 硬盘工具，选择活动盘 C 盘，在菜单选项下单击“重建主引导记录”，完成确定后重启。

图 4-3-12　PE 系统界面

（5）重新复制系统引导文件，同样是用 PE 工具启动系统，然后打开 C 盘，将 C 盘根目录下的 AUTOEXEC.BAT、boot.ini、bootfont.bin、CONFIG.SYS、IO.SYS、MSDOS.SYS、NTDETECT.COM、ntldr 共 8 个文件，用原系统或可正常启动系统里的文件进行复制粘贴，覆盖 C 盘下现有文件，然后重新启动系统，这种方法通常非常有效。但是有些情况下可能在某些 PE 下无法读取和打开 C 盘，这时可更换高版本的 PE 启动尝试读盘，通常都能解决问题。

（6）若以上方法都没有解决问题，那么就只能进入安全模式了。在安全模式下查看系统是否有开启系统还原的功能，如果有，那么选择最近的一个系统还原点进行系统还原，如果系统还原成功，那么通常能正常启动系统。

（7）电源故障，因电源的老化或质量问题引起的供电不足或电压不正常等都可导致系统的重启、不启动或启动停止的现象，此时应更换主机电源。

### 4.3.5 系统成功登录后重启、死机或自动关机

（1）系统已完成启动和登录，但系统反应迟纯或使用一段时间就重启。这时先检查系统是否有病毒或不正常的软件进程占用大量的 CPU 和内存性能，如果有病毒需要用杀毒软件进行查杀，必要时需要重新安装系统，解决被病毒损坏后无法修复的文件。如果是恶意软件造成资源的占用可进行卸载和清理，清除启动项后重启系统即可。

（2）电源故障，同样是电源的问题可引起系统不定时的自动重启、关机或黑屏。重启后系统使用正常，但一会儿又出现自动重启，这种情况是电源故障的可能性较大，应更换主机电源排除问题。

（3）其次，硬件过热保护也会出现类似问题。打开主机箱并开机，查看 CPU 散热风扇是否正常旋转散热，显卡的散热风扇是否正常工作，如果风扇不工作，硬件在工作一段时间后会因过热而停止工作，出现自动关机、死机的现象，此时应更换风扇并清理电脑。

（4）如果系统装有独立显卡，在使用中突然黑屏，并且重新启动后仍然黑屏，这时考虑显卡的故障可能性较大，应更换显卡开机尝试。如果主板上自带集成显卡接口，可将独立显卡拆下使用自带的集成显卡。

（5）此外，系统在使用过程中忽快忽慢，且机箱内杂音较大，此时应考虑是否因硬件老化或磁盘坏道造成的，比如内存条性能差质量不稳定、硬盘老化或供电不稳、硬盘数据接口氧化数据线接触不良、主板老化或线路故障等硬件故障需要一一排除。

## 习　　题

**一、填空题**

1．软件系统故障可分为________故障、________故障和________故障等。

2．计算机维修可分为两个级别，即一级维修和二级维修。一级维修又叫________维修，二级维修也称________维修。

3．电脑故障的诊断原则是________，________。

4．在计算机的故障诊断的基本方法有一种叫直观检查法。它包括以下几点：________、________、________和________。

5．维修的基本方法就是要熟悉________基本知识、安装设置、操作和正常运行的状态，善于发现和________现象，能够准确定位故障点。

## 二、简答

1．计算机系统维护与维修的含义是什么？
2．主板有什么作用？主板故障的一般处理方法有哪些？
3．常见的 CPU 故障有哪些？
4．计算机系统故障诊断的基本方法有哪些（至少答 5 个）？
5．判断计算机故障是硬件故障还是软件故障的方法有哪些？

# 项目五

# 计算机的选购

## 任务一　选购笔记本电脑

笔记本电脑的购买有网上购买或者线下实体店购买两种选择。相较于在线下实体店里购买，网上购买电脑的配置参数十分透明，并且可供选择的范围和种类多，价格也公开透明，至于售后服务、是否正品等问题，其实只要是去正规的网店购买或者专营店购买都能够保证正品并提供售后服务。

### 任务描述

怎么选电脑、什么品牌好、注重什么配置和参数、笔记本全方位排行榜。以上这些是选购笔记本电脑的考虑方向。

### 任务知识

#### 5.1.1　选购的前期准备

挑选笔记本前首先要考虑以下几个问题。

（1）预算、用途、功能。笔记本电脑的配置直接影响其价格，配置高的笔记本电脑往往价格也更为昂贵。笔记本电脑的配置是由用途决定的，例如设计用、游戏用、日常办公用等，如果需要玩大型游戏，那么对笔记本电脑的配置要求也相应更高。性能之外的特别功能，例如视频通话等，用以满足用户个性化的需要。

（2）CPU、内存、硬盘、显卡、屏幕、散热情况是挑选笔记本电脑时最需要关注的几个方面。

CPU 的品牌以英特尔为首选，又根据其性能的不同划分为标准电压处理器（H、HQ、HK）的高性能产品；低电压处理器（U）低功耗产品以及 Y 系列（Y）节能型产品。内存目前以 DDR3 和 DDR4 为主流，当前主流笔记本电脑都搭载 8GB 内存，如果需要玩大型游戏可以考虑 16GB 内存的笔记本电脑。笔记本的硬盘有固态（SSD）和机械（HDD）两大类，机械硬盘的容量大、价格低，因此普遍应用于笔记本电脑。如果需要运行大型游戏，那么独立显卡是必须的，笔记本电脑的独立显卡领域中可谓英伟达（NVIDIA）一家独大，AMD 显卡仅存在于少数低端机中。笔记本的屏幕包括 TN 面板和 IPS 面板两大类，IPS 面板的显示效果好，TN 面板则胜在价格低廉。散热性能是很多新手消费者容易忽略的部分，事实上散热模块的品质直接反映了企业的良心与设计实力，很难想象一台散热不佳的笔记本电脑可以胜任大型游戏及专业设计的需求。

（3）品牌：买笔记本电脑最好不要只求便宜或规格高。

品牌保证在购买时是有意义的，因为一般品牌形象好的公司，通常会在技术及维修服务上有较大的投资，并反应在产品的价格上。此外，在软件以及整体应用的搭配、说明文件、配件等也会较为用心。

在询问价格的同时，还应关注保修及日后升级服务的内容。尤其是保修服务方面，有些公司提供一年，有些公司则是三年或者终身的保修服务；有些公司设有快速维修中心，有些则没有；而保修期间的维修、更换零件是否收费各品牌也不尽相同。

### 5.1.2　笔记本电脑购买技巧

（1）目前为止笔记本电脑的主流 CPU 品牌还是英特尔，英特尔的移动 CPU 可以大致分为标准电压处理器、低电压处理器以及超低电压处理器三大类。

标准电压处理器（后缀为 H、HQ、HK），例如 i7-7700HQ 就属于这类 CPU，其中，H 为后缀的 CPU 为双核系列，而 HQ 和 HK 后缀的则为四核系列，这类 CPU 适合运行大型游戏及专业图像软件。低电压处理器（后缀为 U），例如 I5-7200U。搭载这类 CPU 的笔记本电脑大多比较轻薄，便携性好。如果用于日常办公、看电影、玩主流游戏，这类 CPU 比较适合。Y 系列（产品型号中带有 Y），例如 i7-7Y25，这类 CPU 的特点在于超低功耗，只能用来处理文档、浏览网页、播放视频等。目前使用这类 CPU 的产品并不多见，一般集中于各品牌无风扇或超轻薄笔记本电脑中，例如大家熟悉的苹果 MacBookAir 就搭载了这种 CPU。

（2）笔记本电脑的内存主要包括 DDR3 和 DDR4 两大类，随着 DDR3 时代步入尾声，DDR4 成为时下主流产品。容量以 8GB 为多，如果需要玩大型游戏建议考虑挑选内存为 16GB 或更大内存的笔记本电脑。

（3）笔记本电脑的硬盘有固态（SSD）和机械（HDD）两大类。

机械硬盘的容量大价格低，因此应用非常广泛。固态硬盘虽然价格昂贵但不论是读写速度还是性能都远高于机械硬盘。因此不妨用一块小容量的固态硬盘做系统盘并存储常用的软件程序，另加一块大容量机械硬盘存储不常用的文件。对于普通用户来说 128GB 的固态硬盘即可满足日常需要，个别需要多添加一些游戏或对读取速度要求更高的用户可以考虑选择 240GB 的固态硬盘。另外，笔记本电脑的机械硬盘又可分为 7mm 和 9.5mm 两种。绝大多数笔记本电脑都能同时兼容这两种不同厚度的硬盘。

（4）笔记本电脑的显卡有集成和独立两大类，集成显卡的性能不佳，尽管这类产品的价格低廉，但仍被消费者日渐疏远。

独立显卡领域可谓英伟达（NVIDIA）一家独大，AMD 显卡则仅存在于少数品牌机和低端产品中。显卡的型号不同，性能自然也不同，在挑选显卡时应根据自身需求选择适合的型号。例如，对画质要求不高，只是单纯体验一下游戏，那么 GTX1050 是个不错的选择。如果需要进行渲染、编解码、转码等专业操行，那就要选择一款专业图形显卡。以主流的英伟达为例，看它的性能主要是看型号中的前两位数字，第1个数字代表的是第几代技术，例如GT970m就要比GT870m的技术更先进。第二位则代表的是该技术下的档次，1～3为低档，例如GT630存卡。4～5为中端；6～7为高端；8～9则可称为极品。另外，部分型号中会加入X，代表加强版，对比同款不带X的型号意味着性能更强大。

（5）在挑选笔记本电脑屏幕时要考虑的因素包括尺寸、比例、分辨率和面板种类这几个方面。

笔记本电脑的尺寸有很多，从11.6、13.3、14.0、15.6至17.3或18.4等。小尺寸显示器的笔记本电脑突出的是便携性，而大尺寸显示器的笔记本电脑则更适合玩游戏或看电影等。当然笔记本电脑的价格和重量也会随着尺寸的变大有所提升。笔记本电脑的显示比例有16：9和16：10两种，后者更接近于传统电视机的比例，而前者的显示效果更好。通常来说，分辨率和屏幕大小成正比，分辨率高的笔记本电脑往往能带来更大的视野。目前市场上笔记本电脑均搭配了1080P屏幕。如果屏幕为13.3或14.0英寸，那么分辨率为1600×900较为合适；15.6或以上的屏幕则要达到1920×1080才能实现较好的显示效果。笔记本电脑屏幕根据材质的不同可以划分为IPS和TN两种，其中IPS屏幕无论在可视角度还是色彩还原方面都较TN更为出色。TN面板的价格低廉，但可视角度狭窄，不过也有少数优秀的TN面板存在，例如MacBookAir其色彩表现力就相当不错。

（6）关于笔记本电脑屏幕的参数包括亮度、对比度、屏幕色彩以及响应时间几项。

笔记本电脑上标出的亮度参数代表的是它能达到的最高亮度，多在220～300尼特之间，理论上越高越好。笔记本电脑的对比度越大意味着屏幕的色彩展现力越强。屏幕色彩的单位是bit。通常来说，笔记本电脑屏幕的色彩为6bit，部分高端机型可以达到8bit。响应时间越大意味着屏幕的拖影越严重，针对TN屏笔记本电脑来说，响应速度应在8ms左右；IPS屏则在25～40ms左右。

（7）散热性能对于笔记本电脑来说格外注意，如果散热情况不佳，那么再高端的配置也不过是形同虚设。

购买笔记本电脑后可以连续运行一段时间，视其散热情况如何，如果散热不好建议退换货。

### 5.1.3 笔记本电脑购买提示

（1）以CPU为例，i5系列处理器为四核四线程，i7为四核八线程，两者对比，i7在运行多核优化的进程时有更明显的优势。

HK后缀的CPU能够支持超频，性能表现更加强劲。当前常见的标压处理器包括i7-6820/7820HK、i7-6700/7700HQ、i5-6300/7300HQ、i3-6100/7100H，产品定位从前到后排列。当前常见的低电压处理器（U系列）为i7-6500/7500U、i5-6200/7200U、i3-6100/7100U，产品定位从前向后排列。Y系列处理器为m7-6Y75/i7-7Y75、m5-6Y54/i5-7Y54、m3-6Y30/7Y30，产品定位从前向后排列。

（2）一些笔记本电脑为用户预留了硬盘接口，此时要特别注意笔记本电脑的硬盘接口不尽相同，千万别买错。

（3）在Windows平台下，2K甚至4K级别的屏幕并不能够带来更加舒适的使用体验。如果对清晰度有较苛刻的要求，那么配载了Retina屏幕的MacBookPro才是最佳选择。

（4）笔记本电脑的屏幕有雾面和镜面两种，雾面屏幕拥有更优秀的防眩光效果，即使在强光下仍能轻松看清屏幕上的内容，而且其表面防划性也比普通镜面屏幕好，适合商务办公用户使用。镜面屏幕的亮度更高，在看视频和玩游戏时有更好的显示效果。

### 5.1.4　笔记本电脑购买误区

（1）商务比家用好。使用笔记本电脑进行娱乐的用户，建议购买家用类机型；用笔记本电脑赚钱的用户，建议购买商务机型。商务本专门针对商务用户，对家庭娱乐用户来说并不适用。而家用本明显对运行游戏和电影欣赏有很好的支持，但商务功能却几乎没有配备。

（2）很多消费者在挑选笔记本电脑时会特别留意显存而非显卡，事实上这样是不科学的，如果一款性能不佳的显卡即使显存超过 1TB，性能依然没有保证。

（3）有些消费者认为四核一定比双核好。事实上，笔记本电脑在使用过程中系统并不会开启所有处理器核心，除非是在繁重的多任务环境下。换言之，在很多情况下，2.0GHz 主频的双核处理器要比 1.6GHz 的四核处理器更快，因为单核频率更高，而大部分应用仅会调用两个核心。

（4）CPU 主频越高越好是很多消费者的错误认知。例如 3.6GHz 的奔腾 4 处理器显然没有 3.3GHz 的酷睿 i3 性能高，但前者主频更高。所以，在挑选时不能只看主频还要参考架构、核心数等因素。

### 5.1.5　笔记本电脑购买陷阱

（1）笔记本电脑屏幕的分辨率分为静态和动态两大类，部分企业只宣传看似更高的动态分辨率，用于蒙骗消费者。

（2）一些品牌宣称“2.0GHz 主频的四核处理器会让你拥有 8.0GHz 的性能”，而这显然是不可能的。多核心处理器的工作原理是在多任务下单独工作，所以并不能简单叠加。

（3）很多导购会向消费者宣传“独显”，但他们所说的独显往往是指独立显存而非独立显卡。

### 5.1.6　笔记本电脑保养护理

（1）笔记本电脑在使用过程中不要剧烈振动或强制关机。

（2）如果长期外接电源使用，最好取出电池，以免影响电池的使用寿命。

（3）至少每 3～4 天使用一下笔记本电脑，以免受潮不能开机。

（4）定期清理笔记本电脑内部的灰尘。

（5）不要用力关闭笔记本电脑，也不要在其上方摆放重物。

## 实训十五　主流笔记本电脑调查

要求：使用当前主流配置，完成调查表 5-1-1 到调查表 5-1-2。

调查表 5-1-1　学生机

| 厂家型号 | | CPU | |
| --- | --- | --- | --- |
| 内存 | | 显卡 | |
| 硬盘 | | 屏幕分辨率 | |
| 参考价格 | | 备注 | |

调查表 5-1-2　商务机

| 厂家型号 | | CPU | |
|---|---|---|---|
| 内存 | | 显卡 | |
| 硬盘 | | 屏幕分辨率 | |
| 参考价格 | | 备注 | |

# 任务二　选购台式机

台式机，是一种独立相分离的计算机，完完全全跟其他部件无联系，相对于笔记本和上网本体积较大，主机、显示器等设备一般都是相对独立的，一般需要放置在电脑桌或者专门的工作台上，因此命名为台式机。分为家用、商用等类型。

台式机的优点就是耐用以及价格实惠，和笔记本相比，相同价格前提下配置较好，散热性较好，配件若损坏更换价格相对便宜，缺点就是：笨重，耗电量大。

## 任务描述

怎么选电脑、什么品牌好、注重什么配置和参数。以上这些是选购台式机的考虑方向。如何选择合适的电脑是广大电脑爱好者要考虑的重要问题。

## 任务知识

### 5.2.1　选购原则“够用、适用、好用”

中国消费者协会有关人士今天在发布国产台式机整机质量比较试验报告时说，消费者在选购台式机时可遵循“够用、适用、好用”的指导原则。

这位人士说，消费者在选购电脑以前，首先要明确购买电脑主要用来做什么。如果是为了学习和运行一般的办公软件，或上网以及使用多媒体功能，那么，购买趋于淘汰配置的电脑比较合算。

这位人士说，目前市场上绝大多数电脑的整体性能已经足以满足人们的一般使用需要。电脑产品更新换代速度极快，所谓趋于淘汰的产品也是相对而言。对于学生学习用电脑，鉴于学生和家长有关知识和经验不丰富，最好购买趋于淘汰配置类型的知名品牌电脑。这样既可以得到良好的售后服务和技术保障，又可以避免花费不必要的费用。

如果购买电脑的主要目的是搞平面设计或者玩游戏，这位人士建议购买基于 P4 高端处理器的电脑。选用大容量和高品质的内存和显卡，才能够达到使用者的目的。当然，这样一来，费用就会提高。

这位人士说，从价格角度讲，片面追求高档配置的电脑却使用不到它的全部功能，这是一种资源和资金的浪费；过分追求低价，往往会陷入过低配置或者劣质电脑的陷阱。价格只是选购电脑时参考的因素之一，而不能作为选购时唯一的因素。名牌电脑高价背后，蕴藏着定型测试、兼容测试、售后服务、技术支持等消费者容易忽视的东西。因此，消费者选购台式机时的指导原则应当是——“够用、适用、好用”。

### 5.2.2　品牌机与兼容机

品牌机与兼容机是人们选购电脑中难以抉择的问题，两者之间到底谁是谁非一直是人们关心的话题，有人说品牌机质量可靠，售后服务有保障；有人说兼容机价格便宜，升级方便。但是选购电脑到底买哪种好呢？下面就说说它们各自的特点：

（1）选材

品牌机为了取得良好的社会信誉，一般在生产电脑时对于各个部件的质量要求非常严格，他们都有固定的合作伙伴，配件的来源固定，这样避免了各种假货、次品的出现。但是，“据说”现在也有一些厂商为了暴利，也会有一些以次充好的现象发生。

而兼容机在选材方面比较随便，一般按照用户的想法随意配置，而且在购买过程中各部件的来源不定，这样避免不了出现质量问题，但是，如果具有一定的硬件辨别能力，在挑选过程中多加小心，这种情况是可以避免的。

（2）生产

品牌机在生产过程中，经过专家的严格测试、调试以及长时间的烤机，这样避免了机器兼容性的问题，在用户以后的使用过程中因兼容性而出现的问题将会减少。

兼容机是按照用户的意愿临时进行组装的，虽然有时也会进行一定的测试，但毕竟没有专业的技术和检测工具，而且烤机的时间有限，以后出现问题的概率肯定要比品牌机高。

（3）价格

买电脑很重要的一点就是价格问题，由于品牌机在生产、销售、广告方面避免不了要花费很多的资金，因此它的价格肯定比兼容机的价格要高。

兼容机由于少了上面的种种开支，价格就可想而知了。

（4）售后服务

品牌机为了提高销量和知名度，都有自己良好的销售渠道和售后服务渠道，这样在用户以后出现问题时就会很快地给予解决。

由于兼容机购货渠道不固定，如果在一些小公司买，过一段时间公司倒闭了，去哪里找售后服务呢？

（5）升级

品牌机由于要考虑稳定性，一般它的配置固定，有的甚至不让用户随意改动，近期各大公司推出的低档机器中，大部分都采用了整合主板，这对于以后用户的升级非常不利。

兼容机的配置比较灵活，可以按用户的想法随意组合，所以以后升级将会方便一些。

知道了两者的特点，那么选购哪种机器就一目了然了。对于那些硬件知识不熟，机器出现问题不会解决但有一定资金的用户可考虑买品牌机；对于硬件知识丰富，有选购经验且会处理软硬件问题的用户可买兼容机；要是硬件也不熟，资金又有限，还是先不要买电脑，不如去租一台，等条件成熟再去买。

### 5.2.3　电脑的购买时期

电脑市场大概是三个月一调价，如何把握恰当的购买时间对于那些资金有限的购买者来说非常重要，大体来说，一到三月份由于刚过了春节，各大代理商还没上班，市场缺货，价格较贵，四到五月开始降价，六月份是购买电脑的黄金时期，这时的电脑不但价格便宜，而且各个新推出的配件在半年的使用与改进中变的成熟，七月由于学生放假，电脑销售看好，价格开始回升，八月以后价格又会慢慢降低，九月份会有一定程度的反弹，十到十一

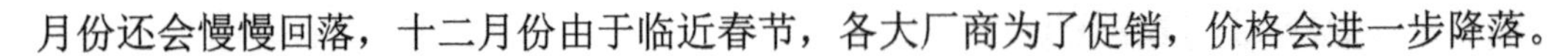


月份还会慢慢回落，十二月份由于临近春节，各大厂商为了促销，价格会进一步降落。

### 5.2.4 电脑选购策略

一位同学想买台电脑，说想买台最先进的，保证在几年内不会落后，还说要保证以后好升级，问买哪种的好。你应反问自己一句：买电脑准备干什么？这就涉及两个电脑选购中的误区，一是买电脑是不是要买最先进的。有一句经常对欲购机者说的话，买电脑够用就行。电脑有十二个部件组成，每个部件又有不同档次的产品，如何灵活的组织这十二个部件，以求达到最高的性价比才是购买电脑的关键。如果你是图形设计工作者，买台性能好的电脑是理所应当，如果只是打字、玩游戏、闲暇之时上上网，一般的core i5，或Ryzen 5系列级别的就已经够用，但游戏发烧友及音乐发烧友就令当别论了。像常用的 AMD Ryzen 5 2400GCPU、海盗船复仇者LPX 8GB DDR4 3000内存、西部数据2TB 5400转64MB SATA3 绿盘（WD20EZRX）硬盘、影驰GeForce GTX 1050Ti大将显卡的电脑，用了一年多了，平常打打字、玩玩游戏、上上网，也感觉不到很慢。二是考不考虑升级的问题。可以说电脑是所有商品中发展最快的，去年最好最快的到了今年也许就成了淘汰品，前几年的奔腾a10，core i系列6代，今年的core i系列8代，以后的core i系列9代……可以说一味的追求升级是一种毫无意义的举动。所以，还是建议各位购机者，买电脑讲究一条：够用就行。

### 5.2.5 选购注意事项

（1）购买内存并不是频率越高越好，主要还是看适合不适合自己的电脑。如果你的主板最高只支持3000MHz频率，而你花高价购买了4000MHz频率的内存，这就是一种浪费。

此外，内存频率对电脑的性能影响较小，根据ZOL测试可以得知，通过提升频率确实可以提升内存带宽，并且提升幅度非常明显，但是这些提升在日常应用中很难被挖掘出来，也就是说用户不会很明显感受到。

（2）一般电源是带在机箱里的，很容易被忽视。其实，电源在电脑中是很重要的一个配件，因为主板和其他设备的用电都靠电源提供，而稳定和充足的电力是系统稳定的前提。

（3）键盘、鼠标

键盘和鼠标是电脑里和你打交道最直接的东西，你希望在打游戏时因为鼠标移动不灵而被敌人打得落花流水或是因为键盘不灵而打字缓慢吗？好的键盘和鼠标可以让你的手指有跳舞的感觉。

（4）显示器

在所有的配件中寿命最长的恐怕要数它了，况且机箱可以摆在桌子下，而显示器却必须放到台面上让人家看的。现在的液晶显示器一直在降价，这对于时尚的消费者肯定是一件好事。买个好的显示器，善待自己的眼睛。

（5）硬盘

现在的软件和游戏所占的空间越来越大，所以在经济许可的范围内，硬盘应尽量买大一点、快一点，而且价格也不会相差很多。

五个可以省的配件。

（1）CPU

没有经验的用户装机最大的误区就是盲目追求高端CPU。对于一般的游戏和软件来说AMD Ryzen 5系列和i5就足够了，没有必要多花钱购买Ryzen 7或i7等高端产品，省下的钱用到其他配件上，会获益更多。

（2）内存

内存当然是多多益善，这里不是要你减少内存，而是说，为了追求较高的性价比，内存没有必要多花钱去买大品牌之类的内存。

（3）显卡

显卡这东西跟 CPU 一样淘汰得太快。所以在选购显卡时，通常是同样的芯片买中档品牌的就可以满足需要，没有必要多花一二百元去选择高档的，就算有小幅的性能提高，用肉眼也感觉不到。

（4）扫描仪、打印机

扫描仪和打印机，除非是你工作需要，否则不要考虑购买。

### 5.2.6 真假的辨别

原来一直搞不懂，电脑假货到底是什么样子，它到底假在哪里，是不是很难辨别真假，但经过多年的经验积累，所谓的假货无非和其他商品一样，有打磨、伪造、以次充好几种，而且只要细心观察、多多比较、注意总结、善用检测工具等手段，一般是能够分辨出真假的。下面就计算机的部件做以下说明：

#### 1. 主板、声卡、显卡

一般来说，所谓假冒的主板是一些不法厂商以次充好，以假乱真，把差的说成好的。而正规厂商的主板有一些重要的特征，只要把握好这些特征，就不难分辨出主板的真假，正规厂商的主板有这样一些特征：（1）各个部件用料非常讲究；（2）在线路设计方面采用“S 型绕线法”；（3）主板做工精细，焊点圆滑，各种端口以及插座没有任何松动；（4）有精美的外包装，包装盒内还应有主板说明书及一些必备的连线，很多还附带有程序软盘。按照上面的这些特征，在购买时只要认真辨别，就不难分辨出真假。（声卡、显卡可参照主板）

#### 2. CPU

CPU 的假冒无非就是一些公司把低频的 CPU 打磨（REMARK）成高频的，因为这些公司如果能够生产出 CPU，那他们早就推出自己的品牌了。由于加工较难，现在还没有假的，AMD 和 CYRIX 的 CPU 由于指标余量小，售价低，所以也很少有 REMARK 的。这些被打磨的 CPU 有一些特征，可以根据这些特征加以辨别。（1）凡是打磨的，在 CPU 的正面标记会有一些摩擦留下的痕迹；（2）用手摩擦字迹，涂改后的字迹会容易被擦掉；（3）上机检验，把 CPU 的频率调高一、二个档次，如果出现死机、花屏等现象，那么质量就得考虑了。另外，市面上出售的 CPU 一般有盒装的和散装的两种。一般来说，盒装的保险系数要大一些，而散装的就不好说了，购买散装的 CPU 就要看购买者的鉴别水平了。

#### 3. 内存

内存的假冒有几种：一就是 REMARK，把低速的涂改成高速的，二是将有坏位的芯片与好的混合使用，三是将不同厂商、不同速度的旧货芯片拆下来拼和，四是用差的内存仿冒名牌产品。这些假冒的内存根据以上几种造价方法的特点也很容易进行鉴别，对于 REMARK 的内存，可以用手擦条上的芯片，如果擦过以后有褪色，就是假的。对于将旧芯片组合的，看内存条上的各芯片，如果是不同厂家、不同时间、不同速度的芯片就是假的。另外，正规厂商的产品从外观上看，它的用料考究，做工精细，芯片排列整齐，而劣质的内存条，材质较差，做工粗糙，线路板的边缘不整齐。

**4．显示器**

显示器在选购时最重要的是它的环保功能，是不是防辐射、节能。在挑选时最好连上主机试试，把屏幕调成纯白，看看有没有杂色以及按照说明书把显示器的分辨率、刷新率、色彩调到最高，看看能不能达到。另外，一定不要贪图小便宜，买那些太便宜的显示器，因为，一是便宜的显示器没有环保功能，对你的眼睛不好；二是现在出现了一些翻新的显示器，外观崭新的，内部却是旧部件，有一位用户就碰见过崭新的显示器才卖 800 元的情况，它里边东西就可想而知了。

**5．机箱电源**

机箱在电脑中虽然价格占的比例不大，但是却起着非常重要的作用，机箱如果不好，那么对于机器的散热还有以后的扩展都很不好，一般劣势机箱普遍采用质量差的钢板外壳，机箱尺寸不合格，各种板卡的放置位置不佳，造成散热不好，各种指示灯、按键和连线不合格。其次电源的功率、质量和做工、散热不好。所以在挑选机箱时一定要小心谨慎，注意机箱的厚薄、大小，最要注意的是电源的做工、功率。

**6．光驱、硬盘**

对于光驱来说，主要是检验做工质量，测试速度、稳定性、抗噪性、防尘性和读盘能力，买光驱时最好带张有划痕的光碟，试一试光驱的读碟能力。硬盘主要看看有没有坏道，接口是不是符合规范以及读盘时的声音、速度、稳定性，有条件的话，最好用专门的硬盘测试软件测一下。

**7．键盘、鼠标**

键盘、鼠标可谓鱼龙混杂，假货出没，在挑选时要注意手感，多多观察，一般好的键盘应该做工精细、外观光洁、选材精良。对于键盘应该用手多敲几下，看看有没有按键弹性不好的情况。

总体来说，买电脑配件还是找一些大一点的代理商，这样无论是产品的质量还是对于以后的售后服务都是很好的；同时尽量买一些知名的品牌，不要贪图小便宜，多掏一点钱既可买到好产品，又能买个名牌，何乐而不为呢；另外要多跑多转，俗话说，货比三家不吃亏，加上一定的鉴别技巧，相信您一定会买到质优价廉的好电脑。

# 反侵权盗版声明